同济大学本科教材出版基金资助

水文学与水文地质

陶　涛　信昆仑　颜合想　**主编**

同济大学 出版社
TONGJI UNIVERSITY PRESS

内 容 提 要

本书根据高等学校给排水科学与工程学科专业指导委员会教学大纲的要求,将"水文学"与"供水水文地质"两门课程融合,包括了绪论,水文循环与径流形成,水文统计基本原理与方法,年径流与洪、枯径流分析计算,降水资料的收集与整理,小流域暴雨洪峰流量的计算,地下水的系统与结构及地下水运动共 8 章内容,讲授与城市取水和排水有关的水文学和水文地质知识,使学生了解水文现象和地下水的基本特点,掌握水文学与水文地质的基本原理。

本书适合土木、水利、环境等相关专业的学生学习使用。

图书在版编目(CIP)数据

水文学与水文地质 / 陶涛,信昆仑,颜合想主编.
—上海:同济大学出版社,2017.6(2019.8 重印)
ISBN 978 - 7 - 5608 - 6458 - 7

Ⅰ. ①水… Ⅱ. ①陶… ②信… ③颜… Ⅲ. ①水文学
-高等学校-教材②水文地质-高等学校-教材 Ⅳ.
①P33②P641

中国版本图书馆 CIP 数据核字(2016)第 167669 号

水文学与水文地质

陶 涛 信昆仑 颜合想 主编
责任编辑 胡晗欣 责任校对 徐春莲 封面设计 陈益平

出版发行	同济大学出版社 www.tongjipress.com.cn	
	(地址:上海市四平路 1239 号 邮编:200092 电话:021 - 65985622)	
经　销	全国各地新华书店	
排版制作	南京展望文化发展有限公司	
印　刷	江苏凤凰数码印务有限公司	
开　本	787 mm×1092 mm　1/16	
印　张	11.25	
字　数	281 000	
版　次	2017 年 6 月第 1 版　2019 年 8 月第 3 次印刷	
书　号	ISBN 978 - 7 - 5608 - 6458 - 7	

定　价　32.00 元

前　言

　　"水文学"与"供水水文地质"作为给排水科学与工程专业基础课程,是研究水文现象变化规律与水文地质特性及其在给水排水工程应用的学科。在高等学校给排水科学与工程学科专业指导委员会修订的新教学大纲中,将两门课程融合为"水文学与水文地质"课程,为适应此要求,编者在2008年出版的《水文学》教材基础上,编写了《水文学与水文地质》。

　　水文学是探求地球上自然界中水的各种现象和运动规律的科学,是地球科学的一个重要分支。主要研究地球上水的起源、存在、分布、循环和运动等变化规律,并运用这些规律为人类服务。水文地质学是研究地下水的科学,重点研究自然界中地下水的各种变化和运动的现象。主要包括地下水的分布和形成规律,地下水的物理性质和化学成分,地下水资源及其合理利用,地下水对工程建设和矿山开采的不利影响及其防治等。

　　本书根据全国高等学校土建类专业本科教育培养目标和培养方案及主干课程教学基本要求,以现代新技术及新理论应用为支撑,系统阐述水文学的基本概念、理论、方法及应用,为给排水及相关专业研究提供水文学的研究基础,使读者认识和掌握本学科中的最新技术及发展方向。全书系统阐述了水文循环的概念、原理及研究进展,流量的观测方法和降水资料的观测方法,水文统计的基本原理,年径流和洪枯径流,小流域暴雨洪峰流量的计算特点和方法,地下水的系统与结构、地下水运动等内容。

　　通过本教材的学习可以帮助学生认识水文现象与水文地质的一般规律,正确理解和掌握与水文学有关的基本概念、基本原理和基本方法,初步具有在各种不同资料情况下进行水文分析计算和水文预报的能力,并能进行最基本的水文测验和资料收集,为学习专业课、从事专业工作和进行科学研究打下基础。通过本书的学习还可深入认识与广泛应用水文与水文地质规律,为国民经济建设服务,为给水排水工程的规划、设计、施工及管理提供正确的水文资料及分析成果,以及充分开发与合理利用水资源、减免灾害,充分发挥工程效益。本书还适合土木、水利等其他相关专业的学生学习。

　　本书删除了《水文学》中第七章的选学内容,补充了供水水文地质中地下水系统与结构以及地下水运动等部分,其他章节中也做了适当的修改和补充。主要讲授与城市取水和排水有关的水文学和水文地质知识,结合专业需要,使学生了解水文现象和地下水的基本特点,掌握水文学与水文地质的基本原理,学会水文分析计算基本方法,熟悉水文地质资料的搜集、整理与应用,以完成专业培养计划要求的有关基本训练,为后续专业课程的学习和以后从事专业工作解决水文及水文地质问题打下良好基础。

　　因水平有限,书中存在不足和疏漏在所难免,恳请读者予以批评指正。

编者

2017 年 4 月

目　　录

1 绪 论

1.1 水文学与水文地质的任务

水文学主要研究地表面或近地面的水,其研究对象主要包括降水、蒸发、入渗、地下水径流、河川径流以及溶解物或悬浮物在水流中的输送等。水文地质学是研究地下水的科学,是地质学的一门分支学科。

水文学是研究地球上各种水的发生、循环、分布,水的化学和物理性质,以及水对环境的作用,水与生命体的关系等的科学,其范畴包含了水在地球上的整个生命过程。水文科学的研究领域十分宽广,从大气中的水到海洋中的水,从陆地表面的水到地下水,都是水文科学的研究对象;水圈同大气圈、岩石圈和生物圈等地球自然圈层的相互关系,也是水文科学的研究领域;水文科学不仅研究水量,而且研究水质,不仅研究现时水情的瞬息动态,而且探求全球水的生命史,预测它未来的变化趋势。1850 年是水文学方法论的开端之年。1851 年,Mulvaney 首先提出了汇流时间的概念,也就是现在的径流计算的推理法的基本形式,他还设计了原始的雨量器,以记录降雨过程的强度变化。之后,水文知识在不断地发展。自 20世纪 50 年代以来水文学知识有一个加速发展的阶段,计算机技术自 60 年代开始发展较快。水文原理和基本方程一般由物理基本定律推出,或者从野外观测到的水文现象进行综合分析得到。当对某种现象的物理过程有了恰当的理解和描述时,通常将其概化成一种计算机模型,应用研究流域的实测资料率定模型参数。虽然水文学在理论和技术方面均取得了很多进展,但是对于水文过程及其作用等方面仍有许许多多未知或者未确定的问题。此外,现在的一些知识和方法尚未被广泛地应用。逐渐地探讨和解决水文学中的不确定性等问题,以及应用更好的方法、技术和更精确地确定模型参数值,是水文研究的热点。水文学作为一门地球科学,与其他自然科学有密切的关系。要研究降水、蒸发,就需要了解气候学和气象学方面的知识;同样,入渗与土壤科学有关,地下径流与地质学有关,地表径流与地貌学有关,河川径流与流体力学有关。除水的流动外,还要掌握化学和物理等方面的知识,研究各种成分的输送情况,用以计算各种成分的浓度在水流过程中的衰减、沉淀、溶解、扩散以及化学反应等。

水文地质学研究主要包括地下水的起源、分布和赋存状态,补给、径流与排泄条件,水质、水量在时空上的变化与运动规律,即在各种自然因素和人为因素影响下,地下水作为一种地质营力对环境的改造作用以及在作用过程中它自身发生的各种变化规律。水文地质学的研究内容是地下水在周围环境影响下,数量和质量在时空上的变化规律,以及如何利用这一规律有效地利用和调控地下水。地下水赋存和运动于地壳岩石的空隙之中,其形成和分布无一不受地质条件的制约,学习水文地质学必须掌握矿物岩石学、地球化学、地层学、构造地质学、地貌及第四纪地质学等基本地质理论。同时,地下水又是自然界水循环的一部分,与大气降水、地表水的关系非常密切,三者之间相互联系,互相转化,因此,学习水文地质学也需要具备水文学、气象学等方面的基本知识。为了深入研究地下水水质与水量变化规律,还需借助数学、化学、水力学等学科的原理和方法,对其进行定量评价。

"水文学与水文地质"课程,主要包括水文学和供水水文地质学两方面。水文学主要叙述水循环运动中,从降水到径流入海的这一段过程中,关于地面径流的运动规律、量测方法及在工程上的应用等问题,基本上属工程水文学的范畴。它包括河川及径流的基本概念,河川水文要素的量测方法,水文分析中常用的数理统计的基本原理,河川径流的年内变化与年际分配,枯水径流与洪水径流的调查分析与计算,降雨资料的整理与暴雨公式的推求,小流域暴雨洪水流量的计算,城市降雨径流的特点等。供水水文地质学是为了供水目的,研究地下水的形成与埋藏、物理和化学性质特征、开采条件下的动态变化、水资源评价方法、供水水源地勘察、地下水资源的合理开发利用与科学管理。

通过本课程的学习,要求能了解河川水文现象的基本规律,掌握水文统计的基本原理与方法,能够独立地进行一般水文资料的收集、整理工作,具有一定的水文分析计算技能。由于水文现象本身所具有的特点,一般在处理上多运用数理统计方法进行分析,注重实际资料的收集,强调深入现场进行调查研究。因此在学习中,不仅要学会某种具体方法,而且要体会运用这种方法的条件。总之,随时注重资料收集,深入掌握分析方法,全面熟悉应用条件,才能在学习中有所获益。

1.2 水文现象的特性及研究方法

1. 水文现象的特性

水在循环过程中存在各种运动形态,如蒸发、降水、河流和湖泊中的水位涨落、冰情变化、冰川进退、地下水的运动和水质变化等,统称为水文现象。水文现象在各种自然因素和人类活动影响下,在空间分布或时间变化上都显得十分复杂。

水文现象的基本特征可以归结为以下两个方面。

(1) 水文现象时程变化的周期性与随机性的独立统一

在水文现象的时程变化方面存在周期性与随机性的统一。水文现象的时间变化过程存在着周期而又不重复的性质,一般称为"准周期"性质。例如,潮汐河口的水位存在以半个或一个太阴日为周期的日变化;河流每年出现水量丰沛的汛期和水量较少的枯季;通过长期观测可以看到,河流、湖泊的水量存在着连续丰水年与连续枯水年的交替,表现出多年变化;每年河流最大和最小流量的出现中虽无具体固定的时日,但最大流量每年都发生在多雨的汛期,而最小流量多出现在雨雪稀少的枯水期,这是由于四季的交替变化是影响河川径流的主要气候因素。又如,靠冰川或融雪补给的河流,因气温具有年变化的周期,所以随气温变化而变化的河川径流也具有年周期性,其年最大冰川融水径流一般出现在气温最高的夏季七、八月间。有些人在研究某些长期观测的资料时发现,水文现象还有多年变化的周期性。形成这种周期变化的基本原因是地球的公转和自转、地球和月球的相对运动,还包括太阳活动,如太阳黑子的周期性运动的影响。它们导致太阳辐射的变化和季节的交替,使水文现象也出现相应的周期变化。当然,水文现象还受众多其他因素的影响,这些因素自身在时间上也不断地变化,并且相互作用和相互影响着。

此外,河流某一年的流量变化过程,实际上不会和其他年份的完全一样,每年的最大流量与最小流量的具体数值也各不相同,这些水文现象的发生在数值上都表现为随机性,也就是带有偶然性。因为影响河川径流的因素极为复杂,各因素本身也在不断地发生着变化,在不同年份的不同时期,各因素间的组合也不完全相同,所以受其制约的水文现象的变化过程,在时程上和数量上都没有重复再现过,都具有随机性。

(2)水文现象地区分布的相似性与特殊性的对立统一

不同流域所处的地理位置如果相近,气候因素与地理条件也相似,由其综合影响而产生的水文现象在一定范围内也具有相似性,其在地区的分布上也有一定的规律性。如在湿润地区的河流,其水量丰富,年内分配也比较均匀;而在干旱地区的大多数河流,则水量不足,年内分配也不均匀。又如同一地区的不同河流,其汛期与枯水期都十分相近,径流变化过程也都十分相似。

此外,相邻流域所处的地理位置与气候因素虽然相似,但由于地形地质等条件的差异,从而会产生不同的水文变化规律。这就是与相似性对立的特殊性。如在同一地区,山川河流与平原河流,其洪水运动规律就各不相同;地下水丰富的河流与地下水贫乏的河流,其枯水水文动态就有很大差异。

由于水文现象具有时程上的随机性与地区上的特殊性,故需要对各个不同流域的各种水文现象进行年复一年的长期观测,积累资料,通过统计计算分析其变化规律。又由于水文现象具有地区上的相似性,故只需有目的地选择一些有代表性的河流设立水文站进行观测,将其成果移用于相似地区即可。为了弥补观测年限的不足,还应对历史上和近期发生过的大暴雨、大洪水及特枯水等进行调查研究,以便全面了解和分析水文现象周期性随机性的变化规律。

2. 水文现象的研究方法

由水文现象的基本特征可知,对水文现象的研究分析,都要以实际观测资料为依据。按不同目的要求,可把水文学常用的研究方法归结为成因分析法、数理统计法和地理综合法三类。

(1)成因分析法

利用水文现象的确定性规律解决水文问题的方法,称为成因分析法。当某种水文现象与其影响因素之间确定性关系较为明确时,通过水文网站和室外、室内试验的观测资料及实验数据,从物理成因出发,建立水文现象与影响因素之间的定量关系,研究水文现象的形成过程,以阐明水文现象的本质及其内在联系。成因分析法广泛应用在水文预报、降雨径流分析中。但由于影响水文现象的因素极其复杂,其形成机理还不完全清楚,因而成因分析法在定量方面仍存在着很大困难,目前尚不能满足工程设计的需要。

(2)数理统计法

基于水文现象具有的随机特性,可以根据概率理论、运用数理统计方法,处理长期实测所获得的水文资料,求得水文现象特征值的统计规律,为工程规划、设计提供所需的水文数据。水文学需要对未来水利工程运行时期(百年以上的时间)的水文现象做出预估,这种情况难以用确定性方法实现(因影响水文过程的因素众多,每个因素在未来时间内的变化也很复杂,无法给出确定性答案),只能依据已有的长期观测资料,探求其统计规律,求得工程规划设计所需要的设计水文特征值。这种方法根据过去与现在的实测资料来推算未来的变化，但它未阐明水文现象的因果关系。若数理统计法与物理成因法结合起来运用，可望获得满意的结果。

（3）地理综合法

因气候因素和地形地质等因素的分布具有地区特征，从而使水文现象的变化在地区的分布上也呈现出地区性的变化规律。这样就可以建立水文现象的地区性经验公式，或与地图结合在一起绘制水文特征的等值线图来反映水文特征值的地区变化，以分析水文现象的地区特征，解释水文现象的地区分布规律，即地理综合方法。

在解决实际问题时，以上三类方法常常同时使用，它们应该是相辅相成、互为补充的。经过多年实践，我国已初步形成一种具有自己特点的研究方法，已概括为"多种方法、综合分析、合理选定"的原则。在使用时，应根据工程所在的地区特点，以及可能收集到的资料情况，对采用的方法应有所侧重，以便为工程规划设计提供可靠的水文依据。

1.3 专业中的水文学与水文地质问题

在给水方面，以地面水为水源的给水工程，必须要考虑水量变化及其取用条件。当水源水量充沛时，需要确定取水口的位置，了解水位流量、泥沙及冰凌的变化情况等；当水源水量不足时，就要设计水库调节，以丰补歉，远距离调水与调节，这需要对流域内径流的年际变化及年内分配等水文情况进行分析。如果给水工程为多目标时，即与灌溉、航运、水力发电等其他水利工程设施配合在一起综合利用，那么水文分析与计算的内容就更加复杂、更加广泛。然而，由于我国幅员辽阔，许多城市的供水水源使用地下水，在一些沙漠地区、干旱地区和海岛，地下水有时是唯一的水源，在我国北方一些农村，绝大部分人口用的是地下水。因此，对给水排水工作者来说，掌握基本的水文地质知识，学会阅读和利用水文地质资料，能进行简单的水文地质计算，具备地下水取水工程的基础知识，均是正确选择水源和合理设计取水构筑物的必要条件。新型节能技术，如水源热泵、地温热泵技术，还有地下水人工补给、地下水与地表水联合调蓄等问题，都涉及水文地质学的知识，因此水文地质学对给水排水工程专业具有重要意义。

在排水方面，由于城市内涝问题的日益加剧，城市产汇流基础理论分析、暴雨强度公式推求、暴雨雨型分析等都与解决城市内涝问题密切相关，而雨水管网设计中的推理公式、径流系数等基本概念都需要水文资料的收集、分析与计算。

所以说，水文学与水文地质和给排水工程有着密切的关系。研究水文学与水文地质，可以深入认识与广泛运用水文规律，为国民经济建设服务，为给水排水工程的规划、设计、施工及管理提供正确的水文资料及分析结果，以充分开发与合理利用水资源，减免水害，充分发挥工程效益，学好该课程对系统全面地掌握给水排水专业知识具有重要的意义。

② 水文循环与径流形成

2.1 水文循环与水量平衡

地球上现有约 13.9 亿 km³ 的水，它以液态、固态和气态分布于地面、地下和大气中，形成河流、湖泊、沼泽、海洋、冰川、积雪、地下水和大汽水等水体，构成一个浩瀚的水圈。水圈处于永不停息的运动状态，水圈中各种水体通过蒸发、水汽输送、降水、地面径流和地下径流等水文过程紧密联系，相互转化，不断更新，形成一个庞大的动态系统。在这个系统中，海水在太阳辐射下蒸发成水汽升入大气，被气流带至陆地上空，在一定的天气条件下，形成降水落到地面。降落的水一部分重新蒸发返回大气，另一部分在重力作用下，或沿地面形成地面径流，或渗入地下形成地下径流，通过河流汇入湖泊，或注入海洋。从海洋或陆地蒸发的水汽上升凝结，在重力作用下直接降落在海洋或陆地上。水的这种周而复始不断转化、迁移和交替的现象称水文循环。在地面以上平均约 11 km 的大气对流层顶至地面以下 1～2 km 深处的广大空间，无处不存在水文循环的行踪。全球每年约有 57.7 万 km³ 的水参加水文循环。水文循环的内因，是水在自然条件下能进行液态、气态和固态三相转换的物理特性，而推动如此巨大水文循环系统的能量，是太阳的辐射能和水在地球引力场所具有的势能。

水和水的循环对于生态系统具有特别重要的意义，不仅生物体的大部分（约 70％）是由水构成的，而且各种生命活动都离不开水。水在一个地方将岩石侵蚀，而在另一个地方又将侵蚀物沉降下来，久而久之就会带来明显的地理变化。水中携带着大量的多种化学物质（各种盐和气体）周而复始的循环，极大地影响着各类营养物质在地球上的分布。除此之外，水对于能量的传递和利用也有着重要影响。地球上大量的热能用于将冰融化为水使水温升高和将水化为蒸汽。因此，水有防止温度发生剧烈波动的重要生态作用。

不同纬度带的大气环流使一些地区成为蒸发大于降水的水汽源地，而使另一些地区成为降水大于蒸发的水汽富集区；不同规模的跨流域调水工程能够改变地面径流的路径，全球任何一个地区或水体都存在着各具特色的区域水文循环系统，各种时间尺度和空间尺度的水文循环系统彼此联系着、制约着，构成了全球水文循环系统。

2.1.1 自然界的水文循环

1. 含义

地球上的水在太阳辐射作用下，不断地蒸发成水汽进入大气，随气流输送到各地；输送中，遇到适当的条件，凝结成云，重力作用下降落到地面，即降水；降水直接地或以径流的形式补给地球上的海洋、河流、湖泊、土壤、地下和生态水等，如此永不停止的循环运动，如图

2-1所示,称为水文循环。

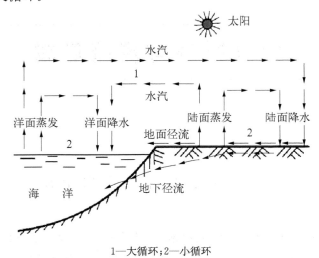

1—大循环;2—小循环

图 2-1　自然界的水文循环示意图

　　水的循环过程具体可以分为以下三个步骤:

　　第一步是蒸发和蒸腾的水分子进入大气。吸收太阳辐射热后,水分子从海洋、河流、湖泊、潮湿土壤和其他潮湿表面蒸发到大气中去;生长在地表的植物,通过茎叶的蒸发将水扩散到大气中,植物的这种蒸发作用通常又称为蒸腾。据估计,在一个生长季中,0.4 hm² 的谷物几乎就可以蒸腾 200 万 m³ 的水,等于同等面积内 43 cm 深的水层。通过蒸发和蒸腾的水,水质都得到了纯化,是清洁水。

　　第二步是以降水形式返回大地。水分子进入大气后,变为水汽随气流运动,在适当条件下,遇冷凝结形成降水,以雨或雪的形式降落到地面。降水不但给地球带来淡水,养育了千千万万的生命,同时,还能净化空气,把一些天然的和人为的污物从大气中洗去。降水是陆地水资源的根本来源。我国多年平均年降水量为 632 mm,而全球陆地平均年降水量是 834 mm。

　　第三步是重新返回蒸发点。当降水到达地面,一部分渗入地下,补给地下水;一部分从地表流掉,补给河流。地表的流水,即径流可以带走泥粒,导致侵蚀;也可以带走细菌、灰尘和化肥、农药等,因而径流常常被污染。最后流归大海,水又回到海洋以及河流、湖泊等蒸发点。这就是地球上的水分循环。

　　有时水循环会出现一些较特殊的情况。在高纬度和高海拔区,自大气层降下的不是水而是雪。落在极地区或山地的雪积久可成冰,水因此得到保存,即退出水文循环,退出时间一般为几十年、几百年或几千年。因此,冰雪的固结与消融,影响着参与水循环的水的总量,进而影响全球海面变化。南极冰盖和格陵兰冰盖是世界上最大的冰库。如果全部融化,海洋的水位就会上升大约 60 m,这意味着各大洲的沿海地区、包括许多世界级大城市都将被淹没,海平面将达到纽约曼哈顿摩天大楼的 20 层楼那么高。水分循环把地球上所有的水,无论是大气、海洋、地表还是生物圈中的水,都纳入了一个综合的自然系统中,水圈内所有的水都参与水的循环。像人体中,从饮水到水排出体外只要几个小时;大气中的水,从蒸发进入大气,到形成降水离开大气,平均来说,完成一次循环要 8~10 天;世界大洋中的水,如果都要蒸发进入大气,完成一次水分循环的过程,需要 3 000~4 000 年。

　　水循环的另一个重要特点是每年降到陆地上的雨雪大约有 35% 又以地表径流的形式流入了

海洋。值得特别注意的是,这些地表径流能够溶解和携带大量的营养物质,因此它常常把各种营养物质从一个生态系统搬运到另一个生态系统,这对补充某些生态系统营养物质的不足起着重要作用。由于携带着各种营养物质的水总是从高处往低处流动,所以高地往往比较贫瘠,而低地比较肥沃,例如沼泽地和大陆架就是这种最肥沃的低地,也是地球上生产力最高的生态系统之一。

2. 分类

水分循环的过程是非常复杂的。除了这种海陆之间的水分循环外,海洋有自己的洋流等水圈内部的水循环;大气圈里有随着大气环流进行的大气内部水循环;大气圈与陆地之间,大气圈与洋面之间,有着水汽形成降水,降落的水分又被蒸发的直接循环;岩石圈上存在着地表水与地下水之间的转换与循环;生物体内也有着生物水的循环等。根据水文循环过程的整体性和局部性,可把水文循环分为大循环和小循环。大循环是指海洋蒸发的水汽降到大陆后又流归海洋,它是发生在海洋与陆地之间的水文循环,是形成陆地降水、径流的主要形式;小循环是指海洋蒸发的水汽凝结后成为降水又直接降落在海洋上,或者陆地上的降水在没有流归海洋之前,又蒸发到空中去的局部循环。

3. 与水资源的关系

水文循环供给陆地源源不断的降水、径流,某一区域多年平均的年降水量或年径流量,即该地区的水资源量,因此水文循环的变化将引起水资源的变化。水文循环是联系地球系统地圈—生物圈—大气圈的纽带,是认识地球系统自然科学规律的重要方面。国际地圈生物圈计划(IGBP)代表国际地球学科发展前沿,其中除了碳循环外,21世纪核心的科学问题就是水循环和食物问题。水资源问题直接关系到国计民生和社会经济可持续发展的基本需求,水资源时间与空间的变化又直接取决于水文循环规律的认识。因此,陆地水文水资源学科在地球地理学科占据十分重要的地位。

2.1.2 地球上的水量平衡

水量平衡是水文学的基础,一般可用下式来反映:

$$径流量＝降雨量－蒸发量±蓄水量的变化$$

流域的总水量平衡可以用流域内各种水源(如地表水、地下水、土壤水、河槽蓄水等)水量平衡之和来计算。不同水源的划分,根据其对流域的出口断面,径流量的影响大小,随流域而异。然而,对每一种水源都可用一个非线性水库来概化。该水库接纳各种水量输入并产生其输出,这些输入可能为正也可能为负,比如,降水对任何水源都是正的收入,蒸发则为支出。

水文循环过程中,对任一地区、任一时段进入的水量与输出的水量之差,必等于其蓄水量的变化量,这就是水量平衡原理,是水文计算中始终要遵循的一项基本原理。依此,可得任一地区、任一时段的水量平衡方程。

1. 对于某一时段 Δt

就全球的整个大陆,其方程为

$$P_c - R - E_c = \Delta S_c \tag{2-1}$$

就全球的海洋,其方程为

$$P_0 + R - E_0 = \Delta S_0 \tag{2-2}$$

式中 P_c，P_0——大陆和海洋在时段间的降水量；

$\quad\quad E_c$，E_0——大陆和海洋在时段间的蒸发量；

$\quad\quad R$——流入海洋的径流量；

$\quad\quad \Delta S_c$，ΔS_0——大陆和海洋在时段 Δt 间的蓄水变量，等于时段末的蓄水量减时段初的蓄水量。

对于全球，显然为式(2-1)和式(2-2)相加，即

$$P_c - P_0 - (E_c + E_0) = \Delta S_c + \Delta S_0 \tag{2-3}$$

2. 对于多年平均

由于每年的 ΔS_c，ΔS_0 有正、有负，多年平均趋于零，故有

大陆：$\qquad\qquad\qquad\qquad P_c - R = E_c \qquad\qquad\qquad\qquad\qquad\text{(2-4a)}$

海洋：$\qquad\qquad\qquad\qquad P_0 + R = E_0 \qquad\qquad\qquad\qquad\qquad\text{(2-4b)}$

全球：$\qquad\qquad\qquad\qquad P_c + P_0 = E_c + E_0 \qquad\qquad\qquad\qquad\text{(2-5)}$

即全球多年平均的蒸发量等于多年的降水量，为 577 000 km³/年。

降水、蒸发和径流是水循环过程中的三个最重要环节，并决定着全球的水量平衡。假如将水从液态变为汽态的蒸发作用作为水的支出(E)，将水从汽态转变为液态(或固态)的大气降水作为收入(P)，径流是调节收支的重要参数。根据水量平衡方程全球一年中的蒸发量应等于降水量，即 $E_{全球} = P_{全球}$。对任一流域、水体或任意空间，在一定时段内，收入水量等于支出水量与时段始末蓄水变量的代数和。例如，多年平均的大洋水量平衡方程为降水量＋径流量＝蒸发量；陆地水量平衡方程为降水量＝径流量＋蒸发量。但是，无论是在海洋上或陆地上，降水量和蒸发量因纬度不同而有较大差异。赤道地区，特别是北纬 0°～10° 之间水分过剩；在南北纬 10°～40° 一带，蒸发超过降水；在 40°～90° 之间，南、北半球的降水均超过蒸发，又出现水分过剩；在两极地区降水和蒸发都较少，趋于平衡。降水和蒸发的相对和绝对数量以及周期性对生态系统的结构和功能有着极大影响，世界降水的一般格局与主要生态系统类型的分布密切相关。而降水分布的特定格局又主要由大气环流和地貌特点所决定的。

地球表面及其大气圈的水只有大约 5% 是处于自由的可循环状态，其中 99% 都是海水。令人惊异的是地球上 95% 的水不是海水，也不是淡水，而是被结合在岩石圈和沉积岩里的水，这部分水不参与全球水循环。地球上的淡水大约只占地球总水量(不包括岩石圈和沉积岩里的结合水)的 3%，其中 3/4 被冻结在两极的冰盖和冰川里。如果地球上的冰雪全部融化，其水量可满盖地球表面 50 m 厚。虽然地球上全年降水量多达 5.2×10^{17} kg(或 5.2×10^{8} km³)，但是大气圈中的含水量和地球总水量相比却是微不足道的。地球全年降水量约等于大气圈含水量的 35 倍，这说明，大气圈含水量足够 11 天降水用，平均每隔 11 天，大气圈中的水就得周转一次。

2.2 河流与流域

2.2.1 河流

1. 河流及其分段

在陆地表面上接纳、汇集和输送水流的通道称为河槽，河槽与在其中流动的水流统称为

河流。河流是地球上水分循环的重要路径,是与人类关系最密切的一种天然水体。它是自然界中脉络相通的排泄降水径流的天然输水通道,其中分为各级支流及干流。河流的干流及其全部支流,构成脉络相通的河流系统,称为河系或水系。具有同一归属的水体所构成的水网系统称水系。组成水系的水体有河流、湖泊、水库和沼泽等。河流的干流及其各级支流构成的网络系统又称河系。一般水系和河系经常通用。

一个流域的水系,由干流和各级支流组成。直接汇集水流注入海洋或内陆湖泊的河流称为干流,直接流入干流的支流称一级支流,流入一级支流的支流称二级支流,依次类推。也有把接近源头的最小的支流叫一级支流,一级支流注入的河流叫二级支流,随着汇流的增加,支流的级别增多。不同水系的支流级别多少是不同的,这和水系的发展阶段有关。

每条河流一般可分为河源、上游、中游、下游、河口五个分段,各个分段都有其不同的特点。

(1)河源。河流开始的地方,可以是溪涧、泉水、冰川、沼泽或湖泊等。

(2)上游。直接连着河源,在河流的上段,它的特点是落差大,水流急,下切力强,河谷狭,流量小,河床中经常出现急滩和瀑布。

(3)中游。中游一般特点是河道比降变缓,河床比较稳定,下切力量减弱而旁蚀力量增强,因此河槽逐渐拓宽和曲折,两岸有滩地出现。

(4)下游。下游的特点是河床宽,纵比降小,流速慢,河道中淤积作用较显著,浅滩到处可见,河曲发育。

(5)河口。河口是河流的终点,也是河流流入海洋、湖泊或其他河流的入口,泥沙淤积比较严重。

2. 河流基本特征

(1)河长 L

自河源沿干流到流域出口的流程长度称为河长,是确定河流落差、比降和能量的基本参数,以 km 计。河槽中沿流向各最大水深点的连线,叫作溪线,也称为深泓线。河流各横断面表面最大流速点的连线为中泓线。测定河长,就要在精确的地形图上画出河道深泓线,用两脚规逐段量测。

(2)弯曲系数

弯曲系数是河流平面形状的弯曲程度,是河源至河口的河长 L 与两地间的直线长度 l 之比,用字母 φ 表示。

$$\varphi = \frac{L}{l} \tag{2-6}$$

据此也可求出任意河段的弯曲系数。显然 $\varphi \geqslant 1$,φ 值越大,河流越弯曲;当 $\varphi = 1$ 时,河流顺直。一般平原地区的 φ 值比山区的大,下游的 φ 值比上游的大。

(3)平面形态

在平原河道,由于河中水流发生环流的作用,泥沙的冲刷与淤积,使平原河道具有蜿蜒曲折的形态。由于在河流横断面上存在水面横比降,使水流在向下游流动过程中,产生一种横向环流,这种横向环流与纵向水流相结合,形成河流中常见的螺旋流。在河道弯曲的地方,这种螺旋流冲刷凹岸,使其形成深槽或使凸岸淤积,形成浅滩,直接影响着水源取水口位置的选择。两反向河湾之间的河段水深相对较浅,称之为浅槽,深槽与浅槽相互交替出现,表现出河床深度的分布与河流平面形态的密切关系。

在山区,河流一般为岩石河床,平面形态异常复杂,并无上述规律,其河岸曲折不齐,深度变化剧烈,等深线也不匀调缓和。

（4）河流断面

① 河流的横断面:河槽中某处垂直于流向的断面称为在该处河流的横断面。它的下界为河底,上界为水面线,两侧为河槽边坡,有时还包括两岸的堤防。不同水位有不同的水面线。某一时刻的水面线与河底线包围的面积称过水断面。河槽横断面是决定河道输水能力、流速分布等的重要特征,也是计算流量的重要参数。过水断面面积(F)随水位(H)的变化而变。过水断面上,河槽被水流浸湿部分的周长称为湿周(P),过水断面面积与湿周之比值称为水力半径(F_R),即 $F_R = F/P$。河槽上的泥沙、岩石、植物等对水流阻碍作用的程度称为河槽的糙度,其大小对河流流速有很大影响。河槽的糙度多用粗糙系数 n 表示。过水断面面积(F)与水面宽度(B)的比值称平均水深 h,即 $h = F/B$。如图 2-2 所示的横断面分单式断面和复式断面。

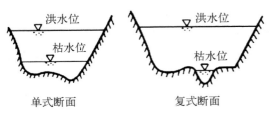

图 2-2　单式断面和复式断面示意图

② 河流的纵断面:河流的纵断面是指河底或水面高程沿河长的变化。河底高程沿河长的变化称河槽纵断面;水面高程沿河长的变化称水面纵断面。沿河流中线(也有取沿程各横断面上的河床最低点)的剖面,测出中线以上(或河床最低点)地形变化转折的高程,以河长为横坐标,高程为纵坐标,即可绘出河流的纵断面图。纵断面图可以表示河流的纵坡及落差的沿程分布。

（5）河道坡度（河道纵比降）

河槽或水面的纵向坡度变化可用比降表示,河槽纵比降是指河段上下游河槽上两点的高差(又称落差)与河段长度的比值。水面纵比降是指河段上下游两点同时间的水位差与河段长度的比值。河槽(或水面)纵比降可用下式计算:

$$i = (H_上 - H_下)/L \qquad (2-7)$$

式中　　i——河槽(或水面)纵比降;

　　　　$H_上$,$H_下$——河段上、下游两点的高程(或同时间的水位);

　　　　L——河段长度。

某一河段河底高程自上游向下游变化,纵断面如图 2-3 所示,其平均河道坡度 J 按下式计算:

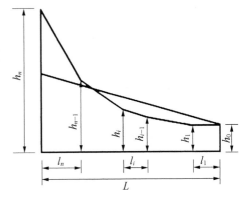

图 2-3　河道纵断面及河道坡度计算示意图

$$J = \frac{(h_0+h_1)l_1 + (h_1+h_2)l_2 + \cdots + (h_{n-1}+h_n)l_n - 2h_0L}{L^2} \qquad (2-8)$$

（6）河流侵蚀基准面

河流在冲刷下切过程中其侵蚀深度并非无限度,往往受某一基面所控制,河流下切到这一基面后侵蚀下切即停止,此平面成为河流侵蚀基准面。它可以是能控制河流出水口水面高程的各种水面,如海面、湖面、河面等,也可以是能限制河流向纵深方向发展的抗冲岩层的相应水面。这些水面与河流水面的交点成为河流的侵蚀基点。河流的冲刷下切幅度受制于侵蚀基点。所谓的侵蚀基点并不是说在此点之上的床面不可能侵蚀到低于此点,而只是说在此点之上的水面线和床面线都要受到此点高程的制约,在特定的来水来沙条件下,侵蚀基点的情况不同,河流总剖面的形态、高程及其变化过程,也可能有明显的差异。

3. 河流的水情要素

(1) 水位

水位是指河流某处的水面高程。它以一定的零点作为起算的标准,该标准称为基面,我国目前统一采用青岛基面。在生产和研究中,常用的特征水位有:① 平均水位:指研究时段内水位的平均值。如月平均水位、年平均水位、多年平均水位。② 最高水位和最低水位:指研究时段内水位的最大值和最小值。如月最高和最低水位,年最高和最低水位,多年最高和最低水位等。

(2) 流速

① 流速的脉动现象,流速是指河流中水质点在单位时间内移动的距离。即

$$V = x/T \qquad (2-9)$$

式中　V——流速,m/s;

　　　x——距离,m;

　　　T——时间,s。

河水的流动属紊流运动。紊流的特性之一是水流各质点的瞬时流速的大小和方向都随时间不断变化,称其为流速脉动。

② 河道中流速的分布,天然河道中流速的分布十分复杂,在垂线上(水深方向),从河底至水面,流速随着糙度影响的减小而增大,最小流速在河底,最大流速在水面下某一深度。河流横断面上各点流速,随着在深度和宽度上的位置以及水力条件变化而不同,一般都由河底向水面,由两岸向河心逐渐增大,最大流速出现在水流中部。

(3) 流量

单位时间内通过某一过水断面水的体积称流量,单位为 m^3/s。根据流量的定义,通过微分面积 dF 的流量 $dQ = vdF$,则断面流量可用下式表示:

$$Q = \int dQ = \int vdF \qquad (2-10)$$

因此,测定某断面的流量就要进行流速和断面的测定。在河流断面上,流量增大,水位升高;流量减小,水位降低。因此,水位和流量具有一定的关系,可用下式表示:

$$Q = f(H) \qquad (2-11)$$

这种关系可用一条曲线表示,即水位流量关系曲线。流量代表着河流的水资源,应用很广泛,故有多种特征值,如瞬时流量、日平均流量、月平均流量、年平均流量等。

(4) 径流总量

将某一时段内的流量加合起来,则叫某时段的径流总量(W),常用以表示水资源:

$$W = Q \cdot T \qquad (2-12)$$

式中,Q 为 T 时段内的平均流量。

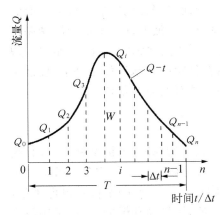

图 2-4　流量过程线及径流总量计算示意图

年径流总量是指在一个水文年内通过河流该断面水流总量之和，以 10^4 m^3 或 10^8 m^3 表示。以时间为横坐标，以流量为纵坐标点绘出来的流量随时间的变化过程就是流量过程线。流量过程线和横坐标所包围的面积即为径流量。如图 2-4 所示，按下式计算：

$$W = \int_0^T Q \mathrm{d}t = \sum_0^n \overline{Q_i} \Delta t_i \qquad (2-13)$$

（5）径流深 R

指计算时段内的径流总量平铺在整个流域面积上所得到的水层深度。它的常用单位为毫米（mm）。若时段为 Δt(s)，平均流量为 Q(m^3/s)，流域面积为 F(km^2)，则径流深 R(mm) 由下式计算：

$$R = \frac{Q \Delta t}{1\,000 F} \qquad (2-14)$$

（6）径流模数 M

一定时段内单位面积上产生的平均流量称径流模数 M，它的常用单位为 m^3/(s·km^2)，计算公式为

$$M = Q/A \qquad (2-15)$$

（7）径流系数 α

为一定时段内降水所产生的径流量与该时段降水量的比值，以小数或百分数计。

（8）径流的年内变化

我国河流径流的年内变化可分为四个阶段：① 春季春汛或平水、枯水，北方河流由于冰雪融解，河流水位上涨、水量增加形成春汛，其中以东北的河流显著。此时南方的河流由于雨季开始早，径流迅速增加，径流量亦大。但华北、西北地区春旱严重，河流大都处于枯水期。② 夏季洪水，夏季是我国河流径流最丰富的季节，大多数河流都出现夏季洪水期。③ 秋季平水，秋季是我国河川径流普遍减退的季节，是由夏季洪水过渡到冬季枯水之间的平水期。④ 冬季枯水，冬季是我国大部分河流最枯竭的季节。在干旱和半干旱地区小河常断流。

2.2.2　流域

1. 流域及其分类

流域：河流某一断面来水的集水区域，即该断面（称流域出口断面）以上地面、地下分水线（图 2-5）包围的区域，地面分水线包围区域为地面集水区，地下分水线包围区域为地下集水区。分隔两个相邻流域的山岭或河间高地叫分水岭。分水岭上最高点的连线叫分水线，是流域的边界线。分水线所包围的面积称为流域面积或集水面积。

流域分为闭合流域和非闭合流域两类。

闭合流域：河床切割较深，在垂直方向地面、地下分水线重合，地面集水区上降水形成的地面、地下径流正好由流域出口断面流出，一般的大中流域均属此类。

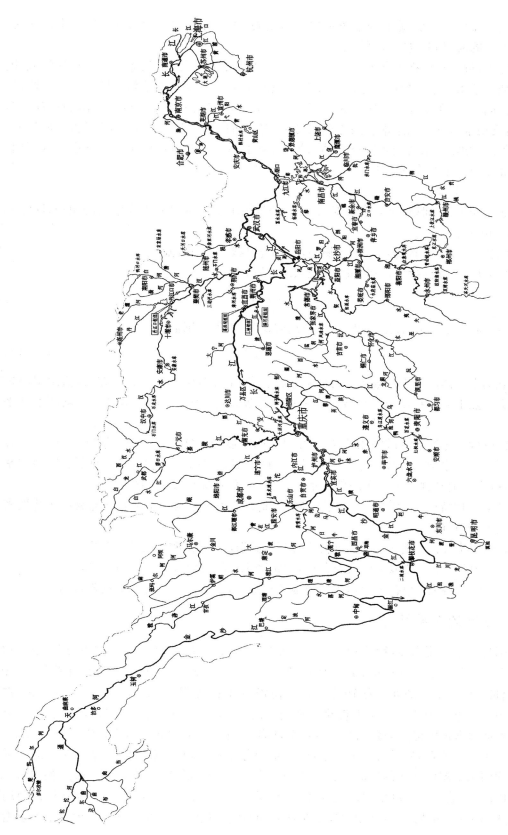

图 2 - 5　长江流域水系简图

非闭合流域:地面、地下分水线不重合的流域,非闭合流域与相邻流域发生水量交换,如岩溶地区的河流和一些很小的流域。

实际上,很少有严格意义上的闭合流域,对一般流域面积较大、河床下切较深的流域,因地面和地下集水区不一致而产生的两相邻流域的水量交换量比流域总水量小得多,常可忽略不计。因此,可用地面集水区代表流域。但是对于小流域或者流域内有岩溶的石灰岩地区,有时交换水量站流域总水量的比重相当大,把地面集水区看作流域,会造成很大的误差。这就必须通过地质、水文地质调查及枯水报告、泉水调查等来确定地面及地下集水区范围,估算相邻流域水量交换的大小。

2. 流域基本特征

流域面积 F:在地形图上绘出流域的分水线,用求积仪量出分水线包围的面积,即流域面积,以 km^2 计。

流域长度 LF:从流域出口到流域最远点的流域轴线长度,以 km 计。

平均宽度 B:流域面积与流域长度之比,以 km 计。

$$B = F/LF \qquad (2-16)$$

流域形状系数 K:流域平均宽度除以流域长度,为无量纲数。

$$K = B/LF \qquad (2-17)$$

流域的平均高度和平均坡度:将流域地形图划分为 100 个以上的正方格,依次定出每个方格交叉点上的高程以及等高线正交方向的坡度,取其平均值即为流域的平均高度和平均坡度。

河网密度:河系中河道的密集程度可用河网密度(用 D 表示,单位为 km/km^2)表示。河网密度等于河系干、支流的长度之和与流域面积之比。反映流域的自然地理条件,河网密度越大,排水能力越强。我国东南部的水乡,河网密度远高于北方地区。

流域的地理特征:流域的地理位置、气候、地形、地质、地貌等,都是与流域水文特性密切相关的地理特征。

(1)地理位置:该流域的经纬度范围,以及与其他流域的相对位置关系等。

(2)气候条件:该流域上的气候条件,包括降水、风、气温、湿度、日照、气压等。

(3)下垫面特征:包括地形地貌以及地质构造等,下垫面对径流产生重要影响。

2.2.3 我国的主要河流

我国是一个河流众多,径流资源十分丰富的国家。据统计,我国大小河流总长度约 42 万 km,其中流域面积在 100 km^2 以上的河流达 50 000 多条,1 000 km^2 以上的河流有 1 580 多条,超过 10 000 km^2 的河流有 79 条。以径流资源来说,全国径流总量约 26 000 亿 m^3,占世界河川径流总量的 6.8%,为亚洲全部径流量的 20.1%,仅次于巴西和俄罗斯,居世界第三位。如此众多的河流,丰富的径流资源,为灌溉、航运、发电、城市供水等提供了有利条件。

我国虽然河流众多,径流量十分丰富,但空间分布却呈现出东多西少、南丰北欠的不平衡性。我国东部湿润地区的河流,其径流量占全国总径流量的 95.55%。在秦岭—桐柏山—大别山以南,武陵山—雪峰山以东地区,河网密度一般都在 0.5 km/km^2 以下,但在滇西南局部地区达到 1.0 km/km^2,这在少数民族地区是河网密度较大的。在秦岭—桐柏山—大别山以北,大部分地区的河网密度在 0.3 km/km²;地势低平的松嫩平原、西辽河平原一般都在 0.1 km/km²以下,甚至个别地段出现无流区。我国西部广阔的干燥和半干燥地区的河流, 径流量仅占全国总径流量的 4.55%,河网密度几乎都在 0.1 km/km²以下。在塔里木盆地、 准噶尔盆地、柴达木盆地和内蒙古西部的阿拉善高原存在着大面积的无流区。阿尔泰山、天 山、帕米尔高原一带降水比较丰富,河网密度甚至超过 0.5 km/km²。

我国的河流按其径流的循环形式,可分为注入海洋的外流河和不与海洋沟通的内流河 两大区域。注入海洋的外流河,流域面积约占全国陆地总面积的 64%。长江、黄河、黑龙江、 珠江、辽河、海河、淮河等向东流入太平洋;西藏的雅鲁藏布江向东流出国境再向南注入印度 洋,河流的上游是长 504.6 km、深 6 009 m 的世界第一大峡谷——雅鲁藏布江大峡谷。流入 内陆湖或消失于沙漠、盐滩之中的内流河,流域面积约占全国陆地总面积的 36%。新疆南部 的塔里木河是中国最长的内流河,全长 2 179 km。

1. 主要外流河

我国主要外流河的上游几乎都在民族地区,流向除东北和西南地区的部分河流外,受 我国地形西高东低的总趋势控制,干流大都自西向东流。外流河的干流,大部分发源于三大 阶梯隆起带上:第一带是青藏高原的东部、南部边缘。这里发育的都是源远流长的巨川,如 长江、黄河、澜沧江、怒江、雅鲁藏布江等。这些河流不仅是我国著名的长川大河,而且也是 世界上的大河,许多国际性河流,如流经缅甸入海的萨尔温江(上源怒江);流经老挝、缅甸、 泰国、柬埔寨、越南而入海的湄公河(上源澜沧江);流经印度的布拉马普特拉河(上源雅鲁藏 布江)和印度河(上源狮泉河)也都发源于此。第二带是发源于第二阶梯边缘的隆起带,即大 兴安岭、冀晋山地和云贵高原一带,如黑龙江、辽河、海河、西江等,也都是重要的大河。第三 带是长白山地,主要有图们江和鸭绿江,它们邻近海洋,流程短,落差大,水力资源丰富。

长江是中国第一大河,全长 6 300 km,流域面积 180 万 km²,平均每年入海总径流量 9 793.5 亿 m³。仅次于非洲的尼罗河和南美洲的亚马孙河,为世界第三大河。其上游穿行 于高山深谷之间,蕴藏着丰富的水力资源。长江从河源到河口,可分为上游、中游和下游,宜 昌以上为上游,宜昌至湖口为中游,湖口以下为下游。上游河段又可分为沱沱河、通天河、金 沙江和川江四部分,其中沱沱河、通天河和金沙江位于民族地区,流域面积 50 多万 km²。长 江也是中国东西水上运输的大动脉,天然河道优越,有"黄金水道"之称。长江中下游地区气 候温暖湿润、雨量充沛、土地肥沃,是中国重要的农业区。黄河为中国第二长河,发源于青海 省巴颜喀拉山北麓各恣各雅山下的卡日曲,流经青海、四川、甘肃、宁夏、内蒙古、陕西、山西、 河南、山东等 9 个省区,在山东垦利县流入渤海,全长 5 464 km,流域面积 75 万 km²,黄河流 域牧场丰美、农业发达、矿藏富饶,是中国古代文明的发祥地之一,黄河含沙量居世界大河之 冠。据陕县站记录,平均每立方米的河水含沙量达 37 kg,多年平均输沙量约 16 亿 t。黄河 泥沙主要来自黄土高原,这个地区年输沙量占整个干流的 90%。在黄河上游,龙羊峡以上水 流很清,到了贵德以下流域内渐渐有黄土分布,黄河出青铜峡到河口镇段,水流平稳,泥沙有 所沉积,宁夏平原和河套平原就是黄河泥沙冲积而成的。黑龙江是中国北部的大河,是一条 国际河流,全长 4 350 km,流域面积 162 万 km²,其中有 3 101 km 流经中国境内,由于水中溶 解了大量的腐殖质,水色黝黑,犹如蛟龙奔腾,故此得名——黑龙江,满语称萨哈连乌拉,即 黑水之意。珠江全长 2 217 km,流域面积约 44 万 km²。珠江包括西江、北江和东江三大支 流,其中西江最长,通常被称为珠江的主干。珠江流域雨量充沛,是河川径流量特别丰富的 典型雨型河。据统计,多年平均流量为 11 070 m³/s,年径流总量达 3 492 亿 m³,约占全国径流量的 13%,仅次于长江,居全国第二位,为黄河的 6 倍。

2. 主要内流河

内流河往往源出冰峰雪岭的山区,以冰雪融水为主要的补给来源。河流上游位于山区,支流多,流域面积广,水量充足,流量随干旱程度的增减而增减。河流下游流入荒漠地区,支流很少或没有,由于雨水补给小,加之沿途蒸发渗漏,流量渐减,有的河流多流入内陆湖泊,有的甚至消失在荒漠之中。塔里木河、伊犁河、格尔木河是内流区域的主要河流,对民族地区经济发展有着十分重要的作用。

(1) 塔里木河

塔里木河是我国最长的内流河,上源接纳昆仑山、帕米尔高原、天山的冰雪融水,流量较大支流很多。"塔里木",维吾尔语就是河流汇集的意思。塔里木河的主源叶尔羌河发源于喀喇昆仑山主峰乔戈里峰附近的冰川地区,若从叶尔羌河上源起算,至大西海子,全长约 2 000 km,流域面积为 19.8 万 km^2。塔里木河上游支流很多,几乎包括塔里木盆地中的大部分河流,主要有阿克苏河、和田河和叶尔羌河,长度分别是 110 km,1 090 km 和 1 037 km。塔里木河干流水量全部依赖支流供给,近年由于上中游灌溉用水增多,加之渗漏和蒸发,使下游水量锐减,逐渐消失在沙漠中。

(2) 伊犁河

伊犁河上游有特克斯河、巩乃斯河和喀什河三大支流,主源特克斯河源于汗腾格里峰北侧,东流与巩乃斯河汇合后称为伊犁河;西流至雅马渡有喀什河注入,以下进入宽大的河谷平原,在接纳霍尔果斯河后进入俄罗斯,流入巴尔喀什湖。伊犁河在我国境内长 441 km,流域面积约 5.7 万 km^2,是我国西北地区水量最丰富的河流,年径流量达 123 亿 m^3,占新疆径流总量的 1/5,其中特克斯河占 63%。伊犁河最大流量多出现在 7 月、8 月,最小流量出现在冬季,这和冰雪融水和雨水补给有密切关系。伊宁市附近河宽 1 km 以上,每年 5—10 月可通行 180~250 吨级船只。

除天然河流外,中国还有一条著名的人工河,那就是贯穿南北的大运河。它始凿于公元前 5 世纪,北起北京,南抵浙江杭州,沟通海河、黄河、淮河、长江、钱塘江五大水系,全长 1 801 km,是世界上开凿最早、最长的人工河。

2.3 降水与蒸发

2.3.1 降水的形成

降水是云中的水分以液态或固态的形式降落到地面的现象,它包括雨、雪、雨夹雪、米雪、霰、冰雹、冰粒和冰针等降水形式。形成降水的条件有三个:一是要有充足的水汽;二是要使气块能够抬升并冷却凝结;三是要有较多的凝结核。当大量的暖湿空气源源不断地输入雨区,如果这里存在使地面空气强烈上升的机制,如暴雨天气系统,使暖湿空气迅速抬升,上升的空气因膨胀做功消耗内能而冷却,当温度低于露点后,水汽凝结为愈来愈大的云滴,云滴凝结,合并碰撞增大,相互吸引,上升气流不能浮托时,便造成降水。即

地面暖湿空气 → 抬升冷却 → 凝结为大量的云滴 → 降落成雨

降雨的强度可划分为小雨、中雨、大雨、暴雨、大暴雨和特大暴雨等。同样,降雪的强度也可按每12小时或24小时的降水量划分为小雪(包括阵雪)、中雪、大雪和暴雪几个等级。

2.3.2 降水的种类

降水根据其不同的物理特征可分为液态降水和固态降水。液态降水有毛毛雨、雨、雷阵雨、冻雨、阵雨等;固态降水有雪、雹、霰等;还有液态固态混合型降水,如雨夹雪等。降水等级划分见表2-1。

表 2-1　　　　　　　　　　　　　降水等级划分表　　　　　　　　　　单位：mm

用　语	12 h 降水总量	24 h 降水总量
毛毛雨、小雨、阵雨	≤4.9	0.1～9.9
小雨—中雨	3.0～9.9	5.0～16.9
中雨	5.0～14.9	10.0～16.9
中雨—大雨	10.0～22.9	17.0～37.9
大雨	15.0～29.9	25.0～49.9
大雨—暴雨	23.0～49.9	28.0～74.9
暴雨	30.0～69.9	50.0～99.9
暴雨—大暴雨	50.0～104.9	75.0～174.9
大暴雨	70.0～139.9	100.0～249.9
大暴雨—特大暴雨	105～169.9	175.0～299.9
特大暴雨	≥140.0	≥250.0

1. 雨

降落到地面的液态水称为雨,按其性质可分为:

(1) 连续性降水,持续时间较长、强度变化较小的降水。通常降自雨层云或低而厚的高层云。

(2) 阵性降水,时间短,强度大,降雨时大时小,或雨水下降和停止都很突然,一日内降水时间不超过3小时。

(3) 毛毛雨,指水滴随空气微弱运动飘浮下降,肉眼几乎不能分辨其下降情况,形如牛毛。

根据其强度可分为:小雨、中雨、大雨、暴雨、大暴雨、特大暴雨,小雪、中雪、大雪和暴雪等,具体通过降水量来区分。

小雨:雨点清晰可见,没漂浮现象,下地不四溅,洼地积水很慢,屋上雨声微弱,屋檐只有滴水,12 h 内降水量小于 5 mm 或 24 h 内降水量小于 10 mm 的降雨过程。

中雨:雨落如线,雨滴不易分辨,落硬地四溅,洼地积水较快,屋顶有沙沙雨声,12 h 内降水量 5～15 mm 或 24 h 内降水量 10～25 mm 的降雨过程。

大雨:雨降如倾盆,模糊成片,洼地积水极快,屋顶有哗哗雨声,12 h 内降水量 15～30 mm 或 24 h 内降水量 25～50 mm 的降雨过程。

暴雨:凡 24 h 内降水量超过 50 mm 的降雨过程统称为暴雨。根据暴雨的强度可分为:暴雨、大暴雨、特大暴雨三种。暴雨:12 h 内降水量 30～70 mm 或 24 h 内降水量 50～100 mm 的降雨过程;大暴雨:12 h 内降水量 70～140 mm 或 24 h 内降水量 100～250 mm

的降雨过程;特大暴雨:12 h 内降水量大于 140 mm 或 24 h 内降水量大于 250 mm 的降雨过程。

大气中气流上升的方式不同,导致降水的成因亦不同。按照气流上升的特点,降水可分为三个基本类型。

(1) 对流雨,由于近地面气层强烈受热,造成不稳定的对流运动,使气块强烈上升,气温急剧下降,水汽迅速达到过饱和而产生降水,称其为对流雨。对流雨常以暴雨形式出现,并伴随雷电现象,故又称热雷雨。从全球范围来说,赤道地区全年以对流雨为主,我国通常只见于夏季。

(2) 地形雨,暖湿气流运动中受到较高的山地阻碍被迫抬升而绝热冷却,当达到凝结高度时,便产生凝结降水,也就是地形雨。地形雨多发生在山地的迎风坡。在背风的一侧,因越过山顶的气流中水汽含量已大为减少,加之气流越山下沉而绝热增温,以致气温增高,所以背风一侧降水很少,形成雨影区。

(3) 锋面雨,当两种物理性质不同的气团相接触时,暖湿气流交界面上升而绝热冷却,达到凝结高度时便产生降水,称其为锋面雨。锋面雨一般具有雨区广、持续时间长的特点。在温带地区,包括我国绝大部分地区,锋面雨占有重要地位。

2. 雪

小雪:12 h 内降雪量小于 1.0 mm(折合为融化后的雨水量,下同)或 24 h 内降雪量小于 2.5 mm 的降雪过程。

中雪:12 h 内降雪量 1.0～3.0 mm 或 24 h 内降雪量 2.5～5.0 mm 或积雪深度达 3 cm 的降雪过程。

大雪:12 h 内降雪量 3.0～6.0 mm 或 24 h 内降雪量 5.0～10.0 mm 或积雪深度达 5 cm 的降雪过程。

暴雪:12 h 内降雪量大于 6.0 mm 或 24 h 内降雪量大于 10.0 mm 或积雪深度达 8 cm 的降雪过程。

3. 霰

白色不透明的小冰球,其径小于 1 mm 称霰,大于 1 mm 称"雪子"或"米雪"。

2.3.3 降水的特性

1. 降水量

指单位时间降落到单位面积上未蒸发渗透的水层厚度,以 mm 表示,称降水量。广义降水包括水平方向上的露、霜、雾。

2. 降水强度

单位时间内的降水量以 mm/d 表示。小雨 0.0～10.0 mm/d,中雨 10.1～25.0 mm/d,大雨 25.1～50.0 mm/d,暴雨 50.1～100.0 mm/d,大暴雨 100.1～200.0 mm/d。

3. 降水变率

表示降水量年际之间变化程度的统计量称变率。

(1) 绝对变率。绝对变率＝某地某年或某月实际降水量－历年平均降水量。有正负值,用绝对值相加,求平均,得出平均绝对变率。

(2) 相对变率。相对变率＝绝对变率/历年平均降水量×100%。相对变率＞25%,干旱或洪涝采取预防措施;相对变率＞50%,特大干旱或洪涝,什么措施都不用采取,徒劳无功。

4. 降水保证率

某一界限的降水量在某一段时间内出现的次数与该时段内降水总次数的百分比,叫作降水频率,降水量高于(或低于)某一界限值的累计频率,叫作降水保证率,保证率是表示某一界限降水量出现可靠程度的大小。为防旱防涝提供了依据,要求资料在 25～35 年以上。

2.3.4 降水量的分布

降水量的空间分布受多种因素的制约,如地理纬度、海陆位置、大气环流、天气系统和地形等。根据降水量的纬度分布,可将全球划分为四个降水带。

(1)赤道多雨带,赤道及其两侧地带是全球降水最多的地带,年降水量一般为 2 000～3 000 mm。在一年内,春分和秋分附近降水量最多,夏至和冬至附近降水量较少。

(2)副热带少雨带,地处南北纬 15°～30°之间。这个地带因受副热带高压带控制,以下沉气流占优势,是全球降水量稀少带。大陆两岸和大陆内部降水最少,年雨量一般不足 500 mm,不少地方仅为 100～300 mm,是全球荒漠相对集中分布的地带。不过,该降水带并非到处都少雨,因受地理位置、季风环流和地形等因素影响,某些地区降水很丰富。例如,喜马拉雅山南坡印度的乞拉朋齐年均降水量高达 12 665 mm。我国大部分属于该纬度带,因受季风和台风的影响,东南沿海一带年降水量在 1 500 mm 左右。

(3)中纬多雨带,本带锋面、气旋活动频繁,所以年降水量多于副热带,一般在 500～1 000 mm。大陆东岸还受到季风影响,夏季风来自海洋,使局部地区降水特别丰富。例如,智利西海岸年降水量达 3 000～5 000 mm。

(4)高纬少雨带,本带因纬度高、气温低,使蒸发极小,故降水量偏少,全年降水量一般不超过 300 mm。

2.3.5 我国降水的时空分布

1. 年降水量地理分布

根据多年平均雨量 $\overline{P}$、雨日 $\overline{T}$ 等,全国大体上可分为 5 个带。

(1)十分湿润带

$\overline{P} > 1\,600$ mm、$\overline{T} > 160$ d,分布在广东、海南、福建、台湾、浙江大部、广西东部、云南西南部、西藏东南部、江西和湖南山区、四川西部山区等地。

(2)湿润带

$\overline{P} = 800 \sim 1\,600$ mm、$\overline{T} = 120 \sim 160$ d,分布在秦岭—淮河以南的长江中下游地区,云、贵、川和广西的大部分地区。

(3)半湿润带

$\overline{P} = 400 \sim 800$ mm、$\overline{T} = 80 \sim 100$ d,分布在华北平原、东北、山西、陕西大部、甘肃、青海东南部、新疆北部、四川西北部和西藏东部等地。

(4)半干旱带

$\overline{P} = 200 \sim 400$ mm、$\overline{T} = 60 \sim 80$ d,分布在东北西部、内蒙古、宁夏、甘肃大部、新疆西部等地。

（5）干旱带

$\overline{P}<200$ mm、$\overline{T}\leqslant 60$ d，分布在内蒙古、宁夏、甘肃沙漠区、青海柴达木盆地、新疆塔里木盆地和准噶尔盆地藏北羌塘地区等。

2. 降水量的年内、年际变化

我国降水量的年内分配很不均匀，主要集中在春夏季，例如长江以南地区，3—6 月或4—7 月雨量占全年的 50%～60%；华北、东北地区，6—9 月雨量占全年的 70%～80%。降水量的年际变化很大，并有连续枯水年组和丰水年组的交替。年降水量越小的地方往往年际间变化越大。

3. 我国大暴雨时空分布

4—6 月，大暴雨主要出现在长江以南地区，其量级明显自南向北递减，山区往往高于丘陵区与平原区。7—8 月，大暴雨分布很广，全国许多地方都出现过历史上罕见的特大暴雨。如1975 年 8 月 5—7 日，台风深入河南，滞留、徘徊 20 多小时，林庄站 24 h 雨量达 1 060.3 mm，其中 6 h 达 830.1 mm 是我国大陆强度最大的雨量记录。

1963 年 8 月 2—8 日，海河受多次西南涡影响，在太行山东侧山丘区连降 7 天 7 夜大暴雨，獐㹢站雨量 2 051 mm，其中最大 24 h 达 950 mm；1977 年 8 月 1 日，内蒙古、陕西交界的乌审召出现强雷暴雨，据调查，8～10 h 内 4 处雨量超 1 000 mm，最大一处超 1 400 mm，强度之大为世界所罕见。

9—11 月，东南沿海、海南、台湾一带，受台风和南下冷空气影响而出现大暴雨。如台湾新潦 1967 年 10 月 17—19 日曾出现 24 h 降雨 1 672 mm，3 日总雨量达 2 749 mm 的特大暴雨，为全国最大记录。

2.4 河川径流形成过程及影响径流的因素

2.4.1 径流的形成

由流域上降水所形成的、沿着流域地面和地下向河川、湖泊、水库、洼地流动的水流称为径流，其中被流域出口断面截获的部分称为河川径流。从降雨到达地面至水流汇集，流经流域出口断面的整个过程，称为径流形成过程。径流形成过程可概括为如下的形式：

降雨过程 → 扣除损失 → 净雨过程 → 流域汇流 → 流量过程

径流的形成是一个极为复杂的过程，为了在概念上有一定的认识，可把它概化为两个阶段，即产流阶段和汇流阶段，如图 2-6 所示。其中降雨转化为净雨的过程称产流过程；净雨转化为河川流量的过程称汇流过程。其过程示意图如图 2-7 所示。

1. 产流阶段

这是降水开始以后发生在流域坡地上的水文过程，最初一段时间内的降水，除河槽、湖泊、水库水面等不透水面积上的那部分直接参与径流形成外，大部分流域面积上将不产生径流，而是消耗于植物截留、下渗、填洼和蒸散发。当降雨满足了植物截留、洼地蓄水和表层土壤储存后，后续降雨强度又超过下渗强度，其超过下渗强度的雨量，降到地面以后，开始沿地表坡面流动称为坡面漫流，是产流的开始。如果雨量继续增大，漫流的范围也就增大，形成

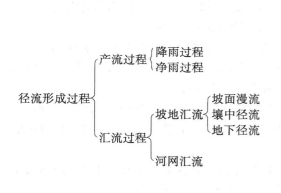

图2-6 径流形成过程

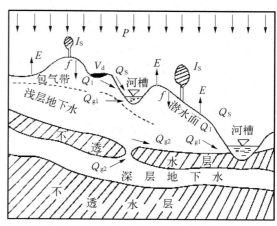

图2-7 径流形成过程示意图

全面漫流,这种超渗雨沿坡面流动注入河槽,称为坡面径流。地面漫流的过程,即为产流阶段。

在流域产流过程中,不能产生河川径流的那部分降雨量称为损失量,它包括蒸散发量、植物截留量、填洼及土层中的持水量。降雨过程减去损失过程,即得净雨过程。净雨又可分为地面净雨、表层流净雨和地下净雨,前两项分别形成从地面汇入河流的地面径流和从地表相对不透水层汇入河流的表层流,为简化计算,还常常将前两项合在一起,仍称地面净雨;后者从地下潜水层汇入江河,形成地下径流。

2. 汇流阶段

降雨产生的径流,汇集到附近河网后,又从上游流向下游,最后全部流经流域出口断面,叫作河网汇流,这种河网汇流过程,即为汇流阶段。

净雨沿坡地汇入河网,称坡地汇流,然后沿河网汇集到流域出口,称河网汇流。

(1)坡地汇流

地面净雨从坡地表面汇入河网,速度快、历时短,是形成洪水的主体,一般由坡面漫流、壤中径流汇流和地下径流汇流组成。坡面漫流开始于地面产生积水时,并随地面径流的增加而发展,属于明渠水流。壤中径流和地下径流的汇流分别开始于相对不透水层和地下水面以上土层含水量达到田间持水量之时,它们是不同土深处的渗流现象,地下净雨沿地下潜水层流入河网,流速很小,形成比较稳定的地下径流,是无雨期的基本径流,称基流。

(2)河网汇流

降雨形成的径流,经过坡地汇流即注入河网,开始河网汇流过程。进入河网的坡地径流,首先汇入附近的小河或溪沟,再汇入较大的支流,最后汇集至流域出口断面,形成了流域出口断面的流量过程线。

2.4.2 影响径流的因素

进行年径流分析计算的时候,要分析和掌握影响年径流的因素,以及各因素对年径流的影响状况。

径流是自然界水循环的组成环节,影响年径流的因素实际上就是影响流域产流和汇流的因素,主要包括:

（1）气象因素，包括降水特性、太阳辐射、气温、风速等。

（2）自然地理因素，包括流域面积、地质、地貌特征、植被及土壤条件、河槽特性等。

（3）人类活动影响，包括土地利用、农业措施和兴修水利工程等。

就气象因素来说，影响径流的气候因素主要是降水和蒸发。在湿润地区，降雨量大，蒸发量相对较小，降雨对年径流起决定性作用。在干旱地区，降水量小，蒸发量大，降水中的大部分消耗于蒸发，所以降水和蒸发均对年径流有相当大的影响。

流域的下垫面也是影响年径流的一个重要因素之一。流域的下垫面因素包括地形、地质、土壤、植被，流域中的湖泊、沼泽、湿地等。下垫面因素可能直接对径流产生影响，也可能通过影响气候因素间接地影响流域的径流。

在下垫面因素中，流域地形主要通过影响气候因素对年径流发生影响。比如，山地对于水气运动有阻滞和抬升作用，使山脉的迎风坡降水量和径流量大于背风坡。

植物覆被（如树木、森林、草地、农作物等）能阻滞地表水流，同时植物根系使地表土壤更容易透水，加大了水的下渗。植物还能截留降水，加大陆面蒸发。植被增加会使年际和年内径流差别减少，使径流变化趋于平缓，使枯水径流量增加。

流域的土壤岩石状况和地质构造对径流下渗具有直接影响。如流域土壤岩石透水性强，降水下渗容易，会使地下水补给量加大，地面径流减少。同时因为土壤和透水层起到地下水库的作用，会使径流变化趋于平缓。当地质构造裂隙发育，甚至有溶洞的时候，除了会使下渗量增大，还可能形成不闭合流域，并影响流域的年径流量和年内分配。

流域大小和形状也会影响年径流。流域面积大，地面和地下径流的调蓄作用强，而且由于大河的河槽下切深，地下水补给量大，加上流域内部各部分径流状况不容易同步，使得大流域径流年际和年内差别比较小，径流变化比较平缓。流域的形状会影响汇流状况，比如流域形状狭长时，汇流时间长，相应径流过程线较为平缓，而支流呈扇形分布的河流，汇流时间短，相应径流过程线则比较陡峻。

流域内的湖泊和沼泽相当于天然水库，具有调节径流的作用，会使径流过程的变化趋于平缓。在干旱地区，会使蒸发量增大，径流量减少。

2.5 水位与流量关系曲线

天然河道中的水流经常是不恒定的，流量一般随时间而变化。第一次的流量实测成果只能代表当时的情况，不能说明其变化过程及规律，在水文资料的整理中，通常是根据实测水位、流量资料建立水位流量的关系曲线。通过水位流量关系曲线，可把水位变化过程转换成相应的流量变化过程，并进一步求得各种统计特征值，以供国民经济各部门及工程规划设计应用。天然河流的水位流量关系由于非恒定流等各种水力要素的变化和泥沙运动的影响，在不同时期的同一水位，有时可能有若干不同的流量值，形成各种不同的水位流量关系曲线，不同的水位流量关系曲线有其不同的形成机理。

2.5.1 水位流量关系曲线

一个测站的水位流量关系是指基本水尺断面处的水位与通过该断面的流量之间的关系。根据实测流量成果，便可点绘水位与流量之间的关系。水位与流量之间的关系，有的表现为稳定的关系,有的则为不稳定的关系。

1. 稳定的水位流量关系曲线

稳定的水位流量关系,是指一个水位对应的流量变化不大,它们之间呈现单一关系。稳定的水位流量关系曲线的绘制步骤如下:

(1) 将各次测流时实测水位、流量的成果加以审查,列出实测流量成果表,如表 2-2 所示。

表 2-2　　　　　　　　　　　　某河某站 1982 年实测流量成果表(摘录)

测次	日　　期			水位 /m	流量 /($m^3 \cdot s^{-1}$)	流量 测法	断面 面积 /m^2	平均 流速 /($m \cdot s^{-1}$)	水面 比降	水面 宽/m	备　注
	月	日	时:分								
121	8	12	7:50—8:20	102.59	137	流速仪	98.6	1.39	—	83.6	
122	8	13	7:30—8:20	102.48	121	流速仪	92.3	1.52	—	83.1	
123			15:00—15:30	104.15	851	水面浮标	312	2.73	0.24%	157	
124	8	14	7:00—7:30	104.42	1 050	水面浮标	361	2.92	0.24%	168	西北风 2~3 级
125			18:00—18:30	104.17	944	水面浮标	315	3.00	0.27%	157	西北风 2~3 级

(2) 根据表中数据,同时绘制 Z-A、Z-V、Z-Q 关系曲线。

以水位为纵坐标,横坐标用三种比例尺,分别代表 Q、A、V。如果采用不同方法测流,则点子用不同符号表示。如果水位流量关系点子密集,分布成一带状,就可以通过点群中间,目估一条单一的水位流量关系曲线,如图 2-8 所示。

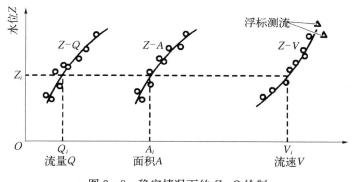

图 2-8　稳定情况下的 Z-Q 绘制

(3) Z-Q 曲线定出后,应与 Z-A、Z-V 曲线对照检查,使各种水位情况下的 $Q = AV$。

2. 不稳定的水位流量关系

不稳定的水位流量关系,是指先后测得的水位虽然相同,但流量差别很大。在同一水位时,引起流量变化的原因很多,如断面冲刷或淤积(图 2-9)、洪水涨落(图 2-10)、变动回水(图 2-11)等。

不稳定的水位流量关系曲线的处理方法很多,经常使用的有以下两种。

(1) 临时曲线法:若水位流量关系受到冲淤影响或比较稳定的结冰影响,在一定时期内关系点子密集成一带状,能符合定单一线的要求时,可以分期定出 Z-Q 曲线,称为临时曲线法,如图 2-12 所示。

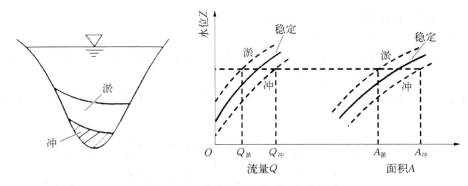

图 2-9　受冲淤影响的 Z-Q 曲线

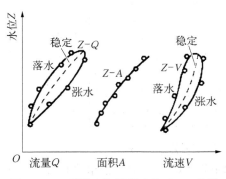

图 2-10　受洪水涨落影响的 Z-Q 曲线

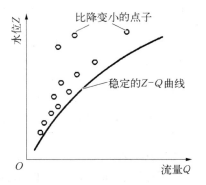

图 2-11　受变动回水影响的 Z-Q 曲线

（2）连时序法：当测流次数较多，能控制水位流量关系变化的转折点时，一般多用连时序法。其绘制过程如下：

① 根据实测资料绘出水位过程线 $Z = f(t)$，并在过程线上按顺序注上测次号码，如图 2-13 所示。

② 根据实测流量和相应水位，点绘 Z-Q 相关点，并在点旁依次注明测次号码及实测日期。

③ 参照水位过程线的起伏变化，目估依测次号码连成圆滑曲线，即为水位流量关系曲线。

这种情况的 Z-Q 曲线一般为绳套形，使用时按水位发生时间在 Z-Q 曲线的相应位置查读流量。

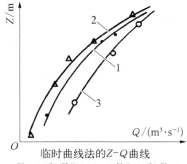

临时曲线法的 Z-Q 曲线
（1—1月1日至1月7日；2—1月7日至2月15日）

图 2-12　临时曲线法的 Z-Q 曲线

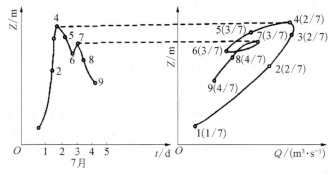

图 2-13　连时序法绘制 Z-Q 曲线

2.5.2 水位流量关系曲线的延长

当进行测站测流时,由于施测条件限制或其他种种原因,致使最高水位或最低水位的流量缺测或漏测,在这种情况下,须将水位流量关系曲线作高、低水部分的外延,才能得到完整的流量过程。

1. 根据水位面积、水位流速关系外延

河床稳定的测站,水位面积、水位流速关系点常较密集,曲线趋势较明确,可根据这两根线来延长水位流量关系曲线。实测断面延长水位面积曲线,顺趋势延长水位流速关系曲线,再以二者乘积延长水位流量关系曲线。

2. 根据水力学公式外延

此法实质上与上法相同,只是在延长 Z-V 曲线时,利用水力学公式计算出需要延长部分的 V 值。最常见的是用曼宁公式计算出需要延长部分的 V 值,即

$$V = C\sqrt{RJ} \tag{2-18}$$

其中,C 为

$$C = \frac{1}{n}R^{\frac{1}{6}} \tag{2-19}$$

故

$$V = \frac{1}{n}J^{\frac{1}{2}}R^{\frac{2}{3}} \tag{2-20}$$

式中　n——河床粗糙度系数;

J——水面比降;

R——水力半径。

由于大断面资料已知,因此关键在于确定高水时的河床糙率 n 和水面比降 J。

3. 水位流量关系曲线的低水延长

低水延长常采用断流水位法。所谓断流水位,是指流量为零时的水位,一般情况下断流水位的水深为零。此法关键在于如何确定断流水位,最好的办法是根据测点纵横断面资料确定。如测站下游有浅滩或石梁,则以其高程作为断流水位;如测站下游很长距离内河底平坦,则取基本水尺断面河底最低点高程作为断流水位,这样求得的断流水位比较可靠。

2.5.3 水位流量关系曲线的移用

规划设计工作中,常常遇到设计断面处缺乏实测数据,这时就需要将邻近水文站的水位流量关系移用到设计断面上。

当设计断面与水文站相距不远且两断面间的区间流域面积不大,河段内无明显的出流与入流的情况下,在设计断面设立临时水尺,与水文站同步观测水位。因两断面中、低水时同一时刻的流量大致相等,所以可用设计断面的水位与水文站断面同时刻水位所得的流量点绘关系曲线,再将高水部分进行延长,即得设计断面的水位流量关系曲线。

当设计断面与水文站的河道有出流或入流时,则主要依靠水力学的办法来推算设计断面的水位流量关系。

复习题

1. 什么是水文循环？它又可分为哪两种？各自的特点是什么？
2. 时段的长短对水量平衡计算有没有影响？
3. 河川径流一般指的是什么？河川径流量可用哪几个特征值表示？
4. 如何确定河流某一指定断面控制的流域面积？
5. 河流的平均比降指的是什么？是如何计算的？具体公式是如何推导的？
6. 为什么我国的年降水量从东南沿海向西北内陆递减？
7. 河川径流是由流域降雨形成的，为什么久晴不雨河水仍然川流不息？
8. 某流域的集水面积为 600 km²，其多年平均径流总量为 5 亿 m³，试问其多年平均流量、多年平均径流深、多年平均径流模数分别为多少？
9. 某流域面积 12 600 km²，多年平均降水量 650 mm，多年平均流量 80 m³/s，试推求该流域多年平均年径流总量、多年平均年径流深、多年平均径流模数、多年平均径流系数。

③ 水文统计基本原理与方法

3.1 概　述

　　水文现象主要是由降水引起的,而降水本身是一个随机的、不确定的过程,因此许多水文过程受随机性的支配。此外,水文现象涉及范围大、空间变化大,很难对每一点的相关变量进行观测和预测。同时许多水文极值也是不可预测的,唯一的方法是通过对历史观测资料的汇总、分析、评价去估计它们可能的大小与范围。从这个意义上来说,水文学是一种观测科学。目前的水文分析计算,就是根据已经观测到的水文资料,利用数理统计的方法找水文现象的统计规律性,以对未来可能发生的水文情势进行预估。

3.1.1　随机事件

　　在客观世界中,不断地出现和发生一些事物和现象。这些事物和现象可以统称为事件。事件的发生有一定的条件。就因果关系来看,有一类事件是在一定的条件下必然发生的(如水到 0℃会结冰,一年会有四个季节),这种在一定的条件下必然发生的事件称为必然事件。

　　另有一类事件在一定的条件下是必然不发生的(如石头不能孵化成小鸡,太阳不会从西边出来)。这种在一定的条件下必然不发生的事件称为不可能事件。必然事件或不可能事件虽然不同,但又具有共性,即在因果关系上都具有确定性。

　　除了必然事件和不可能事件以外,在客观世界中还有另外一类事件,这类事件发生的条件和事件的发生与否之间没有确定的因果关系,这种事件称为随机事件。

　　在长期的实践中人们发现,虽然对随机事件作一两次或少数几次观察,随机事件的发生与否没有什么规律,但如果进行大量的观察或试验,又可以发现随机事件具有一定的规律性。比如一枚硬币,投掷一次或几次的时候看不出什么规律,但是在同样的条件下反复多次进行试验,把硬币投掷成千上万次,就会发现硬币落地时正面朝上和反面朝上的次数大致是相等的。再如,一条河流的某一个断面的年径流量在各个年份是不相同的,但进行长期观测,如观测 30 年、50 年、80 年,就会发现年径流量的多年平均值是一个稳定数值。

　　随机事件所具有的这种规律称为统计规律。具有统计规律的随机事件的范围是很广泛的。随机事件可以是具有属性性质的,比如投掷硬币落地的时候哪一面朝上,出生的婴儿是男孩还是女孩,天气是晴、是阴,有没有雨、雪,城市里交通事故的发生,等等。随机事件也可以是具有数量性质的,比如射手打靶的环数,建筑结构试件破坏的强度,某条河流发生洪水的洪峰流量,等等。

3.1.2 总体和样本

客观世界中存在着许多具有随机性的事物。在数理统计中,把所研究对象的全体称为总体,把总体中的每一个基本单位称为个体。如一条河流,当研究年径流量的时候,河流有史以来的各年年径流量的全体就是总体,各个年的年径流量就是个体。如果所研究的随机事物对应着实数,则总体就是一个随机变量(可以记为 X),而个体就是随机变量的一个取值(可以记为 x_i)。

一般情况下,总体是未知的。因为不能对总体进行普查研究,总体实际上是无法得到的。比如,我们无法掌握一条河流在其形成以来漫长时期内所有年份的年径流量。我们也不能对工地上所有的钢筋都进行破坏性试验检验钢筋的强度。为了了解和掌握总体的统计规律,通常是从总体中抽取一部分个体,对这部分个体进行观察和研究,并且由这部分个体对总体进行推断,从而掌握总体的性质和规律。这种方法称为抽样法。从总体中抽取的部分个体称为样本。

当总体是随机变量的时候,所抽取的每一个样本是一组数字。比如随机变量 X 的一个样本 X_j 就由数字 x_1 , x_2 ,…, x_i ,…, x_n 组成。样本里面包含个体的个数 n ,称为样本容量。

当抽取样本时随意抽取,不带有任何主观成分时,所得到的样本称为随机样本。水文变量总体是无限的,现有的水文观测资料可以认为是水文变量总体的随机样本。样本只是总体的一部分,由样本来推断总体的统计规律显然会有误差。这种由样本推断总体统计规律而产生的误差称为抽样误差。一般说来,样本容量增大的时候,样本的抽样误差会减小。所以,应当尽可能地增大样本容量。

3.2 概率与频率的基本概念

3.2.1 概率论与统计学

在数学中有两个分支,即概率论和数理统计。研究随机事件统计规律的学科称为概率论。由随机现象一部分实测资料研究和推求随机事件全体规律的学科称为数理统计。进行重复的独立实验,例如抛硬币,即使这些事件本身是不可预测的,一些特殊事件的相对频率,统计规律基本上是在几乎相同的条件下由重复实验得到的。然而,水文学中出现的许多资料是观测得来的,而不是由实验所得,对于这些资料,不能通过重复实验来证明。水文工作者不可能对大洪水或枯水做重复实验。因此,水文学对统计学和概率论的应用,在多数情况下,其合理性依赖于这样一种认识,即统计方法是为未来的观测值提供期望值和变化性。

统计学是根据从总体中抽取的样本的性质,对总体性质进行推测的方法。然而,统计学优于简单地描述总体,它能提供关于总体情况一些不确定的量度。在收集更多的资料以减少不确定度时,统计学能够定量地给出有关信息值。了解不确定度的大小,实质上是用来辨别收集更多资料是否值得的问题。

3.2.2 概率与频率

概率是表示统计规律的方式。用概率可以表示和度量在一定条件下随机事件出现或发生的可能性。针对不同的情况,概率有不同的定义。

按照数理统计的观点,事物和现象都可以看作是试验的结果。

如果试验只有有限个不同的试验结果,并且它们发生的机会都是相同的,又是相互排斥的,则事件概率的计算公式为

$$P(A) = \frac{m}{n} \tag{3-1}$$

式中 $P(A)$——随机事件 A 的概率;

n——进行试验可能发生结果的总数;

m——进行试验中可能发生事件 A 的结果数。

例如,掷骰子(俗称"掷色子")的情况就符合以上公式的条件。因掷骰子可能发生的结果是有限的(1 到 6 点),试验可能发生结果的总数是 6,掷骰子掷成 1 点到 6 点的可能性都是相同的,又是相互排斥的(一次掷一个骰子不可能同时出现两个点)。

如果定义 Z 为随机事件"掷骰子的点数大于 2",则符合 Z 的结果为 3,4,5,6 点四种情况,即事件 Z 可能发生的结果数是 4。按照上述公式,Z 的概率 $P(Z) = 4/6 = 2/3$。

像这种比较简单的,等可能性、相互排斥的情况,是概率论初期的主要研究对象。故按式(3-1)确定的事件概率称为古典概率。

在客观世界里中,随机事件并不都是等可能性的。如射手打靶打中的环数是随机事件,但打中 0 环到 10 环各环的可能性并不相同,优秀的射手打中 9 环、10 环的可能性大,而新手打中 1 环、2 环的可能性就较大。一条河流出现大洪水的可能性和一般洪水的可能性显然也是不同的。

为了表示不是等可能性情况的统计规律,概率论中对概率给出了更一般的定义。在同样条件下进行试验,将事件 A 出现的次数 μ 称为频数,将频数 μ 与试验次数 n 的比值称为频率,记为 $W(A)$,则

$$W(A) = \frac{\mu}{n} \tag{3-2}$$

大量的实践证明,当试验的次数充分大时,随机事件的频率会趋于稳定。

概率的统计定义如下:在一组不变的条件下,重复作 n 次试验,记 μ 是事件 A 发生的次数,当试验次数很大时,如果频率 μ/n 稳定地在某一数值 p 的附近摆动,而且一般说来随着试验次数的增多,这种摆动的幅度愈变愈小,则称 A 为随机事件,并称数值 p 为随机事件 A 的概率,记作

$$\underset{n\to\infty}{\mathrm{Lim}} W(A) = P(A) \tag{3-3}$$

简单地说,频率具有稳定性的事件叫作随机事件,频率的稳定值叫作随机事件的概率。

概率的统计定义它既适用于事件出现机会相等的情况,又适用于事件出现机会不相等的一般情况。

前述的必然事件和不可能事件发生的可能性也可以用概率表示。必然事件的概率等于

1.0(表示事件必然发生);不可能事件的概率等于0(表示事件发生的可能性是0,必然不发生);一般随机事件的概率介于0~1.0之间。

对于概率的统计定义还需注意,进行统计试验的条件必须是不变的。如果条件发生了变化,即使试验的次数再多,也不能求得随机事件真正的概率。如要确定某一个射手打靶射中不同环数的概率,必须让射手在同样的条件下进行射击,如射击的射程、靶型、武器、风力等都不应改变。类似地,当进行水文统计时,水文现象的各种有关因素也应当是不变的。如果流域的自然地理条件已经发生了比较大的变化,还把不同条件下的水文资料放在一起进行统计就不合理了,发生这种情况的时候,应当把实测水文资料进行必要的还原和修正以后,再进行统计计算。

3.2.3　概率运算定理

1. 两事件和的概率

互斥事件是指两个随机事件在一次观测中不可能同时发生。设 A 和 B 是两个互斥事件,在 N 次观测中,事件 A 出现 N_A 次,事件 B 出现 N_B 次,则事件 A 或者事件 B 出现的概率为

$$P_{A+B} = \lim_{N \to \infty} \frac{N_A + N_B}{N} = P_A + P_B \tag{3-4}$$

式中　P_{A+B}——事件 A 或事件 B 发生的概率;

　　　P_A——事件 A 的概率;

　　　P_B——事件 B 的概率。

即两个互斥事件中任意一个出现的概率等于两个事件出现的概率之和。

概率的归一化条件是指全部互斥事件出现的概率为1,即 $\sum P_i = 1$。它表明,在一次观测中,全部互斥事件中总有一个是要发生的。

2. 条件概率

两个事件 A,B,在事件 A 发生的前提下,事件 B 发生的概率为事件 B 在条件 A 下发生的条件概率,记为

$$P(B \mid A) \tag{3-5}$$

3. 两事件积的概率

两事件积的概率,等于其中一事件的概率乘以另一事件在已知前一事件发生的条件下的条件概率,即

$$P(AB) = P(A) \times P(B \mid A), \ P(A) \neq 0 \tag{3-6}$$

$$P(AB) = P(B) \times P(A \mid B), \ P(B) \neq 0 \tag{3-7}$$

设 A 和 B 是两个独立事件,在 N 次观测中,事件 A 出现 N_A 次,事件 B 出现 N_B 次,则事件 A 和事件 B 同时出现(记为 $A \cdot B$)的概率

$$P_{A \cdot B} = \lim_{N \to \infty} \frac{N_{A \cdot B}}{N} = \lim_{N \to \infty} \frac{N_A}{N} \cdot \frac{N_{A \cdot B}}{N_A} \tag{3-8}$$

3.3 随机变量及其概率分布

3.3.1 随机变量

要进行水资源管理工作及对水资源进行配置、节约和保护,必须了解和掌握水资源的规律,必须预测未来水资源的情势。但因影响水资源的因素十分众多和复杂,目前还难以通过成因分析,对水资源进行准确的长期预报。实际工作中采用的基本方法是对于水文实测资料进行分析、计算,研究和掌握水文现象的统计规律,然后按照统计规律对未来的水资源情势进行估计。而这样做,需要对随机事件定量化地表示,为此引入随机变量。

进行随机试验,每次结果可用一个数值 x 来表示,每次试验出现 x 的数值是不确定的,常常是不同的,但是,出现某一数值 x_i 常具有相应的概率,表明这种变量 x 带有随机性,故称为随机变量,或随机变数。按照概率论理论,随机变量是对应于试验结果,表示试验结果的数量。如在工地上检验一批钢筋,可以随机抽取几组试件进行检验,每一组试件检验不合格的根数就是随机变量;又如某条河流,其历年的最大洪峰流量、最高水位、洪水持续时间等都可看为随机变量。水文现象中的水文特征值常是随机变量,如某地年降水量,某站年最高水位、最大洪峰流量等。由随机变量所组成的系列,如 x_1, x_2, $\cdots$, x_n 称为随机变量系列,可用大写字母 X 表示。系列的范围可以是有限的,也可以是无限的。

随机变量的数学定义为:在一组不变的条件下,试验的每一个可能结果都唯一对应到一个实数值,则称实数变量为随机变量("唯一对应"又称"一一对应",是指每一个试验结果,就只对应一个数据,而每一个数据,又只对应一个试验结果)。

随机变量常用大写字母来表示,如随机变量 X(注意这里大写的 X 是变量,X 的取值可以是 x_1, x_2, $\cdots$, x_n,即 X 表示随机取值的系列 x_1, x_2, $\cdots$, x_n)。

随机变量可以分为离散型和连续型两种。

1. 离散型随机变量

如果随机变量是可数的,即随机变量的取值是和自然数一一对应的,就称为离散型随机变量。离散型随机变量不能在两个相邻随机变量取值之间取值,即相邻两个随机变量之间,不存在中间值。离散型随机变量可以是有限的,也可以是无限的,但必须是可数的。如某站年降雨量的总日数,出现的天数只有 1~365(366)种可能,不能取其任何中间值。

2. 连续型随机变量

如果随机变量的取值是不可数的,也就是在有限区间里面,随机变量可以取任何值,就称为连续型随机变量。比如,某一个长途汽车站,每隔 30 min 有一班车发往某地,对于一位不知道长途汽车时刻表的旅客,来车站等车到出发的时间是一个随机变量,这个随机变量取值可以是从 0~30 min 区间的任意值;又如某河流上任一断面的年平均流量,可以在某一流量与极限流量之间变化,取其任何实数值,所以它们都是连续型随机变量。连续型随机变量是普遍存在的。水文变量,如降雨量,降雨时间,蒸发量,河流的流量、水量、水位等,都是连续型随机变量。对于随机变量,仅仅知道它的可能取值是不够的,更为重要的是了解各种取值出现的可能性有多大,也就是明确随机变量各种取值的概率,掌握它的统计规律。

3.3.2　随机变量的概率分布

随机变量取得某一可能值是有一定的概率的。这种随机变量与其概率一一对应的关系,称为随机变量的概率分布规律,简称概率分布。它反映了随机现象的变化规律。

对于离散型随机变量,可以用列举的方式表示它的概率分布。离散型随机变量 X 只可能取有限个或一连串的值。设 X 的一切可能值为 x_1, x_2, ⋯, x_n,且对应的概率为 p_1, p_2, ⋯, p_n,即

$$P(X = x_1) = p_1, \ P(X = x_2) = p_2, \ \cdots, \ P(X = x_n) = p_n \qquad (3-9)$$

或将 X 可能取值及其相应的概率列成表,称为随机变量 X 的概率分布表。

对于连续型随机变量,因为它是不可数的,不能一一列举,所以也就也不能用列举的方法表示概率分布。比如前面提到的乘客在长途汽车站等车的例子,等车时间可以是 $0 \sim 30$ min 区间里的任何时间,故无法列举所有的随机变量及其相应概率。实际上,等车时间在 $0 \sim 30$ min 的任何时间的可能性是相等的,对于这个区间的任意时间,其概率等于无穷大分之一,即近似等于零。从这个例子可以看出,列举连续型随机变量各个值的概率不仅做不到,而且实际上是没有意义的。为此,我们转而研究和分析连续性随机变量在某一个区间取值的概率。在工程水文里面,就是研究某一水文变量大于或等于某一数值的概率。

对于一个随机变量,大于或等于不同数值的概率是不同的。当随机变量取为不同数值时,随机变量大于等于此值的概率也随之而变,即概率是随机变量取值的函数。这一函数称之为随机变量的概率分布函数。对于连续性随机变量,还有另一种表示概率分布的形式——概率密度函数。分布函数和概率密度函数的公式为

$$F(x) = P(X \geqslant x) = \int f(x) \mathrm{d}x \qquad (3-10)$$

式中　X——随机变量;

　　　x——随机变量 X 的取值;

　　　$P(X \geqslant x)$——随机变量 X 取值大于或等于 x 的概率;

　　　$F(x)$——随机变量 X 的分布函数;

　　　$f(x)$——随机变量 X 的概率密度函数。

按照概率论的定义,概率密度函数是分布函数的导数。概率密度函数在某一个区间的积分值,表示随机变量在这个区间取值的概率。

在工程水文中,频率是水文变量取值大于或等于某一数值的概率,因此,水文变量的频率就是概率密度函数从变量取值到正无穷大区间的积分值。

随机变量的分布函数可用曲线的形式表示。在工程水文里面,又习惯于将水文变量取值大于或等于某一数值的概率称为该变量的频率,同时将表示水文变量分布函数的曲线称为频率曲线。

随机变量的取值总是伴随着相应的概率,而概率的大小随着随机变量的取值变化而变化,这种随机变量与其概率一一对应的关系,称为随机变量的概率分布规律。

$$f(x) = -F'(x) = -\frac{\mathrm{d}F(x)}{\mathrm{d}(x)} \qquad (3-11)$$

式(3-11)中，$F(x)$ 是随机变量 X 的分布函数值，也就是水文变量 X 取值为 x 时候的频率，而 $f(x)$ 是概率密度函数。如前述，水文变量的分布函数可以用频率曲线表示。类似地，概率密度函数也可以用概率密度函数曲线表示。因分布函数和概率密度函数之间存在着对应关系，频率曲线和概率密度函数曲线之间也存在着对应关系，这种对应关系如图。图 3-1 是概率密度函数曲线，图 3-2 是频率曲线。图中两边的纵坐标均表示随机变量的取值，图 3-1 的横坐标表示概率密度函数值，图 3-2 的横坐标表示频率。图 3-1 随机变量取值的概率密度函数值越大，表明随机变量在这个值附近区间取值的概率越大。因频率 $F(x_p)$ 是概率密度函数从 x_p 到正无穷大这个区间的积分，所以，图 3-2 中的 $F(x_p)$ 等于图 3-1 中 x_p 以上的阴影面积。从图中可以看到，x_p 取值越小，阴影面积越大，频率 $F(x_p)$ 取值也越大。这显然是合理的，因为随机变量取值越小，大于等于这个取值的可能性越大。

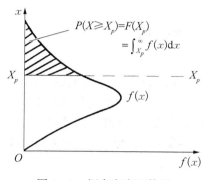

图 3-1 概率密度函数图

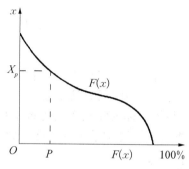

图 3-2 概率分布函数图

3.3.3 重现期

重现期表示在长时间内随机事件发生的平均周期。即在很长的一段时间内，随机事件平均多少年发生一次。"多少年一遇"或者"重现期"，都是工程和生产上用来表示随机变量统计规律的概念。

（1）重现期和概率一样，都表明随机事件或随机变量的统计规律。说某一条河流发生了"百年一遇洪水"，是指从很长一个时期来看，大于或等于这次洪水的情况，平均 100 年可能出现一次。

重现期是对于类似于洪水这样的随机事件发生的可能性的一种定量描述。不能理解为百年一遇的洪水每隔 100 年一定出现一次。实际上，百年一遇洪水可能间隔 100 年以上时间发生，也可能连续两年接连发生。

（2）水文随机变量是连续型随机变量，水文变量的频率是水文变量大于或等于某个数值的概率。对应于频率，水文变量的重现期是指水文变量在某一个范围内取值的周期。如某条河流百年一遇的洪水洪峰流量是 1 000 m³/s，是指这条河流洪峰流量大于或等于 1 000 m³/s 的洪水重现期是 100 年，而不是指洪峰流量恰恰等于 1 000 m³/s 的洪水重现期是 100 年。

（3）水利工程中所说的重现期，是指对工程不利情况的重现期。对于洪水、多水的情况，水越大对工程越不利。此时，重现期是指水文随机变量大于或等于某一数值这一随机事件发生的平均周期。如用大写的 T 表示重现期，用大写的 P 表示频率，按照频率和周期互为倒数的关系，可知洪水、多水时，重现期计算公式为

$$T = \frac{1}{P} \qquad\qquad (3-12)$$

因洪水、多水时，频率 P 小于或等于 50%，此公式的适用条件又可写为 $P \leqslant 50\%$。

对于枯水、少水的情况，水越少对工程越不利，此时重现期是指水文随机变量小于或等于某一数值的平均周期。按照概率论理论，随机变量"小于或等于某一数值"是"大于或等于某一数值"的对立事件，"小于或等于某一数值"的概率等于 $1-P$，故此时重现期的计算公式为

$$T = \frac{1}{1-P} \quad (P \geqslant 50\%) \qquad\qquad (3-13)$$

因枯水、少水时，频率大于或等于 50%，式(3-13)的适用条件又可以写为 $P \geqslant 50\%$。

3.4 统 计 参 数

在实际工作里，求出概率分布函数或者概率密度函数往往比较困难，有时甚至求不出来。但是，有一些数字具有特征意义，可以简明地表示随机变量的统计规律和特性。在概率论里，把这些数字称为随机变量的数字特征，在工程水文中，习惯于把这些数字称为统计参数。在频率分析计算中常用的特征参数有 3 个，分别是均值、变差系数和偏态系数。

3.4.1 均　值

均值反映随机变量系列平均情况，根据随机变量在系列中的出现情况，计算均值的方法有两种。

1. 加权平均法

设有一实测系列由 x_1，x_2，$\cdots$，x_n 组成，各个随机变量出现的次数（频数）分别为 f_1，f_2，$\cdots$，f_n，则系列的平均值为

$$\bar{x} = \frac{x_1 f_1 + x_2 f_2 + \cdots + x_n f_n}{f_1 + f_2 + \cdots + f_n} = \frac{1}{N} \sum_{i=1}^{n} x_i f_i \qquad\qquad (3-14)$$

式中，N 为样本系列的总项数，$N = f_1 + f_2 + f_n$。

2. 算术平均法

若实测系列内各随机变量很少重复出现，可以不考虑出现次数的影响，用算术平均法求平均值。

$$\bar{x} = \frac{1}{n} \sum_{i=1}^{n} x_i \qquad\qquad (3-15)$$

式中，n 为样本系列的项数。

对于水文系列来说，一年内只选一个或几个样，水文特征值重复出现的机会很少，一般使用算术平均值。若系列内出现了相同的水文特征值，由于推求的是累积频率 $P(x \geqslant x_i)$，可将相同值排在一起，各占一个序号。

平均数是随机变量最基本的位置特征，它的位置在频率密度曲线与 x 轴所包围面积的形心处，说明随机变量的所有可能取值是围绕中心分布的，故称为分布中心，它反映了随机

变量的平均水平,能代表整个随机变量系列的水平高低。例如,南京的多年平均降水量为970 mm,而北京的多年平均降水量为670 mm,说明南京的降水量比北京的丰沛。

根据均值的数学特征,可以利用均值推求设计频率的水文特征值,也可以利用均值表示各种水文特征值的空间分布情况,绘制成各种等值线图,例如,多年平均径流量等值线图、多年平均 24 h 暴雨量等值线图等。我国幅员辽阔,各种水文现象的均值分布情况各地不同,以年降雨量的均值分布为例,一般分为东南沿海比西北内陆大、山区比平原大、南方比北方大。因降水是形成径流的主要因素,故径流的空间分布与降水量等值线图相似。

3.4.2 均方差和变差系数

要反映整个系列的变化幅度,或者系列在均值两侧分布的离散程度,需要使用均方差或变差系数。设有实测系列为 x_1, x_2, $\cdots$, x_n,其均值为 $\bar{x}$,任一实测值 x_i 对平均数的离散程度用离差 $\Delta x_i = x_i - \bar{x}$ 表示。由均值的数学特性可知,$\sum (x_i - \bar{x}) = \sum \Delta x_i \equiv 0$,所以反映系列的离散程度不能用一阶离差的代数和。

1. 均方差

均方差是随机变量离均差平方和的平均数再开方的数值,用符号 s 表示,即

$$s = \sqrt{\frac{\sum (x_i - \bar{x})^2}{n}} \tag{3-16}$$

式中,n 为系列的总项数。

上式只适用于总体,对于样本系列应采用下列修正公式:

$$s = \sqrt{\frac{\sum (x_i - \bar{x})^2}{n-1}} \tag{3-17}$$

均方差反映实测系列中各个随机变量离均差的平均情况,均方差大,说明系列在均值两旁的分布比较分散,整个系列的变化幅度大;均方差小表示系列的离散程度小,整个系列的变化程度小。以下举例说明(表 3-1)。

表 3-1 甲、乙系列数据

甲系列	48	49	50	51	52	$\bar{x}_{甲} = 50$
乙系列	10	30	50	70	90	$\bar{x}_{乙} = 50$

经计算其均方差分别为 $s_{甲} = 1.58$,$s_{乙} = 31.4$,说明甲系列离散程度小,乙系列离散程度大。如果在甲系列范围之外增加一项 56,而在乙系列范围之内增加一项 80,则 $\bar{x}_{甲} = 51$,均值变化为 2%,$\bar{x}_{乙} = 55$,均值变化 10%,说明均方差小的系列均值代表性好,均方差大的系列代表性差。

2. 变差系数

均方差代表系列的绝对离散程度,对均值相同、均方差不同的系列,可以比较其离散程度,而对于均值不同、均方差相同、均值均方差都不同的系列,则无法比较,这是因为均方差不仅受系列分布的影响,也与系列的数值大小有关。因为在两个不同的系列中,数值大的系列,一般来说各随机变量与均值的离差要大一些,均方差也会大些。数值较低的系列均方差

要小一些。因而均方差大时,不一定表示系列的离散程度大。

变差系数又称离差系数或离势系数,它是一个系列的均方差与其均值的比值,即

$$C_v = \frac{s}{\bar{x}} = \frac{1}{x} \sqrt{\frac{\sum (x_i - \bar{x})^2}{n-1}} \tag{3-18}$$

令 $K_i = \dfrac{x_i}{\bar{x}}$,$K_i$ 称为模比系数或变率,则

$$C_v = \sqrt{\frac{\sum (K_i - 1)^2}{n-1}} \tag{3-19}$$

这样就消除了系列水平高低的影响,用相对离散程度来表示系列在均值两旁的分布情况。

各种水文现象的变差系数 C_v,也可用等值线图表示其空间分布。我国降雨量和径流量的 C_v 分布,大致是:南方小、北方大;沿海小、内陆大;平原小、山区大。

3.4.3 偏态系数

变差系数说明了系列的离散程度,但不能反映系列在均值两旁分布的另一种情况,即系列在两旁的分布是否对称,如果不对称,是大于均值的数出现的次数多,还是小于均值的数出现的次数多。故引入另一个参数——偏态系数(也称偏差系数)。

数理统计中定义偏态系数为

$$C_s = \frac{\sum (x_i - \bar{x})^3}{ns^3} = \frac{\sum (K_i - 1)^3}{nC_v^3} \tag{3-20}$$

对于样本系列

$$C_s = \frac{\sum (x_i - \bar{x})^3}{(n-3)s^3} = \frac{\sum (K_i - 1)^3}{(n-3)C_v^3} \tag{3-21}$$

式中　s——样本系列的均方差;

　　　C_v——变差系数;

　　　n——样本系列的项数。

公式中引用了离差的三次方,以保留离差的正负情况。当 $C_s = 0$ 时,系列在均值两旁呈对称分布;$C_s > 0$ 属正偏分布;$C_s < 0$ 属负偏分布(图3-3)。系列为正偏、负偏或对称可由 C_s 的符号表示出来。

一般认为,没有百年以上的资料,C_s 的计算结果很难得到一个合理的数值。实测资料往往没有这么长,因此,实际工作中并不计算 C_s,而是按照 C_s 与 C_v 的经验关系,通过适线确定。C_s 与 C_v 的经验关系为:

设计暴雨量

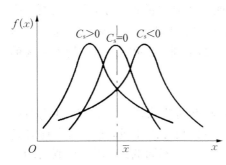

图3-3　C_s 对频率曲线的影响

$$C_s = 3.5C_v \tag{3-22}$$

设计最大流量

$$C_s < 0.5 \text{ 时}, C_s = (3 \sim 4)C_v \quad\quad\quad (3-23)$$

$$C_s > 0.5 \text{ 时}, C_s = (2 \sim 3)C_v \quad\quad\quad (3-24)$$

年径流及年降水

$$C_s = 2C_v \quad\quad\quad (3-25)$$

3.4.4 矩

为了更好地描述随机变量分布的特征,有时还要用到随机变量的各阶矩(原点矩与中心矩),它们在数理统计中有重要的应用。

1. 原点矩

设 X 是随机变量,若 $E(X^k)(k = 1, 2, \cdots)$ 存在,则称它为 X 的 k 阶原点矩,记作 $v_k(X)$,即

$$v_k(X) = E(X^k) \quad (k = 1, 2, \cdots) \quad\quad\quad (3-26)$$

显然,一阶原点矩就是数学期望,即 $v_1(X) = E(X)$。

对于离散型随机变量,k 阶原点矩为

$$v_k(X) = E(X^k) = \sum_{i=1}^{n} x_i^k p_i \quad\quad\quad (3-27)$$

对于连续型随机变量,k 阶原点矩为

$$v_k(X) = E(X^k) = \int_{-\infty}^{+\infty} x^k f(x) \mathrm{d}x \quad\quad\quad (3-28)$$

2. 中心矩

设随机变量 X 的函数 $[X - E(X)]^k (k = 1, 2, \cdots)$ 的数学期望存在,则称 $E\{[X - E(X)]^k\}$ 为 X 的 k 阶中心矩,记作 $\mu_k(X)$,即

$$\mu_k(X) = E\{[X - E(X)]^k\} \quad (k = 1, 2, \cdots) \quad\quad\quad (3-29)$$

易知,一阶中心矩恒等于零,即 $\mu_1(X) \equiv 0$;二阶中心矩就是方差,即 $\mu_2(X) = D(X)$。

对于离散型随机变量,k 阶中心矩为

$$\mu_k(X) = E\{[X - E(X)]^k\} = \sum_{i=1}^{n} [X_i - E(X)]^k p_i \quad\quad\quad (3-30)$$

对于连续型随机变量,k 阶中心矩为

$$\mu_k(X) = E\{[X - E(X)]^k\} = \int_{-\infty}^{+\infty} [X_i - E(X)]^k p_i f(x) \mathrm{d}x \quad\quad\quad (3-31)$$

3.5 水文频率曲线线型

客观世界中的随机变量具有不同的概率分布规律。经过研究和分析,可以对某些概率分布给出数学表达式,并得到相应的频率曲线。水文分析计算中使用的概率分布曲线俗称

水文频率曲线,习惯上把由实测资料(样本)绘制的频率曲线称为经验频率曲线,而把由数学方程式所表示的频率曲线称为理论频率曲线。所谓水文频率分布线型是指所采用的理论频率曲线(频率函数)的型式(水文中常用线型为正态分布型、极值分布型、皮尔逊Ⅲ型分布型等),它的选择主要取决于与大多数水文资料的经验频率点据的配合情况。分布线型的选择与统计参数的估算,一起构成了频率计算的两大内容。下面介绍四种最为常用的理论频率曲线。

3.5.1 正态分布

1. 正态分布的密度函数及其参数

正态分布具有如下形式的概率密度函数:

$$f(x) = \frac{1}{\sigma\sqrt{2\pi}} e^{-\frac{(x-\bar{x})^2}{2\sigma^2}} \quad (-\infty < x < \infty) \tag{3-32}$$

式中　　$\bar{x}$——平均数;

σ——标准差;

e——自然对数的底。

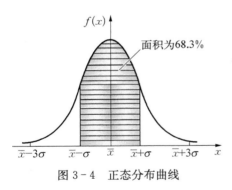

图 3-4　正态分布曲线

图 3-4 是正态分布的概率密度函数曲线。该曲线为单峰,曲线对称于均值,同时曲线两端以 x 轴为渐近线,趋向于正、负无穷大。正态分布有两个参数,即均值 μ 和均方差 σ,当这两个参数确定后,分布就唯一确定了。

实践经验和理论分析表明,可以用正态分布描述许多随机变量的概率分布。如各种测量、检测的误差,因多种偶然因素形成的偏差(比如设备正常运转情况下产品的质量指标、正常施工情况下混凝土试件的强度等),都服从或者可以近似地看为服从正态分布。

2. 频率格纸

正态频率曲线在普通格纸上是一条规则的 S 形曲线,它在 $P=50\%$ 前后的曲线方向虽然相反,但形状完全一样,如图 3-5 中的①线。水文计算中常用的一种"频率格纸",其横坐标的分划就是按把标准正态频率曲线拉成一条直线的原理计算出来的,如图 3-5 中的②线。

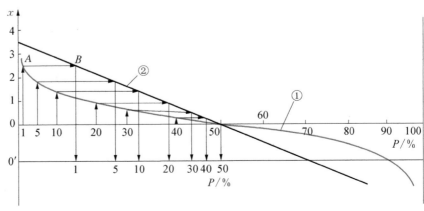

图 3-5　频率格纸

3.5.2 对数正态分布

当随机变量 x 的对数值服从正态分布时,称 x 的分布为对数正态分布。对于两参数正态分布而言,变量 x 的对数 $y=\ln x$ 服从正态分布时,y 的概率密度函数为

$$g(y) = \frac{1}{\sigma_y\sqrt{2\pi}}\exp\left[-\frac{(y-a_y)^2}{2\sigma_y^2}\right] \quad (-\infty < y < \infty) \tag{3-33}$$

式中　a_y——随机变量 y 的数学期望;

σ_y^2——随机变量 y 的方差。

由此可得到随机变量 x 的概率密度函数:

$$f(x) = \frac{1}{x\sigma_y\sqrt{2\pi}}\exp\left[-\frac{(\ln x-a_y)^2}{2\sigma_y^2}\right] \quad (x>0) \tag{3-34}$$

式中,概率密度函数包含了 a_y 和 σ_y 两个参数,故称为两参数对数正态曲线。

因 $x=\mathrm{e}^y$,故式(3-34)又可写成

$$f(x) = \frac{1}{x\sigma_y\sqrt{2\pi}}\exp\left[-\frac{(y-\bar{y})^2}{2\sigma_y^2}\right] \tag{3-35}$$

由矩法可以得到各个统计参数,即

$$\bar{x} = \exp\left(a_y + \frac{1}{2}\sigma_y^2\right) \tag{3-36}$$

$$C_v = \left[\exp(\sigma_y^2)-1\right]^{\frac{1}{2}} \tag{3-37}$$

$$C_s = \left[\exp(\sigma_y^2)-1\right]^{\frac{1}{2}}\left[\exp(\sigma_y^2)+2\right] \geqslant 0 \tag{3-38}$$

所以,两参数对数正态分布是正偏的。

3.5.3 指数分布

若随机变量 X 的概率密度函数为

$$f(x) = \begin{cases} \lambda\mathrm{e}^{-\lambda x}, & x\geqslant 0 \\ 0, & x<0 \end{cases} \tag{3-39}$$

式中,$\lambda>0$ 为常数,则称随机变量 X 服从参数为 λ 的指数分布。

指数分布的分布函数为

$$F(x) = \int_{-\infty}^0 f(u)\mathrm{d}u = \begin{cases} 1-\mathrm{e}^{-\lambda x}, & x\geqslant 0 \\ 0, & x<0 \end{cases} \tag{3-40}$$

服从指数分布的随机变量 X 具有以下性质:

对于任意 $s,t>0$,有

$$P\{X>s+t \mid X>s\} = P\{X>t\} \tag{3-41}$$

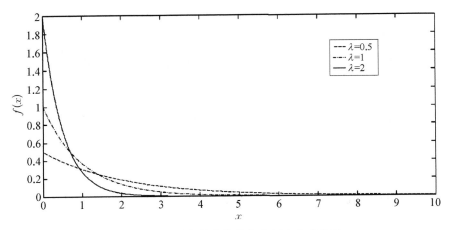

图 3-6 不同参数的指数分布概率密度曲线

事实上

$$P\{X>s+t \mid X>s\} = \frac{P\{(X>s+t) \bigcap (X>s)\}}{P\{X>s\}}$$

$$= \frac{P(X>s+t)}{P\{X>s\}} = \frac{1-F(s+t)}{1-F(s)}$$

$$= \frac{e^{-\lambda(s+t)}}{e^{-\lambda s}} = e^{-\lambda t}$$

$$= P\{X>t\}$$

该性质称为无记忆性。如果 X 是某一元件的寿命,那么上式表明：已知元件已经使用了 s h,它总共能使用至少 $(s+t)$ h 的条件概率,与从开始使用时算起它至少能使用 t h 的概率相等。这就是说,元件对它已使用过 s 小时没有记忆。无记忆性是指数分布广泛应用的重要原因。

3.5.4 皮尔逊Ⅲ型分布

英国生物学家、统计学家皮尔逊分析了生物、物理以及经济领域里的许多随机变量,归纳出一系列概率分布,其中有一种在水文方面用得较多,称为皮尔逊Ⅲ型分布。

1. 皮尔逊Ⅲ型曲线的概率密度函数

皮尔逊Ⅲ型分布的概率密度函数曲线是单峰的,曲线的一端有限,另一端无限,形状是不对称的。数学上常称伽马分布,其概率密度函数为

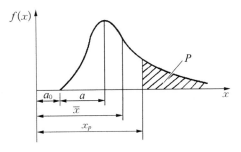

$$f(x) = \frac{\beta^{\alpha}}{\Gamma(\alpha)} (x-a_0)^{\alpha-1} e^{-\beta(x-a_0)} \quad (3-42)$$

式中 $\Gamma(\alpha)$——α 的伽马函数;

α, β, a_0——皮尔逊Ⅲ型分布的形状尺度和位置未知参数,$\alpha>0$,$\beta>0$,如图 3-7 所示。

皮尔逊Ⅲ型分布有 3 个参数,这 3 个参数和统计参数均值、离势系数 C_v、偏态系数 C_s 之间,存在着

图 3-7 皮尔逊Ⅲ型分布曲线

函数关系。所以,只要能够确定皮尔逊Ⅲ型分布的均值和 C_v 和 C_s,就可以确定随机变量的概率分布。可以推论,这三个参数与总体三个参数 $\bar{x}$,C_v,C_s 具有如下关系:

$$\alpha = \frac{4}{C_s^2} \tag{3-43}$$

$$\beta = \frac{2}{\bar{x} C_v C_s} \tag{3-44}$$

$$a_0 = \bar{x}\left(1 - \frac{2C_v}{C_s}\right) \tag{3-45}$$

为了实际应用皮尔逊Ⅲ型分布,必须对它的概率密度函数进行积分,这样才能得到随机变量在某个区间取值的概率。

2. 皮尔逊Ⅲ型频率曲线及其绘制

水文计算中,一般需要求出指定频率 P 所相应的随机变量取值 x_p,也就是通过对密度曲线进行积分,即

$$P = P(x \geqslant x_p) = \frac{\beta^\alpha}{\Gamma(\alpha)} \int_{x_p}^\infty (x - a_0)^{\alpha-1} e^{-\beta(x-a_0)} dx \tag{3-46}$$

求出等于及大于 x_p 的累积频率 P 值。直接由式(3-46)计算 P 值非常麻烦,实际做法是通过变量转换。设标准化变量 Φ,$\Phi = \dfrac{x - \bar{x}}{\bar{x} C_v}$ 称为离均系数,其均值为 0,标准差为 1。则式(3-46)变换成下面的积分形式:

$$P(\Phi \geqslant \Phi_P) = \int_{\Phi_P}^\infty f(\Phi \cdot C_s) d\Phi \tag{3-47}$$

式中,被积函数只含有一个待定参数 C_s,其他两个参数 $\bar{x}$,C_v 都包含在 Φ 中。因此,只需要假定一个 C_s 值,便可从上式通过积分求出 P 与 Φ 之间的关系。对于若干个给定的 C_s 值,Φ_P 和 P 的对应数值表,已先后由美国福斯特和苏联雷布京制作出来,见表 3-2 "皮尔逊Ⅲ型频率曲线的离均系数 Φ_P 值表"。由 Φ 就可以求出相应频率 P 的 x 值:$x = \bar{x}(1 + C_v \Phi)$。

3. 皮尔逊Ⅲ型频率曲线的应用

在频率计算时,由已知的 C_s 值,查 Φ 值表得出不同的 P 的 Φ 值,然后利用已知的 $\bar{x}$,C_v,即可求出与各种 P 相应的 x_p 值,从而可绘制出皮尔逊Ⅲ型频率曲线。

为了更方便地进行频率分析计算,又有人根据皮尔逊Ⅲ型分布的离均系数表制作了模比系数表。模比系数是随机变量取值 x_p 与均值 $\bar{x}$ 的比值。如用 k 表示模比系数,则 $K_p = \dfrac{x_p}{\bar{x}}$。运用皮尔逊Ⅲ型分布的模比系数表,可以直接查出常用 C_v,C_s 取值情况下,对应于某个频率 P 的模比系数 K_p,也就可以求出相应的随机变量 x_p。

当 C_s 等于 C_v 的一定倍数时,P-Ⅲ型频率曲线的模比系数,也已制成表格,见表 3-3"皮尔逊Ⅲ型频率曲线的模比系数 K_p 值表"。频率计算时,由已知的 C_s 和 C_v 可以从表 3-3 中查出与各种频率 P 相对应的 K_p 值,然后即可算出与各种频率对应的 $x_p = K_p \bar{x}$。有了 P 和 x_p 的一些对应值,即可绘制出皮尔逊Ⅲ型频率曲线。

表 3 - 2　　　　　皮尔逊Ⅲ型频率曲线的离均系数 Φ_p 值表（$0 < C_s < 6.4$）

C_s	P/%													
	0.01	0.1	1	3	5	10	25	50	75	90	95	97	99	99.9
0.00	3.72	3.09	2.33	1.88	1.64	1.28	0.67	−0.00	−0.67	−1.28	−1.64	−1.88	−2.33	−3.09
0.05	3.83	3.16	2.36	1.90	1.65	1.28	0.66	−0.01	−0.68	−1.28	−1.63	−1.86	−2.29	−3.02
0.10	3.94	3.23	2.40	1.92	1.67	1.29	0.66	−0.02	−0.68	−1.27	−1.61	−1.84	−2.25	−2.95
0.15	4.05	3.31	2.44	1.94	1.68	1.30	0.66	−0.02	−0.68	−1.26	−1.60	−1.82	−2.22	−2.88
0.20	4.16	3.38	2.47	1.96	1.70	1.30	0.65	−0.03	−0.69	−1.26	−1.58	−1.79	−2.18	−2.81
0.25	4.27	3.45	2.50	1.98	1.71	1.30	0.64	−0.04	−0.70	−1.25	−1.56	−1.77	−2.14	−2.74
0.30	4.38	3.52	2.54	2.00	1.72	1.31	0.64	−0.05	−0.70	−1.24	−1.55	−1.75	−2.10	−2.67
0.35	4.50	3.59	2.58	2.02	1.73	1.32	0.64	−0.06	−0.70	−1.24	−1.53	−1.72	−2.06	−2.60
0.40	4.61	3.66	2.61	2.04	1.75	1.32	0.63	−0.07	−0.71	−1.23	−1.52	−1.70	−2.03	−2.54
0.45	4.72	3.74	2.64	2.06	1.76	1.32	0.62	−0.08	−0.71	−1.22	−1.51	−1.68	−2.00	−2.47
0.50	4.83	3.81	2.68	2.08	1.77	1.32	0.62	−0.08	−0.71	−1.22	−1.49	−1.66	−1.96	−2.40
0.55	4.94	3.88	2.72	2.10	1.78	1.32	0.62	−0.09	−0.72	−1.21	−1.47	−1.64	−1.92	−2.32
0.60	5.05	3.96	2.75	2.12	1.80	1.33	0.61	−0.10	−0.72	−1.20	−1.45	−1.61	−1.88	−2.27
0.65	5.16	4.03	2.78	2.14	1.81	1.33	0.60	−0.11	−0.72	−1.19	−1.44	−1.59	−1.84	−2.20
0.70	5.28	4.10	2.82	2.15	1.82	1.33	0.59	−0.12	−0.72	−1.18	−1.42	−1.57	−1.81	−2.14
0.75	5.39	4.17	2.86	2.16	1.83	1.34	0.58	−0.12	−0.72	−1.18	−1.40	−1.54	−1.78	−2.08
0.80	5.50	4.24	2.89	2.18	1.84	1.34	0.58	−0.13	−0.73	−1.17	−1.38	−1.52	−1.74	−2.02
0.85	5.62	4.31	2.92	2.20	1.85	1.34	0.58	−0.14	−0.73	−1.16	−1.36	−1.49	−1.70	−1.96
0.90	5.73	4.38	2.96	2.22	1.86	1.34	0.57	−0.15	−0.73	−1.15	−1.35	−1.47	−1.66	−1.90
0.95	5.84	4.46	2.99	2.24	1.87	1.34	0.56	−0.16	−0.73	−1.14	−1.34	−1.44	−1.62	−1.84
1.00	5.96	4.53	3.02	2.25	1.88	1.34	0.55	−0.16	−0.73	−1.13	−1.32	−1.42	−1.59	−1.79
1.05	6.07	4.60	3.06	2.26	1.88	1.34	0.54	−0.17	−0.74	−1.12	−1.30	−1.40	−1.56	−1.74
1.10	6.18	4.67	3.09	2.28	1.89	1.34	0.54	−0.18	−0.74	−1.10	−1.28	−1.38	−1.52	−1.68
1.15	6.30	4.74	3.12	2.30	1.90	1.34	0.53	−0.18	−0.74	−1.09	−1.26	−1.36	−1.48	−1.63
1.20	6.41	4.81	3.15	2.31	1.91	1.34	0.52	−0.19	−0.74	−1.08	−1.24	−1.33	−1.45	−1.58
1.25	6.52	4.88	3.18	2.32	1.92	1.34	0.52	−0.20	−0.74	−1.07	−1.22	−1.30	−1.42	−1.53
1.30	6.64	4.95	3.21	2.34	1.92	1.34	0.51	−0.21	−0.74	−1.06	−1.20	−1.28	−1.38	−1.48
1.35	6.76	5.02	3.24	2.36	1.93	1.34	0.50	−0.22	−0.74	−1.05	−1.18	−1.26	−1.35	−1.44
1.40	6.87	5.09	3.27	2.37	1.94	1.34	0.49	−0.22	−0.73	−1.04	−1.17	−1.23	−1.32	−1.39
1.45	6.98	5.16	3.30	2.38	1.94	1.34	0.48	−0.23	−0.73	−1.03	−1.15	−1.21	−1.29	−1.35
1.50	7.09	5.23	3.33	2.39	1.95	1.33	0.47	−0.24	−0.73	−1.02	−1.13	−1.19	−1.26	−1.31
1.55	7.20	5.30	3.36	2.40	1.96	1.33	0.46	−0.24	−0.73	−1.00	−1.12	−1.16	−1.23	−1.28
1.60	7.31	5.37	3.39	2.42	1.96	1.33	0.45	−0.25	−0.73	−0.99	−1.10	−1.14	−1.20	−1.24
1.65	7.42	5.44	3.42	2.43	1.96	1.32	0.45	−0.26	−0.72	−0.98	−1.08	−1.12	−1.17	−1.20
1.70	7.54	5.50	3.44	2.44	1.97	1.32	0.44	−0.27	−0.72	−0.97	−1.06	−1.10	−1.14	−1.17
1.75	7.65	5.57	3.47	2.45	1.98	1.32	0.43	−0.28	−0.72	−0.96	−1.04	−1.08	−1.12	−1.14
1.80	7.76	5.64	3.50	2.46	1.98	1.32	0.42	−0.28	−0.72	−0.94	−1.02	−1.06	−1.09	−1.11
1.85	7.87	5.70	3.52	2.48	1.98	1.32	0.41	−0.28	−0.72	−0.93	−1.00	−1.04	−1.06	−1.08
1.90	7.98	5.77	3.55	2.49	1.99	1.31	0.40	−0.29	−0.72	−0.92	−0.98	−1.01	−1.04	−1.05
1.95	8.10	5.84	3.58	2.50	2.00	1.30	0.40	−0.30	−0.72	−0.91	−0.96	−0.99	−1.02	−1.02
2.00	8.21	5.91	3.60	2.51	2.00	1.30	0.39	−0.31	−0.71	−0.90	−0.95	−0.97	−0.99	−1.00
2.05	8.32	5.97	3.63	2.52	2.00	1.30	0.38	−0.32	−0.71	−0.89	−0.94	−0.95	−0.96	−0.97
2.10	8.43	6.03	3.65	2.53	2.00	1.29	0.37	−0.32	−0.70	−0.88	−0.93	−0.93	−0.94	−0.95
2.15	8.54	6.10	3.68	2.54	2.01	1.28	0.36	−0.32	−0.70	−0.86	−0.92	−0.92	−0.92	−0.93
2.20	8.64	6.16	3.70	2.55	2.01	1.28	0.35	−0.33	−0.69	−0.85	−0.90	−0.90	−0.90	−0.91
2.25	8.75	6.23	3.72	2.56	2.01	1.27	0.34	−0.34	−0.68	−0.83	−0.88	−0.88	−0.89	−0.89
2.30	8.86	6.29	3.75	2.56	2.01	1.27	0.33	−0.34	−0.68	−0.82	−0.86	−0.86	−0.87	−0.87

续表

C_s	$P/\%$													
	0.01	0.1	1	3	5	10	25	50	75	90	95	97	99	99.9
2.35	8.97	6.36	3.78	2.56	2.01	1.26	0.32	−0.34	−0.67	−0.81	−0.84	−0.84	−0.85	−0.85
2.40	9.07	6.42	3.79	2.57	2.01	1.25	0.31	−0.35	−0.66	−0.79	−0.82	−0.82	−0.83	−0.83
2.45	9.18	6.48	3.81	2.58	2.01	1.25	0.30	−0.36	−0.66	−0.78	−0.80	−0.80	−0.82	−0.82
2.50	9.28	6.54	3.83	2.58	2.01	1.24	0.39	−0.36	−0.65	−0.77	−0.79	−0.79	−0.80	−0.80
2.55	9.39	6.60	3.85	2.58	2.01	1.23	0.38	−0.36	−0.65	−0.75	−0.78	−0.78	−0.78	−0.78
2.60	9.50	6.66	3.87	2.59	2.01	1.23	0.37	−0.37	−0.64	−0.74	−0.76	−0.76	−0.77	−0.77
2.65	9.60	6.73	3.89	2.59	2.01	1.22	0.26	−0.37	−0.64	−0.73	−0.75	−0.75	−0.75	−0.75
2.70	9.70	6.79	3.91	2.60	2.01	1.21	0.25	−0.38	−0.63	−0.72	−0.73	−0.73	−0.74	−0.74
2.75	9.82	6.85	3.93	2.61	2.02	1.21	0.24	−0.38	−0.63	−0.71	−0.72	−0.72	−0.72	−0.73
2.80	9.93	6.91	3.95	2.61	2.02	1.20	0.23	−0.38	−0.62	−0.70	−0.71	−0.71	−0.71	−0.71
2.85	10.02	6.97	3.97	2.62	2.02	1.20	0.22	−0.39	−0.62	−0.69	−0.70	−0.70	−0.70	−0.70
2.90	10.11	7.08	3.99	2.62	2.02	1.19	0.21	−0.39	−0.61	−0.67	−0.68	−0.68	−0.69	−0.69
2.95	10.23	7.09	4.00	2.62	2.02	1.18	0.20	−0.40	−0.61	−0.66	−0.67	−0.67	−0.68	−0.68
3.00	10.34	7.15	4.02	2.63	2.02	1.18	0.19	−0.40	−0.60	−0.65	−0.66	−0.66	−0.67	−0.67
3.10	10.56	7.26	4.08	2.64	2.00	1.16	0.17	−0.40	−0.60	−0.64	−0.64	−0.65	−0.65	−0.65
3.20	10.77	7.38	4.12	2.65	1.99	1.14	0.15	−0.40	−0.58	−0.62	−0.61	−0.61	−0.61	−0.61
3.30	10.97	7.49	4.15	2.65	1.99	1.12	0.14	−0.40	−0.58	−0.60	−0.61	−0.61	−0.61	−0.61
3.40	11.17	7.60	4.18	2.65	1.98	1.11	0.12	−0.41	−0.57	−0.59	−0.59	−0.59	−0.59	−0.59
3.50	11.37	7.72	4.22	2.65	1.97	1.09	0.10	−0.41	−0.55	−0.57	−0.57	−0.57	−0.57	−0.57
3.60	11.57	7.83	4.25	2.66	1.96	1.08	0.09	−0.41	−0.54	−0.56	−0.57	−0.57	−0.57	−0.57
3.70	11.77	7.94	4.28	2.66	1.95	1.06	0.07	−0.42	−0.53	−0.54	−0.54	−0.54	−0.54	−0.54
3.80	11.97	8.05	4.31	2.66	1.94	1.04	0.06	−0.42	−0.52	−0.53	−0.53	−0.53	−0.53	−0.53
3.90	12.16	8.15	4.34	2.66	1.93	1.02	0.04	−0.41	−0.51	−0.51	−0.51	−0.51	−0.51	−0.51
4.00	12.36	8.25	4.37	2.66	1.92	1.00	0.02	−0.41	−0.50	−0.50	−0.50	−0.50	−0.50	−0.50
4.10	12.55	8.35	4.39	2.66	1.91	0.98	0.00	−0.41	−0.48	−0.49	−0.49	−0.49	−0.49	−0.49
4.20	12.74	8.45	4.41	2.65	1.90	0.96	−0.02	−0.41	−0.47	−0.48	−0.48	−0.48	−0.48	−0.48
4.30	12.93	8.55	4.44	2.65	1.88	0.94	−0.03	−0.41	−0.46	−0.47	−0.47	−0.47	−0.47	−0.48
4.40	13.12	8.65	4.46	2.65	1.87	0.92	−0.04	−0.40	−0.45	−0.46	−0.46	−0.46	−0.46	−0.46
4.50	13.30	8.75	4.48	2.64	1.85	0.90	−0.05	−0.40	−0.44	−0.44	−0.44	−0.44	−0.44	−0.44
4.60	13.49	8.85	4.50	2.63	1.84	0.88	−0.06	−0.40	−0.44	−0.44	−0.44	−0.44	−0.44	−0.44
4.70	13.67	8.95	4.52	2.62	1.82	0.86	−0.07	−0.39	−0.43	−0.43	−0.43	−0.43	−0.43	−0.43
4.80	13.85	9.04	4.54	2.61	1.80	0.84	−0.08	−0.39	−0.42	−0.42	−0.42	−0.42	−0.42	−0.42
4.90	14.04	9.18	4.55	2.60	1.78	0.82	−0.10	−0.38	−0.41	−0.41	−0.41	−0.41	−0.41	−0.41
5.00	14.22	9.22	4.57	2.60	1.77	0.80	−0.11	−0.38	−0.40	−0.40	−0.40	−0.40	−0.40	−0.40
5.10	14.40	9.31	4.58	2.59	1.75	0.78	−0.12	−0.37	−0.39	−0.39	−0.39	−0.39	−0.39	−0.39
5.20	14.57	9.40	4.59	2.58	1.73	0.76	−0.13	−0.37	−0.39	−0.39	−0.39	−0.39	−0.39	−0.39
5.30	14.75	9.49	4.60	2.57	1.72	0.74	−0.14	−0.36	−0.38	−0.38	−0.38	−0.38	−0.38	−0.38
5.40	14.92	9.57	4.62	2.56	1.70	0.72	−0.14	−0.36	−0.37	−0.37	−0.37	−0.37	−0.37	−0.37
5.50	15.10	9.66	4.63	2.55	1.68	0.70	−0.15	−0.35	−0.36	−0.36	−0.36	−0.36	−0.36	−0.36
5.60	15.27	9.74	4.64	2.53	1.66	0.67	−0.16	−0.35	−0.36	−0.36	−0.36	−0.36	−0.36	−0.36
5.70	15.45	9.82	4.65	2.52	1.65	0.65	−0.17	−0.34	−0.35	−0.35	−0.35	−0.35	−0.35	−0.35
5.80	15.62	9.91	4.67	2.51	1.63	0.63	−0.18	−0.34	−0.35	−0.35	−0.35	−0.35	−0.35	−0.35
5.90	15.78	9.99	4.68	2.49	1.61	0.61	−0.18	−0.33	−0.34	−0.34	−0.34	−0.34	−0.34	−0.34
6.00	15.94	10.07	4.68	2.48	1.59	0.59	−0.19	−0.33	−0.33	−0.33	−0.33	−0.33	−0.33	−0.33
6.10	16.11	10.15	4.69	2.46	1.57	0.57	−0.19	−0.33	−0.33	−0.33	−0.33	−0.33	−0.33	−0.33
6.20	16.28	10.22	4.70	2.45	1.55	0.55	−0.20	−0.32	−0.32	−0.32	−0.32	−0.32	−0.32	−0.32
6.30	16.45	10.30	4.70	2.43	1.53	0.53	−0.20	−0.32	−0.32	−0.32	−0.32	−0.32	−0.32	−0.32
6.40	16.61	10.38	4.71	2.41	1.51	0.51	−0.21	−0.31	−0.31	−0.31	−0.31	−0.31	−0.31	−0.31

表 3-3

皮尔逊Ⅲ（P-Ⅲ）型曲线的模比系数 K_P 值表

(1) $C_s = 2C_v$

C_v \ P/%	0.01	0.1	0.2	0.33	0.5	1	2	5	10	20	50	75	80	90	95	99	C_s
0.05	1.2	1.16	1.15	1.14	1.13	1.12	1.11	1.08	1.06	1.04	1	0.97	0.96	0.94	0.92	0.89	0.1
0.1	1.42	1.34	1.31	1.29	1.27	1.25	1.21	1.17	1.13	1.08	1	0.93	0.9	0.87	0.84	0.78	0.2
0.15	1.67	1.54	1.48	1.46	1.43	1.38	1.33	1.26	1.2	1.12	0.99	0.9	0.86	0.81	0.77	0.69	0.3
0.18	1.82	1.65	1.59	1.56	1.53	1.46	1.4	1.31	1.23	1.14	0.99	0.88	0.83	0.77	0.73	0.63	0.4
0.2	1.92	1.73	1.67	1.63	1.59	1.52	1.45	1.35	1.25	1.16	0.99	0.86	0.81	0.75	0.7	0.59	0.44
0.22	2.04	1.82	1.75	1.7	1.66	1.58	1.5	1.39	1.29	1.18	0.98	0.84	0.79	0.73	0.67	0.56	0.48
0.24	2.16	1.91	1.83	1.77	1.73	1.64	1.55	1.43	1.32	1.19	0.98	0.83	0.8	0.71	0.64	0.53	0.5
0.25	2.22	1.96	1.87	1.81	1.77	1.67	1.58	1.45	1.33	1.2	0.98	0.82	0.76	0.7	0.63	0.52	0.52
0.26	2.28	2.01	1.91	1.85	1.8	1.7	1.6	1.46	1.34	1.21	0.98	0.82	0.76	0.69	0.62	0.5	0.56
0.28	2.4	2.1	2	1.93	1.87	1.76	1.66	1.5	1.37	1.22	0.97	0.79	0.73	0.68	0.59	0.47	0.6
0.3	2.52	2.19	2.06	2.01	1.94	1.83	1.71	1.54	1.4	1.24	0.97	0.78	0.71	0.64	0.56	0.44	0.7
0.35	2.86	2.44	2.31	2.22	2.13	2	1.84	1.64	1.47	1.28	0.96	0.75	0.67	0.59	0.51	0.37	0.8
0.4	3.2	2.7	2.54	2.42	2.32	2.15	1.98	1.74	1.54	1.31	0.95	0.71	0.62	0.53	0.45	0.3	0.9
0.45	3.59	2.98	2.8	2.65	2.53	2.33	2.13	1.84	1.6	1.35	0.93	0.67	0.58	0.48	0.4	0.26	1
0.5	3.98	3.27	3.05	2.88	2.74	2.51	2.27	1.94	1.67	1.38	0.92	0.64	0.54	0.44	0.34	0.21	1.1
0.55	4.42	3.58	3.32	3.12	2.97	2.7	2.42	2.04	1.74	1.41	0.9	0.59	0.5	0.4	0.3	0.16	1.2
0.6	4.85	3.89	3.59	3.37	3.2	2.89	2.57	2.15	1.8	1.44	0.89	0.56	0.46	0.35	0.26	0.13	1.3
0.65	5.33	4.22	3.89	3.64	3.44	3.09	2.74	2.25	1.87	1.47	0.87	0.52	0.42	0.31	0.22	0.1	1.4
0.7	5.81	4.56	4.19	3.91	3.68	3.29	2.9	2.36	1.94	1.5	0.85	0.49	0.38	0.27	0.18	0.06	1.5
0.75	6.33	4.93	4.52	4.19	3.93	3.5	3.06	2.46	2	1.52	0.82	0.45	0.35	0.24	0.15	0.06	1.6
0.8	6.85	5.3	4.84	4.47	4.19	3.71	3.22	2.57	2.06	1.54	0.8	0.42	0.32	0.21	0.12	0.04	1.8
0.9	7.98	6.08	5.51	5.07	4.74	4.15	3.56	2.78	2.19	1.58	0.75	0.35	0.25	0.15	0.08	0.02	

续表

$(2)\ C_s = 3C_v$

C_v	C_s	99	95	90	80	75	50	20	10	5	2	1	0.5	0.33	0.2	0.1	0.01
0.2	0.6	0.62	0.71	0.76	0.81	0.86	0.98	1.16	1.27	1.33	1.47	1.55	1.63	1.67	1.72	1.79	2.02
0.25	0.75	0.56	0.65	0.71	0.77	0.82	0.97	1.2	1.34	1.46	1.61	1.72	1.82	1.88	1.95	2.05	2.35
0.3	0.9	0.5	0.6	0.66	0.72	0.78	0.96	1.23	1.4	1.56	1.75	1.89	2.02	2.1	2.19	2.32	2.72
0.35	1.05	0.46	0.55	0.61	0.68	0.74	0.94	1.26	1.47	1.66	1.9	2.07	2.24	2.33	2.46	2.61	3.12
0.4	1.2	0.42	0.5	0.57	0.64	0.7	0.92	1.29	1.54	1.76	2.05	2.26	2.46	2.58	2.73	2.92	3.56
0.42	1.26	0.41	0.49	0.55	0.62	0.69	0.91	1.31	1.56	1.81	2.11	2.34	2.56	2.69	2.85	3.06	3.75
0.44	1.32	0.4	0.47	0.54	0.61	0.67	0.91	1.32	1.59	1.85	2.17	2.42	2.66	2.8	2.97	3.19	3.94
0.45	1.35	0.39	0.47	0.53	0.6	0.67	0.8	1.32	1.6	1.87	2.21	2.46	2.7	2.85	3.03	3.26	4.04
0.46	1.38	0.39	0.46	0.52	0.59	0.66	0.9	1.33	1.61	1.89	2.24	2.5	2.75	2.9	3.09	3.33	4.14
0.48	1.44	0.38	0.45	0.51	0.58	0.65	0.89	1.34	1.65	1.93	2.31	2.58	2.85	3.01	3.21	3.47	4.34
0.5	1.5	0.37	0.44	0.49	0.57	0.64	0.88	1.35	1.67	1.98	2.37	2.67	2.93	3.12	3.34	3.62	4.56
0.52	1.56	0.36	0.42	0.48	0.55	0.62	0.87	1.35	1.69	2.02	2.44	2.75	3.06	3.24	3.46	3.76	4.76
0.54	1.62	0.36	0.41	0.47	0.54	0.61	0.86	1.36	1.72	2.06	2.51	2.84	3.16	3.36	3.6	3.91	4.98
0.55	1.65	0.36	0.41	0.46	0.53	0.6	0.86	1.36	1.73	2.08	2.54	2.88	3.21	3.42	3.66	3.99	5.09
0.56	1.68	0.35	0.4	0.46	0.53	0.59	0.85	1.37	1.74	2.1	2.57	2.93	3.27	3.48	3.73	4.07	5.2
0.58	1.74	0.35	0.4	0.45	0.52	0.58	0.84	1.38	1.77	2.14	2.64	3.01	3.33	3.59	3.86	4.23	5.43
0.6	1.8	0.35	0.39	0.44	0.51	0.57	0.83	1.38	1.79	2.19	2.71	3.1	3.49	3.71	4.01	4.38	5.66
0.65	1.95	0.34	0.37	0.41	0.47	0.53	0.8	1.4	1.85	2.29	2.88	3.33	3.77	4.03	4.36	4.81	6.26
0.7	2.1	0.34	0.36	0.39	0.45	0.5	0.78	1.41	1.9	2.4	3.05	3.56	4.06	4.35	4.73	5.23	6.9
0.75	2.25	0.34	0.35	0.38	0.43	0.48	0.76	1.42	1.95	2.5	3.24	3.8	4.36	4.59	5.12	5.68	7.57
0.8	2.4	0.34	0.34	0.36	0.41	0.46	0.72	1.43	2.01	2.61	3.42	4.05	4.65	5.04	5.5	6.14	8.26

续表

(3) $C_s = 3.5C_v$

C_v \ $P/\%$	0.01	0.1	0.2	0.33	0.5	1	2	5	10	20	50	75	80	90	95	99	C_s
0.2	2.06	1.82	1.74	1.69	1.64	1.56	1.48	1.36	1.27	1.16	0.98	0.86	0.81	0.76	0.72	0.64	0.7
0.25	2.42	2.09	1.99	1.91	1.85	1.74	1.62	1.46	1.34	1.19	0.96	0.82	0.77	0.71	0.66	0.58	0.88
0.3	2.82	2.38	2.24	2.14	2.06	1.92	1.77	1.57	1.4	1.22	0.95	0.78	0.73	0.67	0.61	0.53	1.05
0.35	3.26	2.7	2.52	2.39	2.29	2.11	1.92	1.67	1.47	1.26	0.93	0.74	0.68	0.62	0.57	0.5	1.23
0.4	3.75	3.04	2.82	2.66	2.58	2.31	2.08	1.78	1.53	1.28	0.91	0.71	0.65	0.58	0.53	0.47	1.4
0.42	3.95	3.18	2.95	2.77	2.63	2.39	2.15	1.82	1.56	1.29	0.9	0.69	0.63	0.57	0.52	0.46	1.47
0.44	4.16	3.33	3.08	2.88	2.73	2.48	2.21	1.86	1.59	1.3	0.89	0.68	0.62	0.56	0.51	0.46	1.54
0.45	4.27	3.4	3.14	2.94	2.79	2.52	2.25	1.88	1.6	1.31	0.89	0.67	0.61	0.55	0.5	0.45	1.58
0.46	4.37	3.48	3.21	3	2.84	2.56	2.28	1.9	1.61	1.31	0.88	0.66	0.6	0.54	0.5	0.45	1.61
0.48	4.6	3.63	3.35	3.12	2.94	2.65	2.35	1.95	1.64	1.32	0.87	0.65	0.59	0.53	0.49	0.45	1.68
0.49	4.71	3.71	3.42	3.18	3	2.7	2.39	1.97	1.65	1.32	0.87	0.65	0.59	0.53	0.49	0.45	1.72
0.5	4.82	3.78	3.48	3.24	3.06	2.74	2.42	1.99	1.66	1.32	0.86	0.64	0.58	0.52	0.48	0.44	1.75
0.52	5.06	3.95	3.62	3.36	3.16	2.83	2.48	2.03	1.69	1.33	0.85	0.63	0.57	0.51	0.47	0.44	1.82
0.54	5.3	4.11	3.76	3.48	3.28	2.91	2.55	2.07	1.71	1.34	0.84	0.61	0.56	0.5	0.47	0.44	1.89
0.55	5.41	4.2	3.83	3.55	3.34	2.96	2.58	2.1	1.72	1.34	0.84	0.6	0.55	0.5	0.46	0.44	1.93
0.56	5.55	4.28	3.91	3.61	3.39	3.01	2.62	2.12	1.73	1.35	0.83	0.6	0.55	0.49	0.46	0.43	1.96
0.58	5.8	4.45	4.05	3.74	3.51	3.1	2.69	2.16	1.75	1.35	0.82	0.58	0.53	0.48	0.46	0.43	2.03
0.6	6.06	4.62	4.2	3.87	3.62	3.2	2.76	2.2	1.77	1.35	0.81	0.57	0.53	0.48	0.45	0.43	2.1
0.65	6.73	5.08	4.58	4.22	3.92	3.44	2.94	2.3	1.83	1.36	0.78	0.55	0.51	0.46	0.44	0.43	2.28
0.7	7.43	5.54	4.98	4.56	4.23	3.68	3.12	2.41	1.83	1.37	0.75	0.53	0.49	0.45	0.44	0.43	2.45
0.75	8.16	6.02	5.38	4.92	4.55	3.92	3.3	2.51	1.92	1.37	0.72	0.5	0.47	0.44	0.43	0.43	2.63
0.8	8.91	6.53	5.81	5.29	4.87	4.18	3.49	2.61	1.97	1.37	0.7	0.49	0.47	0.44	0.43	0.43	2.8

续表

(4) $C_s = 4C_v$

C_v \ P/%	0.01	0.1	0.2	0.33	0.5	1	2	5	10	20	50	75	80	90	95	99	C_s
0.2	2.1	1.85	1.77	1.71	1.66	1.58	1.49	1.37	1.27	1.16	0.97	0.85	0.81	0.77	0.72	0.65	0.8
0.25	2.49	2.13	2.02	1.94	1.87	1.76	1.64	1.47	1.34	1.19	0.96	0.82	0.77	0.72	0.67	0.6	1
0.3	2.92	2.44	2.3	2.18	2.1	1.94	1.79	1.57	1.4	1.22	0.94	0.78	0.73	0.68	0.63	0.56	1.2
0.35	3.4	2.78	2.6	2.45	2.34	2.14	1.95	1.68	1.47	1.25	0.92	0.74	0.69	0.64	0.59	0.54	1.4
0.4	3.92	3.15	2.92	2.74	2.6	2.36	2.11	1.78	1.53	1.27	0.9	0.71	0.66	0.6	0.56	0.52	1.6
0.42	4.15	3.3	3.05	2.86	2.7	2.44	2.18	1.83	1.56	1.28	0.89	0.7	0.65	0.59	0.55	0.52	1.68
0.44	4.38	3.46	3.19	2.98	2.81	2.53	2.25	1.87	1.58	1.29	0.88	0.68	0.63	0.58	0.55	0.51	1.76
0.45	4.49	3.54	3.25	3.03	2.87	2.58	2.28	1.89	1.59	1.29	0.87	0.68	0.63	0.58	0.54	0.51	1.8
0.46	4.62	3.62	3.32	3.1	2.92	2.62	2.32	1.91	1.61	1.29	0.87	0.67	0.62	0.57	0.54	0.51	1.84
0.48	4.86	3.79	3.47	3.22	3.04	2.71	2.39	1.96	1.63	1.3	0.86	0.66	0.61	0.56	0.53	0.51	1.92
0.5	5.1	3.96	3.61	3.35	3.15	2.8	2.45	2	1.65	1.31	0.84	0.64	0.6	0.55	0.53	0.5	2
0.52	5.36	4.12	3.76	3.48	3.27	2.9	2.52	2.04	1.67	1.31	0.83	0.63	0.59	0.55	0.52	0.5	2.08
0.54	5.62	4.3	3.91	3.61	3.38	2.99	2.59	2.08	1.69	1.31	0.82	0.62	0.58	0.54	0.52	0.5	2.16
0.55	5.76	4.39	3.99	3.68	3.44	3.03	2.63	2.1	1.7	1.31	0.82	0.62	0.58	0.54	0.52	0.5	2.2
0.56	5.9	4.48	4.06	3.75	3.5	3.09	2.66	2.12	1.71	1.31	0.81	0.61	0.57	0.53	0.51	0.5	2.24
0.58	6.18	4.67	4.22	3.89	3.62	3.19	2.74	2.16	1.74	1.32	0.8	0.6	0.57	0.53	0.51	0.5	2.32
0.6	6.45	4.85	4.38	4.03	3.75	3.29	2.81	2.21	1.76	1.32	0.79	0.59	0.56	0.52	0.51	0.5	2.4
0.65	7.18	5.34	4.78	4.38	4.07	3.53	2.99	2.31	1.8	1.32	0.76	0.57	0.54	0.51	0.5	0.5	2.6
0.7	7.95	5.84	5.21	4.75	4.39	3.78	3.18	2.41	1.85	1.32	0.73	0.55	0.53	0.51	0.5	0.5	2.8
0.75	8.76	6.36	5.65	5.13	4.72	4.03	3.36	2.5	1.88	1.32	0.71	0.54	0.53	0.51	0.5	0.5	3
0.8	9.62	6.9	6.11	5.53	5.06	4.3	3.55	2.6	1.91	1.3	0.68	0.53	0.52	0.5	0.5	0.5	3.2

3.5.5 统计参数对皮尔逊Ⅲ型频率曲线的影响

为了避免配线时调整参数的盲目性,必须了解皮尔逊Ⅲ型分布的统计参数对频率曲线的影响。

1. 均值对频率曲线的影响

当皮尔逊Ⅲ型频率曲的两个参数 C_v 和 C_s 不变时,由于均值的不同,可以使频率曲线发生很大的变化,如图 3-8 所示。

2. 变差系数 C_v 对频率曲线的影响

为了消除均值的影响,我们以模比系数 K 为变量绘制频率曲线,如图 3-9 所示,图中 $C_s = 1.0$,$C_v = 0$ 时,随机变量的取值都等于均值,此时频率曲线即 $K=1$ 的一条水平线,随着 C_v 的增大,频率曲线的偏离程度也随之增大,曲线显得越来越陡。

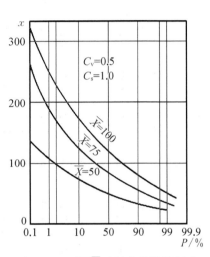

图 3-8 不同 $\overline{X}$ 对频率曲线的影响
($C_v = 0.5$,$C_s = 1.0$)

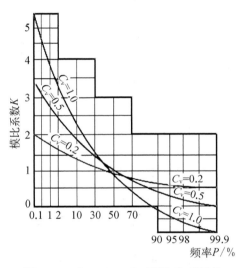

图 3-9 $C_s = 1.0$ 时,不同 C_v 对频率
曲线的影响

3. 偏态系 C_s 对频率曲线的影响

图 3-10 所示为 $C_v = 0.1$ 时不同的 C_s 对频率曲线的影响情况。从图中可以看出,正偏

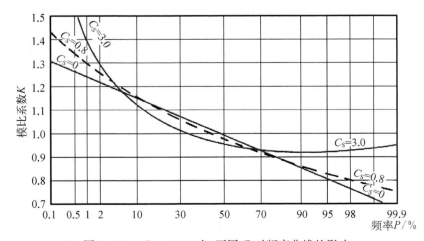

图 3-10 $C_v = 0.1$ 时,不同 C_s 对频率曲线的影响

情况下，C_s 越大，均值（即图中 $K=1$）对应的频率越小，频率曲线的中部越向左偏，且上段越陡，下段越平缓。

3.6　水文统计参数估计方法

上一节介绍的几种概率分布函数，都包含各自的一些表示分布特征的参数，为了具体确定出相应的概率分布函数，就需要求出这些参数。但是由于目前能得到的水文系列长度短，且水文现象的总体是无限的，甚至是不可知的，所以数理统计中传统估计方法的估计结果并不理想。根据国内外学者的研究成果，目前水文统计参数的估计主要包括适线法、矩法和权函数法。

3.6.1　适线法

适线法是水文统计中参数估计使用较为广泛且历史悠久的估计方法。最早于 20 世纪 50 年代应用于水文计算中。

适线法的基本原理是根据经验频率点据，找出配合最佳的频率曲线，相应的分布参数为总体分布参数的估计值。

对于一个实测系列，适线法分为以下三步：

（1）绘经验频率点。纵坐标为变量值，横坐标为经验频率，在概率格纸上绘制出点据 (x_m^*, p_m)，其中 x_m^* 为一组水文观测值，例如降雨量值，按从大到小顺序排列；p_m 为相应的频率，计算公式为 $p_m = \dfrac{m}{n+1}$，将这些点以"＊""×"或"·"表示点矩所在位置。

（2）绘制理论频率曲线。假定 X 分布符合某一总体概率模型（我国采用 P-Ⅲ型分布），一般利用矩法估计分布密度函数中的未知参数，再根据相应参数在上一步完成的图中绘制出理论频率曲线。

（3）检查拟合情况。如果点线拟合情况很好，则所估计的参数为适线法估计结果，如果点线拟合不好，则需调整参数，重新估计参数并绘制理论频率曲线，直到点线拟合好为止，最终参数为适线法估计结果。

3.6.2　矩　法

矩估计法，也称"矩法估计"，是用每一阶矩来代替频率曲线方程式中的一个参数，如曲线中有 k 个参数，就可以用前 k 阶矩来代替。矩法的几何意义比较明显，最简单的矩估计法是用一阶样本原点矩来估计总体的期望而用二阶样本中心矩来估计总体的方差。该方法计算较为简便，事先不用选定频率曲线的曲线线型，因此在频率分析计算中使用的最为广泛；但是矩法要求水文系列较长，否则易受特大值的影响，使得矩的计算误差加大。

矩方法首先利用最低阶矩表示估计参数，然后将样本矩带入表达式，最后得到参数的估计量。矩法包括三个具体步骤：

（1）计算低阶矩，找出利用参数表示的矩表达式，通常需要的低阶矩个数等于参数个数。

（2）求解上一步的表达式，得到由矩表示的参数表达式。

（3）将样本矩带入第二步的表达式，得到由矩表示的参数表达式。

所以，矩方法是先按下列公式求得所需的参数：

$$\bar{x} = \frac{1}{n} \sum x_i \tag{3-48}$$

$$C_v = \sqrt{\frac{\sum (K_i - 1)^2}{n-1}} \tag{3-49}$$

$$C_s = \frac{\sum (K_i - 1)^3}{(n-3) \cdot C_v^3} \tag{3-50}$$

然后配置一定的频率曲线，求得频率 P 与设计值 x_p 的关系，或在频率格纸上绘制出频率曲线的图形。

矩法只是利用了矩的信息而没有充分利用总体分布函数的信息，对某些总体的参数矩估计量有时不够严格。针对矩估计的某些缺陷，国外学者先后提出了概率权重矩法和线性矩法等。

3.6.3 权函数法

当样本容量较小时，用矩法估计参数会产生一定的计算误差，其中尤以 C_s 的计算误差较大。我国学者马秀峰从分析矩法的求矩差出发，提出了权函数法。这种方法增加了均值附近数据的权重，减少了丢失的断面面积，同时利用低阶矩估计高阶矩，降低了估计误差，从而提高了参数 C_s 的计算精度。权函数法的实质在于用一、二阶权函数矩推求 C_s，具体计算公式为

$$C_s = -4\sigma \frac{B(x)}{G(x)} \tag{3-51}$$

式中

$$\left.\begin{array}{l} B(x) = \int_{a_0}^{+\infty} [x - E(X)]\varphi(x)f(x)\mathrm{d}x \approx \frac{1}{n} \sum_{i=1}^{n} (x_i - \bar{x})\varphi(x_i) \\ G(x) = -\int_{a_0}^{+\infty} [x - E(X)]^2\varphi(x)f(x)\mathrm{d}x \approx \frac{1}{n} \sum_{i=1}^{n} (x_i - \bar{x})^2\varphi(x_i) \end{array}\right\} \tag{3-52}$$

$\varphi(x)$ 称为权函数，一般用正态分布的密度函数表示，即

$$\varphi(x) = \frac{1}{\sigma\sqrt{2\pi}} \mathrm{e}^{-\frac{1}{2}\left(\frac{x-\bar{x}}{\sigma}\right)^2} \tag{3-53}$$

以样本均值 $\bar{x}$ 和样本均方差 s 代替 $E(X)$ 和 σ，对任一样本值 x_i 标准化后查正态概率密度表得到 $\varphi(x_i)$，再根据上述公式求得 $B(x)$ 和 $G(x)$，从而得到 C_s。

3.7 水文频率计算适线法

由实测水文变量系列求得的经验频率曲线，是对水文变量总体概率分布的推断和描述。

但如直接把经验频率曲线用于解决工程实际问题,还存在着一定的局限性。因我国目前的水文实测资料一般不超过几十年,算出的经验频率至多相当于几十年一遇。而在工程规划设计里面,常需要确定更为稀遇的水文变量值,这些稀遇值无法从经验频率曲线直接查出。为解决这样的问题,目前的做法是借助于理论频率曲线对经验频率曲线进行延长,求得稀遇洪水或枯水水文特征值的频率分布。

为了借助理论频率曲线对经验频率曲线进行延长,需要找到一条和水文变量经验频率点据拟合比较好的理论频率曲线,即该曲线在实测资料范围内表示出的统计规律和实测资料是一致的。同时认为,该理论频率曲线能够表示水文变量总体的统计规律,确定合适的参数作为总体参数的估计值,以推求设计频率的水文特征值,作为工程规划设计的依据。

根据实测资料和式(3-9)可以绘出一条经验频率曲线,由皮尔逊Ⅲ型频率密度曲线积分,可以绘出一条理论频率曲线。由于统计参数有误,两者不一定配合得好,必须通过试算来确定合适的统计参数,这种方法叫适线法。适线法是现行水文频率计算的基本方法。

目前常用的适线法有三种:试错适线法、三点适线法、优化适线法。

3.7.1　试错适线法

用这种方法绘制理论频率曲线的步骤如下:

(1)将审核过的水文资料按递减顺序排列,计算各随机变量的经验频率,并点绘于概率格纸上。

(2)计算统计参数$\bar{x}$,C_v。

(3)假定C_s值(在经验范围内选用)。

(4)确定线型(一般采用皮尔逊Ⅲ型曲线,如配合不好,可试用克里茨基-闵凯里曲线)。

(5)根据C_s,P_i查离均系数Φ值表,计算理论频率曲线纵坐标,绘理论频率曲线。

(6)观察理论频率曲线是否符合经验点的分布趋势,若基本符合点群分布趋势,则统计参数即为对总体的估计值,可以从图上查出设计频率的水文特征值。否则,根据统计参数对频率曲线的影响,在标准误差范围内调整统计参数重新适线。

由于C_s误差较大,在适线时一般以调整C_s适线,在调整C_s适线得不到满意的效果时,可调整$\bar{x}$,C_v。

3.7.2　三点适线法

三点适线法的步骤是:

(1)将审核过的水文资料按递减顺序排列,计算各随机变量的经验频率,并点绘于概率格纸上。

(2)目估定一条最佳配合线。假定它是一条理论频率曲线,在曲线上找出三点,它们应符合以下条件:

$$x_1 = \bar{x}(\Phi_1 \cdot C_v + 1) \tag{3-54}$$

$$x_2 = \bar{x}(\Phi_2 \cdot C_v + 1) \tag{3-55}$$

$$x_3 = \bar{x}(\Phi_3 \cdot C_v + 1) \tag{3-56}$$

式中,Φ_i为离均系数,$\Phi_i = f(C_s, P)$ $(i=1, 2, 3)$。

所取三点的频率分别为 $1\%,50\%,99\%$ 或 $3\%,50\%,97\%$ 或 $5\%,50\%,95\%$ 或 10%, $50\%,90\%$,此三点应在经验频率点据的范围内。

(3) 利用三个联立方程解出 $\bar{x}$,C_v 的算式。

由式(3-54)得

$$C_v = \frac{x_1 - \bar{x}}{\Phi_1 \bar{x}} \qquad (3-57)$$

代入式(3-56)得

$$\bar{x} = \frac{\Phi_1 x_3 - \Phi_3 x_1}{\Phi_1 - \Phi_3} \qquad (3-58)$$

由式(3-57)和式(3-58)消去 $\bar{x}$ 得

$$C_v = \frac{x_1 - x_3}{\Phi_1 x_3 - \Phi_3 x_1} \qquad (3-59)$$

式中,$\bar{x}$ 和 C_v 的计算式有 Φ_1 和 Φ_3,它们是未知数,无法直接求解。

(4) 将 $\bar{x}$ 和 C_v 代入式(3-54)—式(3-56)整理得

$$\frac{x_1 + x_3 - 2x_2}{x_1 - x_3} = \frac{\Phi_1 + \Phi_3 - 2\Phi_2}{\Phi_1 - \Phi_3} = S \qquad (3-60)$$

式中,S 为偏度系数,它是 C_s,P 的函数,即

$$S = f(C_s, P)$$

当 P 确定时,S 仅与 C_s 有关。S 与 C_s 的关系已制成表格,可查表3-4求出 C_s。

(5) 由 C_s 查表3-2得 Φ_1 和 Φ_3,代入式(3-58)和式(3-59),求出 $\bar{x}$ 和 C_v。

(6) 由 $\bar{x}$,C_v,C_s 绘理论频率曲线,观察和经验频率曲线的关系,如果两条曲线配和不好,调整参数后重新适线,直到满意为止。

(7) 求设计频率的水文特征值。

三点适线法用在 C_v 较小时效果较好。

表3-4 **P-Ⅲ型曲线三点适线法 S 与 C_s 关系表**

(一) $P=1\%-50\%-99\%$

S	0	1	2	3	4	5	6	7	8	9
0.0	0.000	0.026	0.051	0.077	0.103	0.128	0.154	0.180	0.206	0.232
0.1	0.258	0.284	0.310	0.336	0.362	0.387	0.413	0.439	0.465	0.491
0.2	0.517	0.544	0.570	0.596	0.622	0.648	0.674	0.700	0.726	0.753
0.3	0.780	0.807	0.833	0.860	0.887	0.913	0.940	0.967	0.994	1.021
0.4	1.048	1.075	1.103	1.131	1.159	1.187	1.216	1.244	1.273	1.302
0.5	1.331	1.360	1.389	1.419	1.449	1.479	1.510	1.541	1.572	1.604
0.6	1.636	1.668	1.702	1.735	1.770	1.805	1.841	1.877	1.914	1.951
0.7	1.989	2.029	2.069	2.110	2.153	2.198	2.243	2.289	2.338	2.388
0.8	2.440	2.495	2.551	2.611	2.673	2.739	2.809	2.882	2.958	3.042
0.9	3.132	3.227	3.334	3.449	3.583	3.740	3.913	4.136	4.432	4.883

（二）$P=3\%—50\%—97\%$

S	0	1	2	3	4	5	6	7	8	9
0.0	0.000	0.032	0.064	0.095	0.127	0.159	0.191	0.223	0.255	0.287
0.1	0.319	0.351	0.383	0.414	0.446	0.478	0.510	0.541	0.573	0.605
0.2	0.637	0.668	0.699	0.731	0.763	0.794	0.826	0.858	0.889	0.921
0.3	0.952	0.983	1.015	1.046	1.077	1.109	1.141	1.174	1.206	1.238
0.4	1.270	1.301	1.333	1.366	1.398	1.430	1.461	1.493	1.526	1.560
0.5	1.593	1.626	1.658	1.691	1.725	1.770	1.794	1.829	1.863	1.898
0.6	1.933	1.969	2.005	2.041	2.078	2.116	2.154	2.193	2.233	2.274
0.7	2.315	2.357	2.400	2.444	2.490	2.535	2.580	2.630	2.683	2.736
0.8	2.789	2.844	2.901	2.959	3.023	3.093	3.160	3.233	3.312	3.393
0.9	3.482	2.579	3.688	3.805	3.930	4.081	4.258	4.470	4.764	5.228

（三）$P=5\%—50\%—95\%$

S	0	1	2	3	4	5	6	7	8	9
0.0	0.000	0.036	0.073	0.109	0.146	0.182	0.218	0.254	0.291	0.327
0.1	0.364	0.400	0.437	0.473	0.509	0.545	0.581	0.617	0.651	0.687
0.2	0.723	0.760	0.796	0.831	0.866	0.901	0.936	0.972	1.007	1.042
0.3	1.076	1.111	1.146	1.182	1.217	1.252	1.287	1.322	1.356	1.390
0.4	1.425	1.460	1.494	1.529	1.563	1.597	1.632	1.667	1.702	1.737
0.5	1.773	1.809	1.844	1.879	1.915	1.950	1.986	2.022	2.058	2.095
0.6	2.133	2.171	2.209	2.247	2.285	2.324	2.367	2.408	2.448	2.487
0.7	2.529	2.572	2.615	2.662	2.710	2.727	5.805	2.855	2.906	2.955
0.8	3.009	3.069	3.127	3.184	3.248	3.317	3.385	3.457	3.536	3.621
0.9	3.714	3.809	3.909	4.023	4.153	4.306	4.474	4.695	4.974	5.402

（四）$P=10\%—50\%—90\%$

S	0	1	2	3	4	5	6	7	8	9
0.0	0.000	0.046	0.092	0.139	0.187	0.234	0.281	0.327	0.373	0.419
0.1	0.465	0.511	0.557	0.602	0.647	0.692	0.737	0.784	0.829	0.872
0.2	0.916	0.961	1.005	1.048	1.089	1.131	1.175	1.218	1.261	1.303
0.3	1.345	1.385	1.426	1.467	1.508	1.548	1.588	1.628	1.668	1.708
0.4	1.748	1.788	1.827	4.866	1.905	1.943	1.971	2.019	2.056	2.094
0.5	2.133	2.173	2.212	2.250	2.288	2.327	2.367	2.407	2.447	2.487
0.6	2.526	2.563	2.603	2.645	2.689	2.731	2.773	2.816	2.858	2.901
0.7	2.944	2.989	3.033	3.086	3.133	3.177	3.226	3.279	3.331	3.384
0.8	3.438	3.491	3.552	3.617	3.685	3.752	3.821	2.890	3.966	4.051
0.9	4.140	4.235	4.344	4.452	4.587	4.734	4.891	5.131	5.374	5.791

（五）$P=2\%-20\%-70\%$

S	0	1	2	3	4	5	6	7	8	9
0.0	0.291	0.342	0.394	0.446	0.497	0.552	0.607	0.662	0.717	0.774
0.1	0.831	0.887	0.944	1.001	1.060	1.119	1.181	1.241	1.299	1.359
0.2	1.420	1.483	1.543	1.601	1.663	1.724	1.784	1.846	1.907	1.966
0.3	2.029	2.089	2.150	2.211	2.273	2.334	2.394	2.454	2.514	2.576
0.4	2.635	2.694	2.754	2.814	2.874	2.934	2.994	3.056	3.118	3.179
0.5	3.239	3.299	3.360	3.421	3.485	3.548	3.610	3.675	3.739	3.803
0.6	3.868	3.934	4.000	4.069	4.137	4.207	4.279	4.349	4.419	4.494
0.7	4.572	4.649	4.727	4.808	4.871	4.975	5.059	2.148	5.241	5.335
0.8	5.434	5.538	5.646	5.751	5.868	5.982	6.103	6.236	6.379	6.531
0.9	6.693	6.861	7.051	7.241	7.476	7.746	8.063	8.414	8.947	9.757

（六）$P=2\%-30\%-80\%$

S	0	1	2	3	4	5	6	7	8	9
0.0	−0.230	−0.191	−0.150	−0.110	−0.069	−0.028	0.014	0.056	0.099	0.142
0.1	0.185	0.229	0.273	0.318	0.363	0.408	0.455	0.501	0.547	0.593
0.2	0.640	0.687	0.736	0.785	0.834	0.882	0.932	0.983	1.033	1.083
0.3	1.133	1.182	1.233	1.285	1.336	1.386	1.437	1.489	1.540	1.591
0.4	1.643	1.695	1.748	1.802	1.852	1.903	1.957	2.010	2.061	2.113
0.5	2.167	2.220	2.272	2.325	2.379	2.433	2.486	2.540	2.594	2.649
0.6	2.703	2.758	2.814	2.872	2.930	2.988	3.046	3.105	3.166	3.227
0.7	3.288	3.351	3.414	3.477	3.544	3.613	3.681	3.751	3.824	3.902
0.8	3.982	4.062	4.144	4.230	4.322	4.415	4.517	4.618	4.728	4.849
0.9	4.978	5.108	5.261	5.419	5.599	5.821	6.048	6.345	6.747	7.376

3.7.3　优化适线法

优化适线法是在一定的适线准则（即目标函数）下，估计与经验点据拟合最优的频率曲线的方法。适线时采用的准则分为3种：离差平方和最小准则（OLS）、离差绝对值最小准则（ABS）和相对离差平方和最小准则（WLS）。研究表明以离差平方和最小准则的优化适线法估计所得的参数和目估适线法的结果比较接近。因此，在以优化适线估计参数时，通常采用离差平方和准则。

离差平方和准则的适线法就是使经验点据和同频率的频率曲线纵坐标之差的平方和达到最小。对于皮尔逊Ⅲ型曲线，就是使下列目标函数取最小。

$$S(Q) = \sum_{i=1}^{n} \left[x_i - f(P_i, Q) \right]^2 \tag{3-61}$$

即
$$S(Q') = \min S(Q)$$

式中　Q——参数(X, C_v, C_s)；

$\quad\quad Q'$——参数Q的估计值；

$\quad\quad P_i$——频率；

n——系列长度;

$f(P_i, Q)$——频率曲线纵坐标。

由样本通过矩估计的均值误差很小,一般不再通过优化适线估计。通常只用优化适线法估计 C_v 和 C_s 两个参数值。

计算机优化适线通常采用的现代优化方法有遗传算法(GA)和粒子群算法(PSO)等。

3.7.4 实例分析

[**例题 3-1**] 某测站有 24 a 降水量资料,总体分布曲线选定为皮尔逊Ⅲ型,试求其参数。

解:计算步骤:

(1)将原始资料按大小次序排列,列入表 3-5 中(4)栏。

(2)用公式 $P = \dfrac{m}{n+1} \times 100\%$ 计算经验频率,列入表 3-5 中(8)栏,并将 x 与 P 对应点绘于概率格纸上。

(3)计算系列的多年平均降水量 $\bar{x} = \dfrac{\sum\limits_{i=1}^{n} x_i}{n} = 15\,993.5/24 = 666.4\,\text{mm}$。

(4)计算各项的模比系数 $K_i = x_i/\bar{x}$,记入表 3-5 中(5)栏,其总和应等于 n(表中有 0.02 的误差,这是可以允许的)。

(5)计算各项的 $(K_i - 1)$,列入(6)栏。

(6)计算 $(K_i - 1)^2$,列入(7)栏,计算 C_v 值:

$$C_v = \sqrt{\frac{\sum\limits_{i=1}^{n} (K_i - 1)^2}{n-1}} = \sqrt{\frac{1.592}{23}} = 0.26$$

表 3-5   **某站年降水量频率计算表**

资 料			经验频率及统计参数的计算				
年 份	年降水量 x /mm	序 号	按大小排序	模比系数 K_i	$K_i - 1$	$(K_i - 1)^2$	$P = \dfrac{m}{n+1} \times 100\%$
(1)	(2)	(3)	(4)	(5)	(6)	(7)	(8)
1956	538.3	1	1 064.5	1.60	0.6	0.360	4.00
1957	624.9	2	998.0	1.50	0.5	0.250	8.00
1958	663.2	3	964.2	1.45	0.45	0.202	12.00
1959	591.7	4	883.5	1.33	0.33	0.104	16.00
1960	557.2	5	789.3	1.18	0.18	0.032	20.00
1961	998.0	6	769.3	1.15	0.15	0.022	24.00
1962	641.5	7	732.9	1.10	0.10	0.010	28.00
1963	341.1	8	709.0	1.07	0.07	0.005	32.00
1964	964.2	9	687.3	1.03	0.03	0.001	36.00

续表

资 料		经验频率及统计参数的计算					
年 份	年降水量 x /mm	序 号	按大小排序	模比系数 K_i	K_i-1	$(K_i-1)^2$	$P=\dfrac{m}{n+1}\times100\%$
(1)	(2)	(3)	(4)	(5)	(6)	(7)	(8)
1965	687.3	10	663.2	1.00	0.00	0.000	40.00
1966	546.7	11	641.5	0.96	−0.04	0.002	44.00
1967	509.9	12	624.9	0.94	−0.06	0.004	48.00
1968	769.2	13	615.5	0.92	−0.08	0.006	52.00
1969	615.5	14	606.7	0.91	−0.09	0.008	56.00
1970	417.1	15	591.7	0.89	−0.11	0.012	60.00
1971	789.3	16	587.7	0.88	−0.12	0.014	64.00
1972	732.9	17	586.7	0.88	−0.12	0.014	68.00
1973	1 064.5	18	567.4	0.85	−0.15	0.022	72.00
1974	606.7	19	557.2	0.84	−0.16	0.026	76.00
1975	586.7	20	546.7	0.82	−0.18	0.032	80.00
1976	567.4	21	538.3	0.81	−0.19	0.036	84.00
1977	587.7	22	509.9	0.77	−0.23	0.053	88.00
1978	709.0	23	417.1	0.63	−0.37	0.137	92.00
1979	883.5	24	341.1	0.51	−0.49	0.240	96.00
总 计	15 993.5		15 993.5	24.02	−0.02	1.592	

（7）选定 $C_v=0.3$，并假定 $C_s=2C_v=0.6$，查表 3−5，并利用式 $K_p=1+C_v\Phi_p$ 求出 K_p，得出相应的 x_p 值，如表 3−6 中（3）栏。

根据表 3−6 中（1）栏、（3）栏的对应数值点绘曲线，发现频率曲线的中段与经验频率点据配合尚好，但头部和尾部都偏于经验频率点据之下。

（8）改变参数，重新配线。因为上述曲线头尾都偏低，故需要增大 C_s。选定 $C_v=0.3$，$C_s=3C_v=0.9$，查有关数表求出各 K_p 值并计算出 x_p，列入（4）栏、（5）栏，经点绘发现，曲线的头部和尾部反而有些偏高，配线仍然不理想。

（9）再次改变参数，现在需要把 C_s 稍微改小一些，选定 $C_v=0.3$，$C_s=2.5C_v=0.75$，将计算的 K_p 和 x_p 列入（6）栏、（7）栏，点绘数据，该线与经验点据配合较好。

表 3−6 　　　　　　　　　　　　　　频率计算选配计算表

频率 P	第一次配线 $\bar{x}=666.4$ $C_v=0.3$ $C_s=2C_v=0.6$		第二次配线 $\bar{x}=666.4$ $C_v=0.3$ $C_s=3C_v=0.9$		第三次配线 $\bar{x}=666.4$ $C_v=0.3$ $C_s=2.5C_v=0.75$	
	K_p	x_p	K_p	x_p	K_p	x_p
(1)	(2)	(3)	(4)	(5)	(6)	(7)
1%	1.83	1 219	1.89	1 259	1.86	1 239
5%	1.54	1 025	1.56	1 039	1.55	1 032

续表

频率 P	第一次配线 $\bar{x} = 666.4$ $C_v = 0.3$ $C_s = 2C_v = 0.6$		第二次配线 $\bar{x} = 666.4$ $C_v = 0.3$ $C_s = 3C_v = 0.9$		第三次配线 $\bar{x} = 666.4$ $C_v = 0.3$ $C_s = 2.5C_v = 0.75$	
	K_p	x_p	K_p	x_p	K_p	x_p
(1)	(2)	(3)	(4)	(5)	(6)	(7)
10%	1.40	933	1.40	933	1.40	933
20%	1.24	826	1.23	820	1.24	826
50%	0.97	646	0.96	640	0.96	640
75%	0.78	520	0.78	520	0.78	520
90%	0.64	426	0.66	439	0.65	433
95%	0.56	373	0.60	400	0.58	386
99%	0.44	293	0.50	333	0.47	313

（10）三次配线如图 3-11 所示。

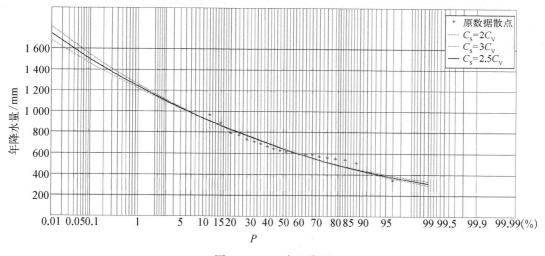

图 3-11   三次配线图

3.8   抽样误差

3.8.1   抽样误差

用一个样本的统计参数来代替总体的统计参数是存在一定误差的,这种误差是由于从总体中随机抽取的样本与总体有差异而引起的,与计算误差不同,称为抽样误差。

从总体中随机抽样,可以得到许多个随机样本,这些样本的统计参数也属于随机变量,它们也具有一定的频率分配,这种分配称为抽样误差分配。假设总体有 N 项,从中随机抽出 n 项组成一组样本,这样的组样本可以有许多个,设共有 m 组样本,每组样本都有自己的统计参数如下：

	样 本					统计参数		
x_{11},	x_{12},	x_{13},	$\cdots$,	x_{1n}	$\overline{x}_1$	s_1	C_{v1}	C_{s1}
x_{21},	x_{22},	x_{23},	$\cdots$,	x_{2n}	$\overline{x}_2$	s_2	C_{v2}	C_{s2}
	$\cdots$		$\cdots$				$\cdots$	$\cdots$
x_{m1},	x_{m2},	x_{m3},	$\cdots$,	x_{mn}	$\overline{x}_m$	s_m	C_{vm}	C_{sm}

由于是随机抽样，所以每个样本的统计参数也属于随机变量。以均值为例，m 组样本的均值组成的系列为 $\overline{x_1}$，$\overline{x_2}$，$\cdots$，$\overline{x_m}$，它们也具有一定的频率分布，称为均值 $\overline{x}$ 的抽样分布，抽样分布大多认为属于正态分布。

由各样本均值所组成系列的均值为

$$E(\overline{x}) = \frac{1}{m} \sum_{i=1}^{m} \overline{x_i} \tag{3-62}$$

3.8.2 抽样误差的计算

抽样误差的大小由均方误来衡量。计算均方误的公式与总体分布有关。对于皮尔逊Ⅲ型分布且用矩法估算参数时，用 $\sigma_{\overline{x}}$，σ_σ，σ_{C_v}，σ_{C_s} 分别代表 $\overline{x}$，σ，C_v 和 C_s 样本参数的均方误，则它们的计算公式为

$$\sigma_{\overline{x}} = \frac{\sigma}{\sqrt{n}} \tag{3-63}$$

$$\sigma_\sigma = \frac{\sigma}{\sqrt{2n}} \sqrt{1 + \frac{3}{4} C_s^2} \tag{3-64}$$

$$\sigma_{C_v} = \frac{C_v}{\sqrt{2n}} \sqrt{1 + 2C_v^2 + \frac{3}{4} C_s^2 - 2C_v C_s} \tag{3-65}$$

$$\sigma_{C_s} = \sqrt{\frac{6}{n} \left(1 + \frac{3}{2} C_s^2 + \frac{5}{16} C_s^4\right)} \tag{3-66}$$

由上述公式可见，抽样误差的大小，随样本项数 n，C_v 和 C_s 的大小而变化。样本容量大，对总体的代表性就好，其抽样误差就小，这就是为什么在水文计算中总是想方设法取得较长的水文系列的原因。

3.9 相 关 分 析

3.9.1 相关分析的意义

在水文频率分析中，如果实测资料系列的项数 n 较大，利用试错适线法或三点适线法可以推求出一条和经验点配合较好的理论频率曲线，确定出合适的统计参数，以计算设计频率

的水文特征值。但是有些测站,或因建站较晚实测资料系列较晚,或由于某种原因系列中有若干年缺测,使得整个系列不连续。从误差分析中可知,统计参数的标准误差都和样本系列的项数 n 平方根呈反比。为了增加系列的代表性,提高分析计算的精度,减少抽样误差,需要对已有的实测资料系列进行插补和延长。

自然界的许多现象都不是孤立地变化的,而是相互关联、相互制约的,例如,降雨和径流,气温和蒸发,水位和流量,等等,它们之间都存在一定的联系。研究分析两个或两个以上随机变量之间的关系称为相关分析。

两种现象(两个变量)之间的关系,一般按照密切程度可以划分为三类:

1. 完全相关(函数关系)

变量 x 的每个确定的值都有一个确定的 y 值与之相对应,称 y 是 x 的函数,两者属于完全相关(即数学上的函数关系)。相关的形式可以是直线或是曲线,如图 3-12、图 3-13 所示。欧姆定律、物体抛物线运动规律都属于函数关系。

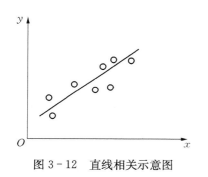
图 3-12　直线相关示意图

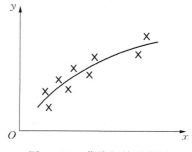
图 3-13　曲线相关示意图

2. 零相关(不相关)

若两种现象互不影响,毫不相关,它们的相关点在图上分布散乱,或成水平或成垂线,则称零相关或不相关。如图 3-14 所示。

3. 相关关系(统计相关)

变量 x 的每个确定值所对应的变量 y,由于受到众多偶然因素的影响,数字是不完全确定的,但是根据 x 与 y 对应值点绘在坐标中,虽不严格成直线或曲线,但是点群的分布会具有某种趋势,这种介于完全相关和零相关之间的关系,称统计相关或相关关系。大量水文分析中要研究这种关系,

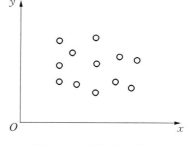
图 3-14　零相关示意图

如降雨与径流;洪峰与洪量;水位与流量;上、下游站洪水流量之间相关关系等。

水文现象间由于受多种因素影响,它们之间的相关关系属于统计相关。

水文分析计算中进行相关分析的目的,主要是通过相关分析,把短期系列的资料展延为长期,提高系列的代表性,增加计算成果的可靠性。另外,水文长、中、短期预报方案编制时亦需进行相关分析。

在相关分析中,按变量的多寡可分为简单相关和复合相关两种类型。简单相关是指只有一个自变量和一个倚变量之间的关系;而复合相关则指几个变量和一个倚变量之间的相关关系。在简单相关中,又有直线和曲线相关两种形式。在水文计算中,简单相关的直线相关计算应用的最多。故本节重点介绍这种相关关系。

3.9.2 相关分析法

1. 图解法

当两个变量之间关系比较密切时,可把变量的对应观测资料绘于一张图上,再通过相关点据群中心目估一条相关线,使相关点均匀分布在线的两侧,这种方法叫图解法。

2. 回归分析法

上述的图解法简单明了,但目估定线任意性太强,且缺乏判断两变量关系密切程度的指标。因此,目前常用分析法,即建立两变量间的回归方程,计算描述变量相关程度的相关系数。

设 x_i, y_i 为两变量的观测值, $i=1,2,\cdots,n$, 即共有 n 对,将相关点 (x_i,y_i) 点绘在方格纸上,看点据分布的情况。若平均趋势接近直线,可用直线相关分析。

设直线方程式为

$$y = a + bx \tag{3-67}$$

式中 y, x——倚变量和自变量;

a, b——直线的截距和斜率。

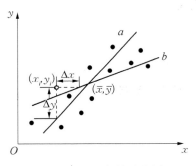

图 3-15 回归线示意图

要使直线方程式(3-67)与相关点群配合得"最好",根据最小二乘法的原理,该直线应满足使各点与直线之间的纵坐标离差的平方和达到"最小"条件。从图3-15中可以看出,若任一点的坐标 (x_i,y_i) 与直线之间纵坐标离差为

$$\Delta y_i = y_i - y = y_i - (a + bx_i) \tag{3-68}$$

所有相关点纵坐标离差 Δy_i 的平方和为

$$(\Delta y_i)^2 = [y_i - (a + bx_i)]^2 \tag{3-69}$$

欲使上式取得极小值,应分别以 a 和 b 为自变量对式(3-69)求一阶偏导数,并令其等于零,即

$$\frac{\partial\left[\sum\limits_{i=1}^{n}(\Delta y_i)^2\right]}{\partial a} = 0 \tag{3-70}$$

$$\frac{\partial\left[\sum\limits_{i=1}^{n}(\Delta y_i)^2\right]}{\partial b} = 0 \tag{3-71}$$

解得

$$a = \bar{y} - b\bar{x} \tag{3-72}$$

$$b = \frac{\sum\limits_{i=1}^{n}(x_i - \bar{x})(y_i - \bar{y})}{\sum\limits_{i=1}^{n}(x_i - \bar{x})^2} = b\frac{y}{x} \tag{3-73}$$

由于计算 a 与 b 的两式中所有的量都可以从观测数据中提出,因此直线方程式(3-67)便可确定,写成回归直线的形式如下:

$$y = \bar{y} + b_{\frac{y}{x}}(x - \bar{x}) = \bar{y} + R_{\frac{y}{x}}(x - \bar{x}) \tag{3-74}$$

式中，$b_{\frac{y}{x}}$ 为 y 倚 x 而变的回归系数，亦可用 $R_{\frac{y}{x}}$ 表示。

同理可用资料(x_i, y_i)推求出 x 倚 y 而变的回归线直线方程：

$$x = \bar{x} + b_{\frac{x}{y}}(y - \bar{y}) = \bar{x} + R_{\frac{x}{y}}(y - \bar{y}) \tag{3-75}$$

式中，$b_{\frac{x}{y}}$ 为 x 倚 y 而变的回归方程的回归系数，亦可用 $R_{\frac{x}{y}}$ 表示。

以上相关线代表了两变量之间的相关关系，但还不能直接说明相关密切程度，为此引入描述相关程度特征值，称相关系数，以 γ 表示，令

$$\gamma^2 = \frac{\left[\sum(x_i - \bar{x})(y_i - \bar{y})\right]^2}{\sum(x_i - \bar{x})^2 \sum(y_i - \bar{y})^2} \tag{3-76}$$

由式(3-76)可知

$$\gamma = \sqrt{\frac{\sum(x_i - \bar{x})(y_i - \bar{y})}{\sum(x_i - \bar{x})^2} \cdot \frac{\sum(x_i - \bar{x})(y_i - \bar{y})}{\sum(y_i - \bar{y})^2}} = \sqrt{b_{\frac{y}{x}} \cdot b_{\frac{x}{y}}} \tag{3-77}$$

3.9.3 回归线的误差

上述回归线仅仅是观测点据的最佳配合线，通常观测点据并不完全落在回归线上，而是以回归线为中心向两旁分布，因此回归线只能反映两变量间的平均关系，利用回归线来插补展延短期系列时，总有一定的误差。其分布一般服从正态分布。为了衡量回归线与观测点之间的误差，常采用其均方误 S_y 表示，即

$$S_y = \sqrt{\frac{\sum_{i=1}^{n}(y_i - \bar{y})^2}{n}} \cdot \sqrt{\frac{n}{n-2}} = \sqrt{\frac{\sum_{i=1}^{n}(y_i - \bar{y})^2}{n-2}} \tag{3-78}$$

式中　S_y——y 倚 x 回归线的均方误；

y_i——观测点的纵坐标值；

$\bar{y}$——由 x_i 在回归线查得的纵坐标值；

n——观测资料的项数；

$\sqrt{\dfrac{n}{n-2}}$——样本计算总体均方误的修正值。

y 倚 x 回归线的均方误 S_y 与 y 的均方差 σ_y，性质上是不同的。前者是由观测点与回归线估计值$\bar{y}$之间的离差求得，而后者是由观测点与其均值之间的离差求得的。根据统计数学上推理，可证明两者具有下列关系：

$$S_y = \sigma_y \sqrt{1 - \gamma^2} \tag{3-79}$$

因为假定 y 近似服从正态分布，则由正态分布性质可知：y 落在 $y \pm S_y$ 范围内的概率为68.3%；y 落在 $y \pm 3S_y$ 范围内的概率为 99.7%。即当给定 x 值用回归线估计的 y 值时，有68.3%的把握其误差不超过$\pm S_y$；同时有 99.7%的把握其误差不超过$\pm 3S_y$。

3.9.4　相关系数显著水平

前面曾论述过,两个变量线性关系的密切程度,可用相关系数 γ 来表示。

对于某具体问题,只有当相关系数 γ 的绝对值大到一定程度时,才可用回归线近似地表示 x 与 y 之间的关系,并可用 x 插补延长 y 值,在这种情况下,称相关系数显著。一般是通过样本资料对总体的相关程度做出判断,由于抽样误差存在,用样本推断总体,很有可能做出这样或那样的错误判断,这种错误判断的概率 α 称为显著水平。在水文中进行检验时,显著水平按要求常用 $\alpha=0.05$ 或 0.01,标准较高的工程 α 取小值,较低取大值。通常,相关系数 γ 达到显著的值与样本容量 n 及显著水平 α 有关。数理统计学中用 t 检验法得出相关系数检验表,其中列出样本容量 n,显著水平 α 为 0.01,0.02,0.05 及 0.1 时相关系数达到显著的最小值,以 γ_α 表示。

例如,相关分析依据资料长 $n=20$,即 $n-2=18$,则查表可得 $\alpha=0.1,0.05,0.01$ 时相对应显著水平的最小相关系数 $\gamma_{0.1}=0.3783$,$\gamma_{0.05}=0.4438$,$\gamma_{0.01}=0.5614$。如果要求显著水平 $\alpha=0.05$,且相关分析计算所得之 $|\gamma|=0.51$,则因 $|\gamma|>\gamma_{0.05}$,即 $0.51>0.4438$,满足显著水平要求时,可以建立线性相关关系线,用于插补延长资料。否则,不可用于插补延长。

[例题 3-2]　已知广西某河甲站和乙站得年径流量在成因上具有联系,且有 15 a 同期观测资料,见表 3-7,试作相关分析。

表 3-7　　　　　　　某河甲、乙两站年平均流量相关计算表　　　　　　　单位：m³/s

年　份	x_i	y_i	$x_i-\bar{x}$	$y_i-\bar{y}$	$(x_i-\bar{x})^2$	$(y_i-\bar{y})^2$	$(x_i-\bar{x})(y_i-\bar{y})$
1937	1 590	1 770	439	507	192 721	257 049	222 573
1938	1 170	1 290	19	27	361	729	513
1939	1 500	1 670	349	407	121 801	165 649	142 043
1954	1 230	1 350	79	87	6 241	7 569	6 873
1955	1 010	1 140	−141	−123	19 881	15 129	17 343
1956	1 290	1 410	139	147	19 321	21 609	20 433
1957	959	1 060	−192	−203	36 864	41 209	38 976
1958	996	1 100	−155	−163	24 025	26 569	25 265
1959	1 380	1 530	229	267	52 441	71 289	61 143
1960	1 080	1 100	−71	−163	5 041	26 569	11 573
1961	1 110	1 250	−41	−13	1 681	169	533
1962	1 090	1 250	−61	−13	3 721	169	793
1963	640	668	−511	−595	261 121	354 025	304 045
1964	1 090	1 130	−61	−133	3 721	17 689	8 113
1965	1 130	1 230	−21	−33	441	1 089	693
总　计	17 265	18 948			749 392	1 006 511	860 912

解：设以 x_i 表示该河甲站得年平均流量,以 y_i 表示乙站得年平均流量,将 x_i 和 y_i 的相关点点绘在方格纸上,如图 3-16 所示,可见相关点呈明显的带状分布,接近直线趋势,故用直线相关分析。

具体计算见表 3-4,相关分析中各特征值如下：

1. 算术平均数

$$\bar{x} = \frac{17\ 265}{15} = 1\ 151\ \text{m}^3/\text{s}$$

$$\bar{y} = \frac{18\ 948}{15} = 1\ 263\ \text{m}^3/\text{s}$$

2. 均方误

$$\sigma_x = \sqrt{\frac{\sum\limits_{i=1}^{n}(x_i - \bar{x})^2}{n-1}} = \sqrt{\frac{749\ 392}{14}} = 231.4\ \text{m}^3/\text{s}$$

$$\sigma_y = \sqrt{\frac{\sum\limits_{i=1}^{n}(y_i - \bar{y})^2}{n-1}} = \sqrt{\frac{1\ 006\ 511}{14}} = 268.2\ \text{m}^3/\text{s}$$

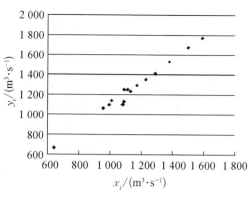

图 3-16 甲、乙两站年均流量的相关图

3. 相关系数和 y 的均方误 S_y

$$r = \frac{\sum\limits_{i=1}^{n}(x_i - \bar{x})(y_i - \bar{y})}{\sqrt{\sum\limits_{i=1}^{n}(x_i - \bar{x})^2 \sum\limits_{i=1}^{n}(y_i - \bar{y})^2}} = \frac{806\ 912}{\sqrt{749\ 392 \times 1\ 006\ 395}} = 0.991$$

$$S_y = \sigma_y\sqrt{1 - r^2} = 268.2 \times \sqrt{1 - 0.991^2} = 35.9\ \text{m}^3/\text{s}$$

4. y 依 x 的回归系数及回归方程式

$$R_{\frac{y}{x}} = r\frac{\sigma_y}{\sigma_x} = 0.991 \times \frac{268.2}{231.4} = 1.15$$

$$y = \bar{y} + R_{\frac{y}{x}}(x - \bar{x}) = 1\ 263 + 1.15(x - 1\ 151)$$

即

$$y = 1.15x - 61$$

3.9.5 曲线相关和复合相关简述

1. 曲线相关

由于曲线的种类繁多,分析计算也较复杂,故多根据相关点分布趋势,直接目估绘制相关线。需要作详细分析时,可凭相关点据规律试选配某种曲线函数形式。如这种曲线函数能通过变量转变成另一新变量的直线关系,则仍然可以采用前面介绍过的直线相关分析法进行计算,推求相关线。水文计算中常见如下几种曲线函数形式的相关。

(1) 代数多项式

两种变量之间的关系,选配为代数多项式:

$$y = a + bx + cx^2 + \cdots + kx^m \tag{3-80}$$

式中有 $m+1$ 个待定参数。

根据最小二乘法的原理,可得出下列 $m+1$ 个方程式:

$$\frac{\partial\left[\sum\limits_{i=1}^{n}(y_i-\bar{y})^2\right]}{\partial a}=0,\ \frac{\partial\left[\sum\limits_{i=1}^{n}(y_i-\bar{y})^2\right]}{\partial b}=0,\cdots,\ \frac{\partial\left[\sum\limits_{i=1}^{n}(y_i-\bar{y})^2\right]}{\partial k}=0 \qquad (3-81)$$

由此方程组解得 $m+1$ 个待定参数,选配的曲线形式也完全确定。

配合曲线的均方误可用下式:

$$S_y=\sqrt{\frac{\sum\limits_{i=1}^{n}(y_i-\bar{y})^2}{n}}\cdot\sqrt{\frac{n}{n-(m+1)}}=\sqrt{\frac{\sum\limits_{i=1}^{n}(y_i-\bar{y})^2}{n-m-1}} \qquad (3-82)$$

式中, $\sqrt{\dfrac{n}{n-(m+1)}}$ 为以样本估计总体均方差的修正系数。

相关密切程度可用相关指数 ρ 来判断:

$$\rho=\pm\sqrt{1-(S_y/\sigma_y)^2} \qquad (3-83)$$

$|\rho|$ 值越接近 1,说明相关关系越密切; $|\rho|$ 值越小,说明两者相关关系越不密切。

(2) 幂函数

幂函数一般形式为

$$y=ax^b \qquad (3-84)$$

将式(3-84)两边分别取对数,以新变量代替原来变量,假定 $Y=\lg y$,$X=\lg x$,$B=b$,$A=\lg a$,可得相关式:

$$Y=A+BX \qquad (3-85)$$

将所有相关点 (x_i,y_i) 变换成 (X_i,Y_i),其他计算步骤与直线相关分析法完全相同。通过分析计算 A,B,求出 Y 倚 X 的回归方程式,再将它还原成 y 与 x 的关系。

(3) 指数函数

指数函数一般形式为

$$y=a\,\mathrm{e}^{bx} \qquad (3-86)$$

同样地将此式等号两边分别取对数,得

$$Y=A+Bx \qquad (3-87)$$

式中, $Y=\lg y$,$A=\lg a$,$B=b\cdot\lg\mathrm{e}=0.434\,29b$(e 为自然对数的底数)。于是,也可用直线相关的分析法得到相关线。

2. 复合相关

复合相关中也有线性和非线性相关两种形式。

具有多个自变量的线性复合相关回归方程的一般形式为

$$y=b_0+b_1x_1+b_2x_2+\cdots+b_mx_m \qquad (3-88)$$

式(3-88)又称"多元线性回归方程",式中倚变量 y 随着自变量 x_1,x_2,$\cdots$,x_m 的变化而变化,b_0,b_1,b_2,$\cdots$,b_m 为回归系数,由实测的倚变量 Y_k 和自变量资料估计出回归系数以后,回归方程便确定。

回归系数估计也用最小二乘法的原理,即选取式(3-88)中的 b_i 使残差 e_k 平方和达到最小值:

$$\min\{Q\} = \min\Big\{ \sum_{k=1}^{N} e_k^2 \Big\} = \min\Big\{ \sum_{k=1}^{N} (Y_k - y_k)^2 \Big\}$$

$$= \min\Big\{ \sum_{k=1}^{N} [Y_k - (b_0 + b_1 x_{k_1} + b_2 x_{k_2} + \cdots + b_m x_{k_m})] \Big\} \qquad (3-89)$$

令

$$\frac{\partial Q}{\partial b_0} = \frac{\partial Q}{\partial b_1} = \cdots = \frac{\partial Q}{\partial b_m} = 0 \qquad (3-90)$$

且据 N 次实测资料计算离差

$$\left. \begin{array}{l} S_{ij} = S_{ji} = \displaystyle\sum_{k=1}^{N} (x_{ki} - \bar{x}_i)(x_{kj} - \bar{x}_j) \\ S_{iY} = \displaystyle\sum_{k=1}^{N} (x_{ki} - \bar{x}_i)(Y_k - \bar{Y}) \\ i, j = 1, 2, \cdots, m \end{array} \right\} \qquad (3-91)$$

最后得方程组

$$\left. \begin{array}{l} S_{11}b_1 + S_{12}b_2 + \cdots + S_{1m}b_m = S_{1Y} \\ S_{21}b_1 + S_{22}b_2 + \cdots + S_{2m}b_m = S_{2Y} \\ \vdots \\ S_{m1}b_1 + S_{m2}b_2 + \cdots + S_{mm}b_m = S_{mY} \end{array} \right\} \qquad (3-92)$$

式(3-92)是以 $b_1, b_2, \cdots, b_m$ 为未知数的 m 阶线性代数方程组。求解的方法较多,可用消去法。最后再求 b_0:

$$b_0 = \bar{Y} - (b_1 \bar{x}_1 + b_2 \bar{x}_2 + \cdots + b_m \bar{x}_m) \qquad (3-93)$$

通常,总是假设实测数据组数大于相关因子的个数,即 $N > (5 \sim 10)m$;并假设相关因子之间相关系数很小,这时式(3-92)方程组才有唯一解。

检验回归效果的复相关系数用下式计算:

$$R = \sqrt{1 - \frac{Q}{S_{YY}}} \qquad (3-94)$$

式中

$$S_{YY} = \sum_{k=1}^{N} (Y_k - \bar{Y})^2 \qquad (3-95)$$

$$Q = S_{YY} - \sum_{i=1}^{m} b_i S_{iY} \qquad (3-96)$$

显然 R 越接近1,即 Q 趋于零,回归效果越好。

非线性复合相关回归分析中,比较困难的是选择合适的曲线类型。在数学分析中曾讲到,相当广泛的一类曲线可以用多项式去逼近,即

$$y = a_0 + a_1 x + a_2 x^2 + \cdots + a_m x^m \tag{3-97}$$

把 x，x^2，$\cdots$，x^m 看成 m 个自变量，就变成一个多元线性回归的问题。只要求出 a_0，a_1，$\cdots$，a_m，式（3-97）即可建立。

复习题

1. 概率和频率有什么联系和区别？
2. 两个事件之间存在什么关系？相应出现的概率为多少？
3. 什么是偶然现象？有何特点？
4. 分布函数与密度函数有什么区别和联系？
5. 什么叫总体？什么叫样本？为什么能用样本的频率分布推估总体的概率分布？
6. 统计参数 σ，C_v，C_s 的含义是什么？
7. 皮尔逊Ⅲ型概率密度曲线的特点是什么？
8. 何谓离均系数 Φ？如何利用皮尔逊Ⅲ型频率曲线的离均系数 Φ 值表绘制频率曲线？
9. 何谓经验频率？经验频率曲线如何绘制？
10. 重现期（T）与频率（P）有何关系？$P=90\%$ 的枯水年，其重现期（T）为多少年？含义是什么？
11. 何谓水文统计？它在工程水文中一般解决什么问题？
12. 为什么在水文计算中广泛采用配线法？
13. 现行水文频率计算配线法的实质是什么？简述配线法的方法步骤。
14. 用配线法绘制频率曲线时，如何判断配线是否良好？
15. 何谓相关分析？如何分析两变量是否存在相关关系？
16. 怎样进行水文相关分析？它在水文上解决哪些问题？
17. 为什么相关系数能说明相关关系的密切程度？
18. 什么叫回归线的均方误？它与系列的均方差有何不同？
19. 什么是抽样误差？回归线的均方误是否为抽样误差？
20. 当 y 倚 x 为曲线相关时，如 $y = a^x + b$，如何用实测资料确定参数 a 和 b？
21. 某河某站年平均流量资料表3-8，试用适线法估计参数，并推求频率为 5%、10% 和 95% 的设计年平均流量。

表 3-8 　　　　　　　　　　某河某站年平均流量资料　　　　　　　　　　单位：m^3/s

年份	流量	年份	流量	年份	流量	年份	流量	年份	流量
1960	29.6	1966	22.5	1972	32.5	1978	26.0	1984	35.4
1961	26.3	1967	45.6	1973	40.4	1979	31.6	1985	33.9
1962	28.9	1968	34.0	1974	31.2	1980	39.7	1986	34.3
1963	33.5	1969	31.9	1975	42.4	1981	25.7	1987	29.9
1964	38.0	1970	38.1	1976	25.1	1982	50.0		
1965	32.9	1971	31.7	1977	31.8	1983	37.5		

22. 设有甲乙两站的年降雨资料见表3-9，试利用甲站资料展延乙站资料。

表 3 - 9 甲乙两站的年降雨资料 单位：mm

年 份	1970	1971	1972	1973	1974	1975	1976	1977	1978	1979
甲 站	621	664	604	672	659	651	590	640	645	619
乙 站	684	708	640	726	692	701	633	671	660	658

年 份	1980	1981	1982	1983	1984	1985	1986	1987	1988	1989
甲 站	648	584	620	648	657	611	627	651	605	607
乙 站	678	631	639	703	693	652	—	—	—	—

4 年径流与洪、枯径流分析计算

4.1 概　　述

在河槽里运动的水流叫作河川径流,简称径流。在一定时段内,通过河流某一断面的累积水量称为径流总量,记作 $W(\mathrm{m}^3)$;也可以用时段平均流量 $\overline{Q}(\mathrm{m}^3/\mathrm{s})$ 来表示。径流总量与流量的关系为: $W = \overline{Q} \cdot \Delta T$,式中 ΔT 为计算时段,单位:s。

根据工程设计的需要, ΔT 可分别采用年、季或月,则其相应的径流分别称为年径流、季径流或月径流。一个年度内在河槽里流动的水流叫作年径流,年径流量是在一年里通过河流某一断面的水量。年径流量可以用年径流总量 W(单位:万 m^3 或亿 m^3)、年平均流量 Q(单位: m^3/s)、年径流深 R(年径流总量与流域面积的比值,单位:mm)及年径流模数 M(年平均流量与流域面积的比值,单位:L/(s·km²))等表示。年径流量的多年平均值表明了某个断面以上流域地面径流的蕴藏量,它是重要的水文特征值,同时也是区域水资源的重要指标。多年平均年径流量有时被称为正常年径流量,相应以 W_0,Q_0,R_0,M_0 等表示。某一年的年径流量与正常年径流量之比,称为该年径流量的模比系数,用 k_i 表示,则有

$$k_i = \frac{W_i}{W_0} = \frac{Q_i}{Q_0} = \frac{R_i}{R_0} = \frac{M_i}{M_0} \tag{4-1}$$

除年径流总量外,径流在年内分配的情况不同,对于国民经济各部门的用水和水利工程的修建也具有重要影响。因此,通常所说的年径流还包括径流年内分配的情况,即年径流包括年径流量和径流年内分配两方面。

4.1.1 径流的年际变化和年内变化

1. 径流的年内变化

河川径流的主要来源为大气降水,故河川径流的季节变化与降水的季节变化关系十分密切。降水在年内分配是不均匀的,有多雨季节和少雨季节,径流也随之呈现出丰水期(或洪水期)和枯水期,或汛期与非汛期。径流在一年内的这种变化称为年内变化。河流径流年内变化大的河流,洪水期易发生洪涝灾害,枯水期又往往满足不了需要,因而修建水利工程,调节径流量的季节变化,是保证人们生产和生活用水的必要措施。

河流径流的季节变化,同河流水源补给密切相关。一般可以分为两种,一是以雨水补给为主的河流,其径流季节变化,主要是随降雨量的季节变化而变化;另外一种是以冰雪和冰川融水补给为主的河流,它的径流季节变化,主要是随气温变化而变化。

我国河流的径流季节变化规律是,我国东部河流(东部季风区)以雨水补给为主,径流季节变化小,西北内陆地区河流是冰雪冰川融水补给,主要由气温高低决定,由于降水的季节变化一般小于气温的季节变化,因而以雨水补给为主的河流同以冰雪融水补给为主的河流相比,前者径流季节变化小于后者。

2. 径流的年际变化

河川径流不仅在一年之内有较大的变化,就是在年与年之间的变化也是很大的。我们把年平均流量较大的那些年份称为丰水年,年平均流量较小的那些年份称为枯水年,年平均流量接近于多年平均值的那些年份称为平水年,径流的这种变化称为年际变化。

径流量的年际变化通常用径流变差系数(C_v)和实测最大与最小年平均径流之比值即丰枯比 K_m 来表示。我国径流变差系数最大的地区是华北一带,其 C_v 值一般都大于1,最大可超过1.3。其次为内蒙古中部、阴山北部地区。K_m 越大,径流分配越不均匀。现有资料表明,中国的 K_m 多在 2～8 之间,而且有从东南向西北增大的总趋势。秦岭以南广大地区多为2～4;东北地区3～5;华北地区4～6;西北大部分地区达5～8。不仅如此,在同一地区河流越小,K_m 值往往越大。以中国丰水区西南为例,干流在2左右,而支流多在3以上。金沙江支流大惠庄站高达 7.64。全国最大的 K_m 值出现在淮河蚌埠站为 19.5。K_m 值越大,调节径流的难度也越大,可利用的水资源量就越小。

4.1.2 影响年径流的因素

当进行年径流分析计算时,要分析和掌握影响年径流的因素,以及各因素对年径流的影响状况。为了深刻认识年径流及其变化规律,就必须从物理成因方面去分析和研究影响年径流的因素,尤其在径流资料短缺时,显得更为重要。当短期实测径流资料时,常常需要建立年径流量与有关因素之间的相关关系来展延年径流系列;当缺乏径流资料时,常用水文比拟法或等值线图法来推估年径流量,上述情况都要分析影响年径流的因素。径流是自然界水循环的组成环节,影响年径流的因素实际上就是影响流域产流和汇流的因素,这些因素可以概括为三个方面。

1. 气候因素对年径流的影响

在气候因素中,影响径流的气候因素主要是降水和蒸发。年降水量与年蒸发量对年径流量的影响程度,随流域所在地区不同而有差异。在湿润地区,降雨量大,蒸发量相对较小,降雨对年径流起决定性作用;在干旱地区,降水量小,蒸发量大,降水中的大部分消耗于蒸发,所以降水和蒸发均对年径流有相当大的影响。

2. 流域下垫面因素对年径流的影响

流域下垫面因素包括地形、土壤、地质、植被、湖泊、沼泽、湿地以及流域大小、形状等。这些因素可能直接对径流产生影响,也可能通过影响气候因素间接地影响流域的径流。它们对年径流的作用,一方面表现在流域蓄水能力上,另一方面通过对降水和蒸发等气候条件的改变间接地影响年径流。

在下垫面因素中,流域地形主要通过影响气候因素对年径流发生影响。比如,山地对于水气运动有阻滞和抬升作用,使山脉的迎风坡降水量和径流量大于背风坡。植物覆被(如树木、森林、草地、农作物等)能阻滞地表水流,同时植物根系使地表土壤更容易透水,加大了水的下渗;植被增加会使年际和年内径流差别减少,使径流变化趋于平缓,使枯水径流量增加。流域的土壤岩石状况和地质构造对径流下渗具有直接影响,如流域土壤岩石透水性强,降水下渗容易,会使地下水补给量加大,地面径流减少;同时因为土壤和透水层起到地下水库的作用,会使径流变化趋于平缓;当地质构造裂隙发育,甚至有溶洞的时候,除了会使下渗量增大,还可能形成不闭合流域,并影响流域的年径流量和年内分配。流域大小和形状也会影响年径流。流域面积大,地面和地下径流的调蓄作用强,而且由于大河的河槽下切深,地下水补给量大,加上流域内部各部分径流状况不容易同步,使得大流域径流年际和年内差别比较小,径流变化比较平缓;流域的形状会影响汇流状况,比如流域形状狭长时,汇流时间长,相应径流过程线较为平缓,而支流呈扇形分布的河流,汇流时间短,相应径流过程线则比较陡峻。另外流域内的湖泊和沼泽相当于天然水库,具有调节径流的作用,会使径流过程的变化趋于平缓。在干旱地区,会使蒸发量增大,径流量减少。

3. 人类活动对年径流的影响

人类活动对年径流的影响,包括直接与间接两个方面。直接影响如跨流域引水,将本流域的水量引到另一流域,或将另一流域的水引到本流域,都直接影响河川的年径流量。间接影响如修建水库、塘堰等水利工程,旱地改水田、坡地改梯田、浅耕改深耕、植树造林等措施,这些主要是通过改造下垫面的性质而影响年径流量。一般来说,这些措施都将使蒸发增加,从而使年径流量减少。

4.1.3 年径流分析计算的目的和内容

1. 年径流分析计算的目的

年径流分析计算是水资源利用工程中最重要的工作之一。设计年径流是衡量工程规模和确定水资源利用程度的重要指标。推求不同保证率的年径流量及其分配过程,就是设计年径流分析计算的主要目的。水资源利用工程包括水库蓄水工程、供水工程、水力发电工程和航运工程等,其设计标准,用保证率表示,反映对水利资源利用的保证程度,即工程规划设计的既定目标不被破坏的年数占运用年数的百分比,称为设计保证率。水资源利用程度,在分析枯水径流和时段最小流量时,还可用破坏率,即破坏年数占总年数的百分比来表示,在概念上更为直观。保证率和破坏率的换算为设保证概率为 p,破坏概率为 q,则 $p = 1 - q$。

2. 年径流分析计算的内容

年径流分析计算的成果主要包括多年平均年径流量(表明地面水资源的数量)和年径流量频率曲线(表明年径流量的概率分布),以及不同典型情况(如枯水年、丰水年、平水年等)的径流年内分配。具体包括以下四个方面:

(1) 基本资料信息的搜集和复查;

(2) 年径流量的频率分析计算;

(3) 提供设计年径流的时程分配;

(4) 对分析成果进行合理性检查。

4.2　设计年径流系列的推求

4.2.1 年径流系列的一致性和代表性分析

在应用各种水文实测资料进行分析计算时需先对资料进行"三性审查"。三性审查包括:可靠性审查——排除资料中可能存在的错误;一致性审查——审查水文现象影响因素是否一致;代表性审查——审查资料对于水文变量总体的代表性。

1. 年径流系列的可靠性分析

由于径流资料是通过测验和整编取得的,因此一般对水位资料、水位流量关系曲线资料和水量平衡资料等应从测验和整编两方面着手审查。检查原始水位数据并分析水位过程线的合理性;检查水位流量关系曲线绘制的正确性和曲线延长方法的合理性;根据水量平衡原理,分析其水量是否平衡。另外,新中国成立前径流资料比较差,审查时应特别予以关注。

2. 年径流系列的一致性分析

应用数理统计法进行年径流的分析计算时,一个重要的前提是年径流系列应具有一致性。就是说组成该系列的流量资料,都是在同样的气候条件、同样的下垫面条件和同一测流断面上获得的。其中气候条件变化极为缓慢,一般可以不加考虑。

人类活动影响下垫面的改变,有时却很显著,为影响资料一致性的主要因素,因此就必须对受到人类活动影响时期的水文资料进行还原计算,使之还原到天然状态。所谓天然状态,系指流域内没有受到水利措施(农田灌溉用水,跨流域引水,分洪决口水量,大中型水库蓄水流量,工业及生活用水净耗水量)影响的径流量。测量断面位置有时可能发生变动,当对径流量产生影响时,需要改正至同一断面的数值。

3. 年径流系列的代表性分析

年径流系列的代表性,是指该样本对年径流总体的接近程度,如接近程度较高,则系列的代表性较好,频率分析成果的精度较高,反之较低。

样本对总体代表性的高低,可通过对二者统计参数的比较加以判断。但总体分布是未知的,无法直接进行对比,只能根据人们对径流规律的认识以及与更长径流、降水等系列对比,进行合理性分析与判断。常用的方法如下:

(1)进行年径流的周期性分析

对于一个较长的年径流系列,应着重检验它是否包括了一个比较完整的水文周期,即包括了丰水段(年组)、平水段和枯水段,而且丰、枯水段又大致是对称分布的。

(2)与更长系列参证变量进行比较

参证变量系指与设计断面径流关系密切的水文气象要素,如水文相似区内其他测站观测期更长,并被论证有较好代表性的年径流或年降水系列。

4.2.2 年径流的频率分析

水文要素频率分析的通用方法,在前面已有详细阐述,此处重点针对年径流的特点,补充介绍一些应予注意的事项。

1. 年径流的年度选择

年径流的年度一般包括三种,即日历年度、水文年度和水利年度。

日历年度:当年径流资料经过审查、插补延长、还原计算和资料一致性和代表性论证以后,应按逐年逐月统计其径流量,组成年径流系列和月径流系列。这些数据绝大部分可自《水文年鉴》上直接引用,但须注意《水文年鉴》上刊布的数字是按日历年分界的,即每年1—12月为一个完整的年份。

水文年度:在计算流域水量平衡关系时,最好采用水文年度。一个水文年度内的径流应该是该水文年度的降水所产生的。

水利年度:在水资源利用工程中,为便于水资源的调度运用,常采用水利年度,有时亦称为调节年度。它不是从 1 月份开始,而是将水库调节库容的最低点(汛前某一月份,各地根据入汛的迟早具体确定)作为一个水利年度的起始点,周而复始加以统计,建立起一个新的年径流系列。

当年径流系列较长时,用上述日历年度、水文年度或水利年度所获得的系列做出的频率分析成果是很接近的。

2. 线型与参数估算

经验表明,我国大多数河流的年径流频率分析,可以采用 P-Ⅲ 型频率分布曲线,但规范同时指出,经分析论证亦可采用其他线型。

P-Ⅲ 型年径流频率曲线有三个参数,首先计算出均值和变差系数,变差系数可根据适线拟合最优的准则进行调整;偏态系数一般不进行计算,而直接采用变差系数的倍比,我国绝大多数河流可采用 2~3 倍。在进行频率适线和参数调整时,可侧重考虑平、枯水年份年径流点群的趋势。

3. 其他注意事项

(1) 参数的定量应注意参照地区综合分析成果;

(2) 历史枯水年径流的考证和引用。

4.2.3 有较长期径流实测资料时的年径流分析计算

具有较长期径流实测资料时,可直接对流量资料进行分析计算,得到年径流分析计算成果。一般具有 30 年以上径流实测资料时,可以认为是具有较长期径流资料。

为求得年径流量的统计规律,可直接对年径流量进行频率分析计算,求得年径流量频率曲线,以及多年平均年径流量和年径流量的变差系数 C_v、偏态系数 C_s 等统计参数。

对年径流量频率分析计算后,对于计算成果还应进行合理性分析,包括以下方面:

1. 均值成果检查

影响多年平均径流深(或多年平均流量)的各因素中,气候因素具有一定的地理分布规律。同时,上下游、干支流的流量和径流量都具有一定的水量平衡关系。将计算所得的多年平均径流深(或多年平均流量)和邻近流域、上下游的相比较,同时考虑下垫面及流域面积等因素的影响,如果发现所得结果在地理分布和水量平衡关系上存在不合理的情况时,就应对其原因作进一步分析,尤其应当注意是否存在人类活动的影响。必要时,要对年径流资料进行还原和修正。

2. 变差系数 C_v 和偏态系数 C_s 成果检查

影响径流年际变化的气候因素具有一定的地理分布规律,因而反映年径流量变化状况的变差系数 C_v 也有一定的地理分布规律。同时,按照经验,偏态系数 C_s 与 C_v 的比值 C_s/C_v 也有一定的分区性。故可按地理位置检验变差系数 C_v 和偏态系数 C_s 的合理性。但因 C_v 受下垫面因素影响较大,与均值相比,C_v 和 C_s 表现出的地理分布规律性较弱。在湿润地区,径流与降水关系密切,年径流的 C_v 和 C_s 值与降水的 C_v 和 C_s 值在地区分布上应有一致的规律,可按此检验年径流变差系数 C_v 和偏态系数 C_s 的合理性。

进行年径流分析计算时,除进行年径流量的分析计算外,还需分析径流年内分配的规律。

在水利水电工程规划设计工作中,可能需要提供各种具有代表意义的年份(即设计代表年)的径流年内分配。设计代表年可采用典型年和实际年两种形式。

典型年可以是设计枯水、丰水、平水典型年,它们的年内分配按照某一个实际发生的年份确定。在实际发生年确定后,可对其各个月的流量进行缩放,从而确定代表年径流的年内分配。

对于农业灌溉工程,因为灌溉用水受气候因素影响较大,来水情况不同时,需水情况往往也不同,而灌溉用水过程又不便于用放大的方式确定,故常同时采用实际年的来水和灌溉用水过程作为设计依据,即采用实际年作为代表年。采用实际年作为代表年时,代表年在对当地历史上发生的旱情、灾情进行调查分析后确定。

如规划设计工作需要对长系列水文资料进行计算时,可用经过资料审查,满足可靠性、一致性和代表性的实测水文年月径流系列,代表工程未来运行期间年月径流的变化过程。这种系列称为设计年月径流系列。

4.2.4　有较短年径流系列时设计年径流频率分析计算

当具有短期径流实测资料时,年径流分析计算的基本方法是借助水文变量的相关关系,插补或者展延年月径流系列。本法的关键是展延年径流系列的长度,方法的实质是寻求与设计断面径流有密切关系并有较长观测系列的参证变量,通过设计断面年径流与其参证变量的相关关系,将设计断面年径流系列适当地加以延长至规范要求的长度。

因掌握资料的情况不同,插补或展延年月径流系列有不同方法。如可以利用参证站的年径流资料展延设计断面的系列,可以利用参证站的月径流资料展延设计断面的系列。在湿润地区(如我国长江以南地区),径流主要受降雨影响,年降雨量与年径流量有较好的相关关系,此时可由年降雨量展延年径流量系列,也可由月降雨量展延设计站的年月径流量系列。参证变量应具备下列条件:

(1) 参证变量与设计断面径流量在成因上有密切关系;

(2) 参证变量与设计断面径流量有较多的同步观测资料;

(3) 参证变量的系列较长,并有较好的代表性。

1. 利用本站的径流资料延长设计站年径流系列

直接找出设计站与参证站相同年份流量之间的关系,实际工作中多用年径流模数 M 或年径流深 Y 进行相关分析,一般先进行图解分析,点绘相关图,目估定出平均关系线,如果点据相当分散,可采用相关计算以确定其回归方程式,求出设计站径流延展后的 N 年延展系列。

当设计需要提供逐月径流资料时,可将参证站的月径流量作为参证变量与设计站月径流量建立相关关系,当两者流域面积相差不大时,可以得到较好的相关关系。月径流量相关关系一般不如年径流量相关关系密切,对个别离群的点据需要具体分析,以提高精度。

2. 利用上下游站或邻近河流测站实测径流资料,延长设计断面的径流系列

当设计站的上、下游能选到一个参证站具有较长期的径流资料时,便可用设计站与参证站的同期年径流资料建立回归方程,再以参证站资料将设计站缺测年的资料插补延长。如图 4-1 是甲站与乙站年径流的相关图,可以用来将乙站系列展延。

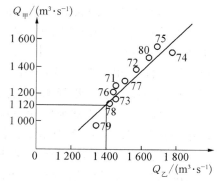

图 4-1　甲乙两站径流相关图

[例 4-1] 某河拟在 B 处修建水库,B 站流域面积

为 1 200 km²，具有 1966—1976 年实测资料，初步审查认为此 11 年系列代表性较差，需加以延展。

B 站上游 A 站，流域面积 920 km²，具有 1962—1981 年较长系列，可作为 B 站插补延展的参证站。

A、B 两站各年实测年平均流量值如表 4-1 所示。

表 4-1　　　　　　　　A、B 站实测年平均流量表　　　　　　　　单位：m³/s

站　名	年　份									
	1962	1963	1964	1965	1966	1967	1968	1969	1970	1971
A 站实测	8.73	16.50	17.60	10.46	10.10	8.19	15.00	4.67	6.61	7.74
B 站实测					15.40	12.50	25.00	7.00	10.30	12.10
B 站延展	13.60	25.70	27.40	15.80						

站　名	年　份									
	1972	1973	1974	1975	1976	1977	1978	1979	1980	1981
A 站实测	8.13	10.20	25.90	7.46	2.36	8.93	7.07	5.65	6.26	8.93
B 站实测	12.70	15.90	40.40	12.00	3.76					
B 站延展						13.90	11.00	8.82	9.77	13.9

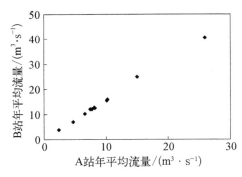

图 4-2　A 站-B 站年平均流量相关关系图

用两站同期实测资料点绘相关图，如图 4-2 所示，相关关系良好，可计算其相关方程，定出相关直线，B 站缺测的 1962—1965 年和 1977—1981 年可由 A 站的资料延展，见表 4-1。

3. 利用年降水资料延长设计断面的年径流系列

径流是降水的产物。流域的年径流量与流域的年降水量往往有良好的相关关系。又因降水观测系列在许多情况下较径流观测系列长，因此降水系列常被用来作为延长径流系列的参证变量（图 4-3）。

我国多雨带及湿润带年降雨量是年径流量的主要影响因素，具有较好的同步性，因而两者相关关系良好，如设计流域内的雨量站多且流域平均年降水量系列较年径流系列长，则可建立年降水量与年径流量之间的相关关系，利用年降水量延长年径流系列。在点绘流域平均年降水量与同期年径流量相关图时，为了便于比较，通常采用同一单位，均以 mm 表示，即年径流量除以流域面积用年径流深表示，如图 4-3 所示。若流域面积较小（小于 500 km²），或流域上某一站的降雨量与流域平均降雨量有密切关系时，可以考虑用点雨量，即单站雨量代替流域平均降雨量。在干旱及半干旱地区，因蒸发量相对较大，故年雨量与年径流量

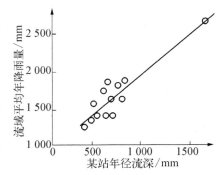

图 4-3　降雨径流相关图

之间关系不密切，如引入年蒸发量为参数，两者关系可有改善。

有时，由于设计站的实测年径流量系列过短，不足以建立年降雨量与年径流量的相关关系，或当规划设计要求提供逐年月径流资料时，可以考虑建立月降雨量与月径流量的相关关系，但一般月降雨量与月径流量之间的相关关系较差，主要是因为一是枯水月份降雨量不大，月径流量主要受月蒸发量和流域蓄水量变化影响，有时月径流量大于月降水量，此时月径流量与月降水量在成因上的联系较弱；二是月降水量与月径流量在时间上不对应，如降雨在本月末而径流量的大部分在下月初形成，则使相关点据散乱。

4. 注意事项

利用参证变量延长设计断面的年径流系列时，应特别注意下列问题：一是尽量避免远距离测验资料的辗转相关。二是系列外延的幅度不宜过大，一般以控制在不超过实测系列的 50% 为宜。

在部分中小设计流域内，有时只有零星的径流观测资料，且无法延长其系列，甚至完全没有径流观测资料，则只能利用一些间接的方法，对其设计径流量进行估算。采用这类方法的前提是设计流域所在的区域内，有水文特征值的综合分析成果，或在水文相似区内有径流系列较长的参证站可供利用。

4.2.5　缺乏实测径流资料时设计年径流量的估算

在中小流域规划时，经常会遇到只有两三年资料，或完全没有资料的情况，此时可用间接方法推求设计年径流量及月分配。

1. 参数等值线图法

影响流域多年平均径流量的主要因素是年降水量及年蒸发量，它们具有地理分布规律。流域下垫面因素（如流域面积大小等）对多年平均径流量亦有影响，这是非分区因素。为消除此项因素的影响，将流域多年平均年径流量除以流域面积，即用径流深表示。将有资料流域的多年径流深，点绘在流域面积的形心处（山区点绘在流域平均高程处），根据许多测站的多年平均年径流深，即可绘制等值线图。

我国已绘制了全国和分省（区）的水文特征值等值线图和表，其中年径流深等值线图及 C_v 等值线图，可供中小流域设计年径流量估算时直接采用。

（1）年径流均值的估算

利用等值线图推求无资料流域的多年平均年径流深时，须首先在图上画出流域范围，定出流域形心。在流域面积较小，流域等值线分布均匀的情况下，可由通过流域形心的等值线确定该流域多年平均年径流深，或根据形心附近的两条等值线，按比例内插求得，如流域面积较大，或等值线分布不均匀时，可用等值线间的面积加权计算流域平均年径流深，如图 4-4 所示。计算公式为

$$R = \frac{\sum\limits_{i=1}^{n} R_i A_i}{\sum\limits_{i=1}^{n} A_i} \qquad (4-2)$$

式中　R_i——分块面积的平均径流深，mm；

A_i——分块面积，km^2；

R——流域平均径流深,mm。

其中,流域顶端的分块,可能会在流域以外的一条等值线之间,如图4-4所示R_nA_n。

在小流域中,流域内通过的等值线很少,甚至没有一条等值线通过,可按通过流域重心的直线距离比例内插法,计算流域平均径流深,如图4-5所示。

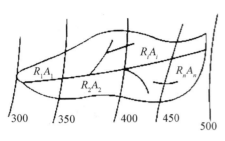

图4-4 面积加权法求流域平均径流深　　图4-5 直线内插法求流域平均径流深

根据年径流深均值等值线图,可以查得设计流域年径流深的均值,然后乘以流域面积,即得设计流域的年径流量。具体关系如下:

$$W = KRA \qquad (4-3)$$

式中　W——年径流量,m³

R——年径流深,mm;

A——流域面积,km²;

K——单位换算系数,采用上述各单位时,$K = 1\,000$。

(2)年径流C_v值的估算

年径流深的C_v值,也有等值线图可供查算,方法与年径流均值估算方法类似,但较为简单,即按比例内插出流域重心的C_v值就可以了。

(3)年径流C_s值的估算

年径流的C_s值,一般采用C_v的倍比。按照规范规定,一般可采用$C_s = (2 \sim 3)C_v$。

在确定了年径流的均值、C_v、C_s后,便可借助于查用P-Ⅲ型频率曲线表,绘制出年径流的频率曲线,确定设计频率的年径流值。

2. 经验公式法

年径流的地区综合,也常以经验公式表示。这类公式主要是与年径流影响因素建立关系。例如,多年径流均值的经验公式有如下类型:

$$\overline{Q} = b_1 A n_1 \qquad (4-4)$$

或

$$\overline{Q} = b_2 A n_2 \overline{P}^m \qquad (4-5)$$

式中　$\overline{Q}$——多年平均流量,m³/s;

A——流域面积,km²;

$\overline{P}$——多年平均降水量,mm;

b_1,b_2,n_1,n_2,m——参数,通过实测资料分析确定,或按已有分析成果采用。

不同设计频率的年平均流量Q_p,也可以建立类似的关系,只是其参数的定量亦各有不同。这类方法的精度,一般较等值线图法低。但在进行流域初步规划,需要快速估算流域的地表水资源量及水力蕴藏量时,有实用价值。

　　3. 水文比拟法

　　水文比拟法是无资料流域移置(经过修正)水文相似区内相似流域的实测水文特征的常用方法,因此,关键问题是选取恰当的参证流域。选取参证站时,首先考虑是否气候一致,从降雨量历年资料看其是否同步,蒸发情况是否近似,历史上旱涝灾情是否大致相同,等等。其次,通过流域查勘及有关地理、地质资料,论证下垫面情况的相似性,流域面积不要相差太大,最好不超过 15%,参证站需要有较长期的实测径流资料,适用于年径流的分析估算。

　　常用年径流移置的公式形式如下:

$$\overline{Q} = K_1 K_2 \overline{Q_c} \tag{4-6}$$

式中　$\overline{Q}$, $\overline{Q_c}$——设计流域和参证流域的多年平均流量,m^3/s;

　　　　K_1, K_2——流域面积和年降水量的修正系数,$K_1 = A/A_c$, $K_2 = \overline{P}/\overline{P_c}$;

　　　　A, A_c——设计流域和参证流域的流域面积,km^2;

　　　　$\overline{P}$, $\overline{P_c}$——设计流域和参证流域的多年平均降水量,mm。

　　年径流的 C_v 值可以直接采用,一般无须进行修正,并取用 $C_s = (2 \sim 3)C_v$。

　　如果参证站已有年径流分析成果,也可以用下列公式,将参证站的设计年径流直接移用于设计流域。

$$\overline{Q_p} = K_1 K_2 Q_{p,c} \tag{4-7}$$

式中,下标 p 代表频率,其他符号的意义同前。

4.3　设计年径流量的年内分配

4.3.1　设计年径流时程分配

　　河川年径流的时程分配,一般按其各月的径流分配比来表示。年径流的时程分配与工程规模和水资源利用程度关系很大。对于无径流调节设施的灌溉工程,完全利用天然河川径流,主要依赖灌溉期径流的大小,决定对水资源的利用程度。灌溉期径流比重较大的河流,径流利用程度比较高,反之较低。

　　对水库蓄水工程来说,非汛期径流比重越小,所需的调节库容越大;反之则小。如图 4-6 所示,设来水量相同,汛期与非汛期的来水比例不同,但需水过程相同。图 4-6(a)中枯季径流较小,为满足需水要求,所需调节库容 V_1 较大;图 4-6(b)中枯季径流较大,所需调节库容 V_2 较小。

　　因此,当设计年径流量确定以后,还须根据工程的目的与要求,提供与之配套的设计年径流时程分配成果,以满足工程规划设计的需要。但是径流年内分配的随机性很强,即使年径流总量相同或接近时,其在年内按月分配的过程,也可能有很大的差异。

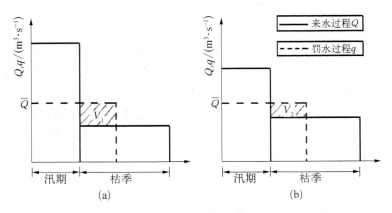

图 4-6　径流年内分配对调节库容的影响示意图

表示径流年内分配有两种方式：一是流量（或水位）过程线，即一年内径流随时间的变化过程，通常以逐月平均流量（或水位）或逐日平均流量（或水位）表示，这是表示径流年内分配的主要形式。二是流量（或水位）历时曲线，是将年内逐日平均流量（或水位）按递减次序排列而成，横坐标常用百分数表示，是表示径流年内分配的特殊形式。

根据实测径流资料情况和工程性质，常用设计代表年法、实际代表年法、虚拟年法、全系列法、水文比拟法等方法来确定一个合理的设计年径流分配过程。

4.3.2　设计代表年法

设计代表年法的实质是在长系列径流资料中选择一个典型的年内分配过程，并按此典型计算设计年径流量的年内分配。

1. 代表年（典型年）的选择

从实测径流资料中选择某一年（称为典型年）的年内分配作为典型，其选择原则有二：

（1）选取年径流量与设计值相接近的实际年份作为典型；

（2）选取对工程较为不利的年份作为典型。

2. 设计年径流年内分配的计算

将设计年径流量按典型年的月径流过程进行分配。常用的是同倍比法。即先求设计年径流量（$Q_{年设}$ 或 $W_{年设}$）与典型年的年径流量（$Q_{年典}$ 或 $W_{年典}$）的比值：

$$K = Q_{年设}/Q_{年典} \qquad\qquad (4-8a)$$

或
$$K = W_{年设}/W_{年典} \qquad\qquad (4-8b)$$

而后以 K 分别乘典型年各月的径流量，就得到设计年径流的年内分配。

设计代表年法常用于水电工程，而较少用于灌溉工程。这是因为灌溉用水与气象资料有关，作物需水量大小，取决于当年蒸发情况。所以灌溉工程选出典型年（选择原则与设计代表年法的相同）后，直接用其年径流量和年内分配作为设计年径流量与年内分配。

4.3.3　虚拟年法

在水资源利用规划阶段，有时并不针对某项具体工程的具体标准，而只作水资源利用的宏观分析或评估，则年径流的时程分配可采用一种多年平均情况，即年和各月的径流均采用多年平均值,并列出丰、平、枯三种代表年的年径流及按月时程分配。这种年径流的时程分配形式,不是来自某些代表年份,而是代表多年的统计特征,是一种虚拟的年份,故称虚拟年法。

4.3.4 全系列法

评价一项水资源利用工程的性能和效益,最严密的办法是将全部年、月径流资料,按工程运行设计进行全面的操作运算,以检验有多少年份设计任务不遭到破坏,从而较准确地评定出工程的保证率或破坏率。显然,这种方法较之上述两种方法更为客观和完善。

4.3.5 水文比拟法

对缺乏实测径流资料的设计流域,其设计年径流的时程分配,主要采用水文比拟法推求,即将水文相似区内参证站各种代表年的径流分配过程,经修正后移用于设计流域。先求出参证站各月的径流分配比 α_i,乘以设计站的年径流,即得设计年径流的时程分配。月径流分配比按下式推求:

$$\alpha_i = y_i / Y \qquad\qquad (4-9)$$

式中　α_i——参证站第 i 月的径流分配比,%;

　　　y_i——参证站第 i 月的径流量,m³;

　　　Y——参证站年径流量,m³。

[例 4-2] 根据某测站 18 年年平均流量资料推求出 $P=90\%$ 的设计年平均流量为 6.82 m³/s,试求其以月平均流量表示的年内分配(按水文年)。

(1) 在实测资料中选出与设计年平均流量相近的 1959—1960 年、1964—1965 年、1971—1972 年 3 年作为代表年选择的对象,见表 4-2 所示,它们的年平均流量分别为 7.77 m³/s、7.87 m³/s 和 7.24 m³/s。

表 4-2　　　　　　　　　某站实测历年逐月平均流量摘录　　　　　　　　　单位:m³/s

年　度	月　份												年平均流量
	3	4	5	6	7	8	9	10	11	12	1	2	
⋮	⋮	⋮	⋮	⋮	⋮	⋮	⋮	⋮	⋮	⋮	⋮	⋮	⋮
1959—1960	7.25	8.69	16.3	26.1	7.15	7.50	6.81	1.86	2.67	2.73	4.20	2.03	7.77
⋮	⋮	⋮	⋮	⋮	⋮	⋮	⋮	⋮	⋮	⋮	⋮	⋮	⋮
1964—1965	9.91	12.5	12.9	34.6	6.90	5.55	2.00	3.27	1.62	1.17	0.99	3.06	7.87
⋮	⋮	⋮	⋮	⋮	⋮	⋮	⋮	⋮	⋮	⋮	⋮	⋮	⋮
1971—1972	5.08	6.10	24.3	22.8	3.40	3.45	4.92	2.79	1.76	1.30	2.23	8.76	7.27

(2) 对 3 个年份进行分析比较后,认为 1964—1965 年选为代表年比较合适,理由是:

① 虽然 3 个年份的年平均流量都与设计年径流量比较接近,但 1964—1965 年的径流年内分配更不均匀,六月份的月平均流量达 34.6 m³/s,而一月份只有 0.99 m³/s,这种年内分配与用水矛盾更为突出。

② 3 个年份中,各月平均流量小于年平均流量之半的分别为 4 个月、6 个月、6 个月,说明 1964—1965 年的枯水期较长。

③ 1964—1965 年的枯水期是连续 6 个月,且水量小,而 1971—1972 年的枯水期不连续,且来水量比较大。

（3）计算缩放倍比 α_i:

$$\alpha_i = 6.82/7.87 = 0.867$$

（4）将代表年的各月平均流量乘以 α_i,即得设计年内各月的平均流量,其计算结果列于表 4-3 中。

表 4-3　　　　　　　设计枯水年径流年内分配计算　　　　　　单位: m³/s

年　度	月　份												年平均流量
	3	4	5	6	7	8	9	10	11	12	1	2	
代表年	9.91	12.5	12.9	34.6	6.90	5.55	2.00	3.27	1.62	1.17	0.99	3.06	7.87
设计年	8.59	10.84	11.18	30.00	5.98	4.81	1.73	2.84	1.40	1.01	0.86	2.65	6.82

4.4　设计枯水流量及径流

枯水流量亦称最小流量,是指在给定时段内,通过河流某一指定断面枯水量的大小,是河川径流的一种特殊形态。枯水流量往往制约着城市的发展规模、工农业生产的发展、人们的日常生活、农田灌溉面积、河流通航的容量和时间等等,例如对于以地表水为水源的取水工程设计,特别是对于无调节而直接从河流取水的工程设计,其设计最低水位及相应的设计最小流量的确定,直接关系到取水口设置的高低和引水流量的大小。

按设计时段的长短,枯水流量又可分为瞬时、日、旬、月等最小流量,其中又以日、旬、月最小流量对水资源利用工程的规划设计关系最大。时段枯水流量与时段径流量在分析方法上没有本质区别,主要在选样方法上有所不同。

时段径流在时序上往往是固定的,而枯水流量则在一年中选其最小值,在时序上是变动的。此外,在一些具体环节上也有一些差异。

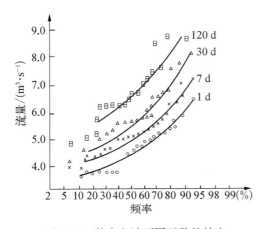

图 4-7　某水文站不同天数的枯水流量频率曲线

4.4.1　有实测水文资料时的枯水流量计算

当设计代表站有长系列实测径流资料时,可按年最小选样原则选取一年中最小的时段径流量,组成样本系列。

枯水流量常采用不足概率 q,即以小于和等于该径流的概率来表示,它和年最大选样的概率 P 有 $q = 1 - P$ 的关系。因此在系列排队时按由小到大排列。除此之外,年枯水流量频率曲线的绘制与时段径流频率曲线的绘制基本相同,也常采用 P-Ⅲ型频率曲线适线。图 4-7 为某水文站不同天数的枯水流量频率曲线的示例。

年枯水流量频率曲线,在某些河流上,特别是在干旱半干旱地区的中小河流上，还会出现时段径流量为零的现象，可用下面一种简易的实用方法来处理。

设系列的全部项数为 n，其中非零项数为 k，零值项数为 $n-k$。首先把 k 项非零资料视作一个独立系列，按一般方法求出其频率曲线。然后通过下列转换，即可求得全部系列的频率曲线。其转换关系为

$$P_设 = \frac{k}{n}P_非 \tag{4-10}$$

式中　$P_设$——全系列的设计频率；

　　　$P_非$——非零系列的相应频率。

4.4.2　短缺水文资料时的枯水流量估算

当设计断面短缺径流资料时，设计枯水流量主要借助于参证站延长系列或成果移置，与本章 4.3 节所述方法基本相同。但枯水流量较之固定时段的径流，其时程变化更为稳定。因此，在与参证站建立径流相关时，效果会好一些。

在设计站完全没有径流资料的情况下还可以临时进行资料的补充收集工作，以应需要。

（1）资料的移用

设计站若无可以利用的实测资料，而附近有观测资料较长的参证站，通常需要在枯水流量稳定的季节对设计站与参证站作同时观测，推导出经验系数，由参证站枯水流量均值推算设计站均值。若在设计站的上、下游都有水文测站，则可用枯水流量与河段长度或流域面积关系移用枯水流量均值；对于 C_v 可分析其地区分布规律，若该地区的 C_v 值变化小于 20%，则可采用上下游站的平均变差系数。至于偏态系数 C_s，一般由上下游站的实测资料确定其 C_s 与 C_v 的倍比加以移用。

（2）地区经验公式

要建立地区的枯水流量经验公式，用于缺少资料地区的规划设计，必须分析确定大面积的水文气象和水文地质的一致性。枯水径流的一致区主要取决于水文地质条件，其次是气象条件。采用一致区内的资料建立地区经验公式，一般类型如下：

$$Q = CA^n$$
$$Q = CA^n h^m \tag{4-11}$$

式中　Q——给定时段某一频率下的枯水流量，m^3/s；

　　　A——流域面积，km^2；

　　　h——多年平均降水量，mm；

　　　C, n, m——地区参数。

4.5　设　计　洪　水

当流域内降落暴雨或冰雪速融，大量的径流急速汇入河流，致使江河流量激增，水位猛涨，河槽水流成波状下泄，这种径流成为洪水。一次洪水过程可用 3 个控制性要素加以描述，常称为洪水三要素，即

（1）设计洪峰流量 Q_m（m^3/s），为设计洪水过程线的最大流量。

（2）设计洪水总量 W（m^3），为设计洪水的径流总量，如图 4-8 所示，从起涨点 A 上涨，到达峰顶 B 后流量逐渐减小，到达 C 点退水结束，流量过程线 ABC 下的面积就是洪水总量 W。

（3）设计洪水过程线，洪水从 A 到 B 点的时距 t_1 为涨水历时，从 B 到 C 点的时距 t_2 为退水历时，一般情况下，$t_2 > t_1$。$T = t_1 + t_2$，称为洪水历时。

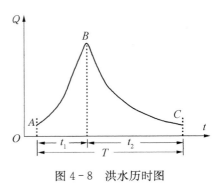

图 4-8 洪水历时图

4.5.1 设计洪水的定义

在进行水利水电工程设计时，需要确定工程为确保其自身安全而设立的泄洪建筑物尺寸（如溢洪道堰顶高程、宽度、坝顶高程等），以及按照下游防洪要求而确定防洪库容的大小。为了解决某特定目标的防洪问题，需要对有关的地点和河段，按照指定的标准，预估出未来水利工程运行期间将可能发生的洪水情势，为了建筑物本身的安全和防护区的安全，必须按照某种标准的洪水进行设计，这种作为水工建筑物设计依据的洪水称为设计洪水。设计洪水具有两个性质，一是按照什么标准作为计算的依据；二是对于这种标准如何确定洪水数值（如洪峰、洪量、洪水过程线）。标准与数据是相关联的，设计洪水的标准高，其相应的洪水数值就大，则水库规模亦大，造价亦高，但水库安全上所承担的风险就小，这是安全与经济的矛盾，如何将安全与经济协调起来，求出最优的标准和相应的洪水数据，则一直是学术界研究的热点。

对于有防洪、发电和灌溉等综合功能的大、中型水库，这些设计洪水的内容都是必不可少的。但市政工程中一般的取水工程和防洪工程的设计洪水，通常只计算洪峰流量（或洪水位）就可以满足设计的要求，因岸边式或河床式取水构筑物的顶部高程、城市排洪管渠的尺寸、流经城镇江河的堤防高程，均取决于洪峰流量的大小或洪水位的高低。

4.5.2 水工建筑物的等级和防洪标准

为防治洪水灾害，需要采取工程措施和非工程措施。工程措施即修建各种防洪工程。非工程措施是指像防洪立法，推行防洪保险等的措施。在采取防洪措施的时候，必须以一定标准的洪水作为依据，这种依据称为防洪标准。当采取一定的防洪措施时，采用的防洪标准越高，防护地区受洪水危害的风险越小，但同时采取措施的投入就越大。由此可知防洪标准取得过高和过低都是不合理的。

设计标准是一个关系到政治、经济、技术、风险和安全的极其复杂的问题，要综合分析、权衡利弊，根据国家有关规范，按照防洪工程和防护地区的重要性确定。防洪设计标准分为两类：第一类为保障防护对象免除一定洪水灾害的防洪标准；第二类为确保水库大坝等水工建筑物自身安全的防洪标准。国家根据工程效益、政治及经济各方面的综合考虑，颁布了按工程规模分类的工程等别和按建筑物划分的防洪标准，这就是国家《防洪标准》（GB 50201—94）和水利部 2000 年颁发的编号为 SL 252—2000 的《水利水电工程等级划分及洪水标准》，分别见表 4-4—表 4-6。

表 4-4 水利水电工程分等指标

工程等别	工程规模	水库总库容 /×10⁸ m³	防洪			治涝	灌溉	供水	发电
			防护城镇及工矿企业的重要性	保护农田 /×10⁴ 亩		治涝面积 /×10⁴ 亩	灌溉面积 /×10⁴ 亩	供水对象重要性	装机容量 /×10⁴ kW
I	大(1)型	≥10	特别重要	≥500		≥200	≥150	特别重要	≥120
II	大(2)型	10~1.0	重要	500~100		200~60	150~50	重要	120~30
III	中型	1.0~0.1	中等	100~30		60~15	50~5	中等	30~5
IV	小(1)型	0.1~0.01	一般	30~5		15~3	5~0.5	一般	5~1
V	小(2)型	0.01~0.001		<5		<3	<0.55		<1

注：① 水库总库容指水库最高水位以下的静库容；
② 治涝面积和灌溉面积均指设计面积；
③ 1 亩=1/15 hm²。

表 4-5 永久性水工建筑物级别

工程等级	主要建筑物	次要建筑物	工程等级	主要建筑物	次要建筑物
I	1	3	IV	4	5
II	2	3	V	5	5
III	3	4			

表 4-6 平原区水利水电工程永久性水工建筑物洪水标准　　　　　重现期/a

项 目		水工建筑物级别				
		1	2	3	4	5
水库工程	设 计	300~100	100~50	50~20	20~10	10
	校 核	2 000~1 000	1 000~300	300~100	100~50	50~20
拦河水闸	设 计	100~50	50~30	30~20	20~10	10
	校 核	300~200	200~100	100~50	50~30	30~20

1. 水工建筑物的洪水设计标准

在工程设计中，设计标准由国家制定，以设计规范给出。规划中按工程的种类、大小和重要性，将水工建筑物划分为若干等级，按不同等级给出相应的设计标准。

水工建筑物的防洪标准又可以分为设计标准（对应正常运用情况）和校核标准（对应非常运用情况）。工程遇到设计标准洪水时应能保证正常运用，遇到校核标准洪水时，主要建筑物不得发生破坏，但是允许部分次要建筑物损坏或失效。

水工建筑物的设计标准洪水都是以某一个频率的形式给出的，比如 50 年一遇洪水、百年一遇洪水等等。而校核标准洪水除以某一个频率的形式给出外，对于土石坝，一旦其失事可能使下游造成特别重大损失时，对于 I 级水工建筑物，还可能以可能最大洪水作为校核洪水（可能最大洪水是现代气候条件下可能发生的最大洪水。采用可能最大洪水作为校核标准，实际上是要求工程做到万无一失）。

建筑物的尺寸由设计洪水确定,当这种洪水发生时,建筑物应处于正常使用状态。校核洪水起校核作用,当其来临时,其主要建筑物要确保安全,但工程可处在非常情况下运行,即允许保持较高水位,电站、船闸等正常工作允许遭到破坏。

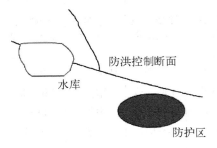

图 4-9 水库及其防护区关系图

2. 下游防护对象的防洪标准

下游防护对象的防洪标准根据防护对象的重要性选取。因为没有水库的安全,也就谈不上下游防护对象的安全,因此上述水库洪水标准一般都高于防护对象的防洪标准。水库及其防护区关系如图 4-9 所示。

需注意的是,下游防洪对象的防洪标准不应高于上游防洪工程建筑物的防洪标准,因这样规定防洪标准实际上是没有意义的(试想如上游防洪水库已失事,下游防护对象如何保证安全?)。

4.5.3 洪水资料的审查

洪水资料是进行洪水频率计算的基础,是计算成果可靠性的关键,故同年径流分析一样,要进行资料可靠性、一致性及代表性的审查。

1. 资料可靠性的审查与改正

资料的可靠性是指资料的正确与否,要从流量资料的测验方法、水位流量关系、整编精度和水量平衡等方面进行检查。主要内容包括:

(1) 测站是否变迁、水尺零点高程的变化及历年河道冲淤变化;

(2) 观测方法是否合理:大洪水、高水流量多采用浮标测流,浮标系数的大小,直接影响洪水流量精度,同时也影响高水部分水位-流量关系的精度;

(3) 洪水资料整编质量如何:水位-流量关系曲线要进行合理性检查,高水延长部分根据是否充分,选用反映历年平均情况的综合线及有代表性的大水年线是否合理等;

(4) 上下游河道是否有溃堤、改道、决口等情况。

2. 资料一致性的审查与还原

资料系列的一致性是指产生资料系列的条件要一致,就是说组成该系列的流量资料,都是在同样的气候条件、同样的下垫面条件和同一测流断面条件下获得的。因气候条件变化缓慢,故主要从人类活动影响和下垫面的改变来审查。若不能满足一致性要求,则需进行改正。

3. 资料代表性的审查与插补延长

洪水系列的代表性,是指该洪水样本的频率分布与其总体概率分布的接近程度,如接近程度较高,则系列的代表性较好,频率分析成果的精度较高,反之较低。

样本对总体代表性的高低,可通过对二者统计参数的比较加以判断。但总体分布是未知的,无法直接进行对比,人们只能根据对洪水规律的认识,与更长的相关系列对比,进行合理性分析与判断。一般要求洪水系列 $n>30$ 年,并有特大洪水加入。

(1) 从本地区洪水发生的频次及周期方面分析其代表性,这需要有长期的文献资料。例如黄河水利委员会曾对黄河中游地区洪水周期进行统计分析,得知大洪水周期为 60～80 年,次大洪水周期为 15 年左右,可见该地区洪水系列长度最好能在 60 年以上。

(2) 与邻近流域有较长洪水资料的参证站对比。例如设计站有 1968—1988 年洪水资料,与之气候地理条件相似的参证站有1926—1988年洪水资料,近似地认为此63年资料的统计参数接近总体,计算参证站长系列的$\overline{Q}_{m参}$、$C_{v参}$、$C_{s参}$,再统计参证站短系列1968—1988年$\overline{Q}'_{m参}$、$C'_{v参}$、$C'_{s参}$。如两组统计参数接近,说明参证站短系列具有代表性,由于设计站与参证站水文条件相似,洪水大致同步,因而认为设计站1968—1988年短系列具有一定程度的代表性。

（3）利用邻近流域较长期降雨资料进行对比。其比较方法同前,其雨量资料应用面雨量,而不用单站雨量。

4.5.4 推求设计洪水的途径

如前述,绝大多数情况下,设计洪水就是某一频率的洪水。故推求设计洪水一般就是推求符合设计频率的洪峰流量、洪水总量和洪水过程线。因掌握资料的情况和工程规划设计要求不同,推求设计洪水有不同途径。

当设计流域具有较长期的实测洪水资料,且具有历史洪水调查和考证资料时,可直接由流量资料推求设计洪水。

当流域具有较长期实测暴雨资料,而且有多次暴雨洪水对应观测资料,可以分析产流和汇流规律时,可由暴雨资料推求设计洪水。

小流域往往既缺乏洪水资料,又缺乏暴雨资料,此时可采用推理公式法和地区经验公式等方法推求设计洪水。

当采用可能最大洪水作为校核洪水时,需由可能最大降雨求得可能最大洪水,从而确定相应的设计洪水。

对于桥涵、堤防、调节性能小的水库,一般可只推求设计洪峰,如葛洲坝电站为低水头（设计水头$H=18.6$ m）径流式电站,调节库容（15.8亿 m³）很小,只能起抬高水头的作用,故其泄洪闸以设计洪峰流量（$Q_m=110\,000$ m³/s）控制。

对于大型水库,调节性能高,可以洪量控制,即库容大小主要由洪水总量决定。如三峡水库,拦洪库容300.2亿 m³,龙羊峡总库容247亿 m³,丹江总库容209亿 m³。一般水库都以峰和量同时控制。

4.5.5 选 样

我国河流多为一年数次洪水,一次洪水持续几天,如何在连续的洪水过程线上,择取洪峰、洪量等特征值作为统计对象,这就是选样的问题,即在现有的洪水记录中选取若干个洪峰流量或某一历时的洪量组成样本,作为频率计算的依据。对水利水电工程而言,多从安全角度出发,采用"年最大值法",即每年只选一个最大洪峰流量及某一历时的最大洪量。如洪峰流量系列,将历年内最大洪峰流量组成洪峰流量系列。洪量一般采用固定时段选取年最大值,从洪水过程中统计其洪量。洪量统计时段长度,可根据洪水过程的实际历时及水库调节能力而定。大流域,洪水历时长,水库调洪能力大或下游有错峰要求的工程,可取较长时段统计洪量,如10天、30天等。同一年内所选取的各种洪水特征值可以在同一场洪水中取,也可以在不同场洪水中选取,只需遵循"最大"的原则即可。年最大值法有着方法简单、操作容易、样本独立性好等的特点。

年最大洪峰流量可以从水文年鉴上直接查得,而年最大各历时洪量则要根据洪水水文要素摘录表的数据用梯形面积法计算,如图4-10所示。

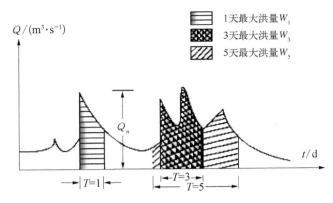

图 4 - 10   年最大洪量选样示意图

4.5.6 特大洪水

1. 什么叫特大洪水

比系列中一般洪水大得多的洪水称为特大洪水,并且通过洪水调查可以确定其量值大小及其重现期。历史上的一般洪水是没有文字记载,没有留下洪水痕迹,只有特大洪水才有文献记载和洪水痕迹可供查证,所以调查到的历史洪水一般就是特大洪水。

特大洪水可以发生在实测流量期间的 n 年之内,也可以发生在实测流量期间的 n 年之外,前者称资料内特大洪水,后者称资料外特大洪水(历史特大洪水),如图 4 - 11 和 4 - 12 所示。一般 $Q_N / \overline{Q}_n > 3$ 时,Q_N 可以考虑作为特大洪水处理。

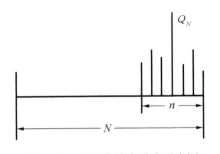

图 4 - 11   资料内特大洪水示意图

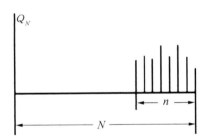

图 4 - 12   资料外特大洪水示意图
(历时特大洪水)

2. 特大洪水重现期的确定

历史洪水及实测系列中的特大洪水应在多长一段时期内排位是首先要确定的。有历史洪水情况下,一般可有三个时期:有观测资料的年份(包括插补延长得到的洪水资料)称为实测期;实测开始年份之前至能调查到的历史洪水最远年份,这一段时期称为调查期;调查期之前至有历史文献可以考证的时期称为文献考证期。

要准确地定出特大洪水的重现期是相当困难的,目前一般是根据历史洪水发生的年代来大致推估。

(1)从发生年代至今为最大

$$洪水重现期 N = 设计年份 - 发生年份 + 1$$

(2) 从调查考证的最远年份至今为最大

$$洪水重现期 N = 设计年份 - 调查考证期最远年份 + 1$$

这样确定特大洪水的重现期具有相当大的不稳定性,要准确地确定重现期就要追溯到更远的年代。但追溯的年代越久,河道情况与当前差别越大,记载越不详尽,计算精度越差,一般以明、清两代六百年为宜。

[例4-3] 确定特大洪水重现期实例。

经长江重庆—宜昌河段洪水调查,同治九年(1870年)川江发生特大洪水,沿江调查到石刻91处,推算得宜昌洪峰流量 $Q_m = 110\,000 \text{ m}^3/\text{s}$。

如此洪水为1870年以来为最大,则 $N = 1\,992 - 1\,870 + 1 = 123$(年),这么大的洪水平均123年就发生一次,可能性不大。又经调查,忠县东云乡长江岸石壁有两处宋代石刻,记述"绍兴二十三年癸酉六月二十六日水泛涨。"这是长江干流上发现最早的洪水题刻。据洪痕实测,忠县洪峰水位为155.6 m。又据历史洪水调查,宜昌站洪峰水位为58.06 m,推算流量为92\,800 m³/s,3天洪量为232.7亿 m³。宋绍兴二十三年即1153年,该次洪水,也小于1870年洪水,可以肯定自1153年以来1870年洪水为最大,故1870年洪水的重现期为:$N = 1\,992 - 1\,153 + 1 = 840$(年)。

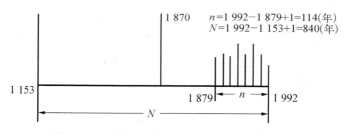

图4-13　估计三峡1870年洪水重现期示意图

3. 为什么要考虑特大洪水

洪水变量(如洪峰流量、洪水总量)的变化幅度远比年径流为大,使得我们掌握的洪水变量系列中可能出现一些特大值。或者说洪水变量系列可能是不连序的(指序号上的不连续)。比如,在几十年实测洪水资料中有几个特大值,而这几个特大值的重现期并不是几十年,而是几百年或者更长时间。又如,通过历史洪水调查,确定了历史上曾经发生过的,重现期是几百年或更长时间的特大洪水。以上情况下并不掌握介于特大洪水和实测一般洪水之间的洪水变量,需进行特大洪水处理。

目前我们所掌握的样本系列不长,系列越短,抽样误差越大,若用于推求千年一遇、万年一遇的稀遇洪水,根据就很不足。如果能调查到 N 年($N \gg n$)中的特大洪水,就相当于把 n 年资料展延到了 N 年,提高了系列的代表性,使计算成果更加合理、准确,等于在频率曲线的上端增加了一个控制点。

[例4-4] 1955年规划河北省滹沱河黄壁庄水库时,按当时具有的1919—1955年期间20年实测洪水资料推求千年一遇设计洪峰流量 $Q_m = 7\,500 \text{ m}^3/\text{s}$。1956年,发生了一次洪峰流量为13\,100 m³/s的特大洪水,显然原设计成果值得怀疑。将1956年特大洪水直接加入实测系列组成21年的样本资料,对此样本直接进行频率计算也是不合适的,而应结合历史洪水调查,对特大洪水进行处理,提高样本的代表性,使得成果稳定、可靠。后在滹沱河

调查到 1794 年、1853 年、1917 年和 1939 年 4 次特大洪水,再将 1956 年洪水和历史调查洪水作为特大值处理,得千年一遇设计洪峰 $Q_m = 22\,600\,\text{m}^3/\text{s}$,比原设计值大 80%,1963 年,又发生了一次大洪水,洪峰流量为 $12\,000\,\text{m}^3/\text{s}$,若将其作为特大洪水也加入样本,得千年一遇设计洪峰流量 $Q_m = 23\,500\,\text{m}^3/\text{s}$。这次计算的洪峰流量只变化了 4%,显然设计值已趋于稳定。由此可看出特大洪水处理的重要性。

4.5.7 不连续系列经验频率和统计参数的计算

1. 洪水经验频率的估算

特大洪水加入系列后成为不连续系列,即由大到小排位序号不连续,其中一部分属于漏缺项位,其经验频率和统计参数计算与连续系列不同。这样,就要研究有特大洪水时的频率计算方法,称为特大洪水处理。

考虑特大洪水时经验频率的计算基本上是采用将特大洪水的经验频率与一般洪水的经验频率分别计算的方法。设调查及实测(包括空位)的总年数为 N 年,连续实测期为 n 年,共有 a 次特大洪水,其中有 l 次发生在实测期,$(a-l)$ 次是历史特大洪水。目前国内有两种计算特大洪水与一般洪水经验频率的方法。

(1)独立样本法

此法是把包括历史洪水的长系列(N 年)和实测的短系列(n 年)看作是从总体中随机抽取的两个独立样本,各项洪峰值可在各自所在系列中排位。因为两个样本来自同一总体,符合同一概率分布,故适线时仍可把经验频率绘在一起,共同适线。

一般洪水的经验频率为

$$P_m = \frac{m}{n+1} \quad (m = l+1,\, l+2,\, \cdots,\, n) \qquad (4-12)$$

式中　P_m——等于或大于某一 Q_m 值的经验频率;

　　　m——由大到小排位的顺序号;

　　　n—系列的总年数。

特大洪水的经验频率为

$$P_M = \frac{M}{N+1} \quad (M = 1,\, 2,\, \cdots,\, a) \qquad (4-13)$$

式中　P_M——等于或大于某一特定洪水 Q_m 值的经验频率;

　　　M——特大洪水系列,由大到小的排位序号;

　　　N——调查考证期的最近年份迄今的年数。

由于此法不考虑两样本之间的关系,是分别排位的,有可能出现历史洪水的后几项与实测洪水的前几项重叠现象。此时,可将实测系列的前几项除保留其在实测系列中位置外,另按特大洪水重现期顺位排于 a 个特大洪水之后,实际上是把实测系列的前几项也作特大值处理。

(2)统一样本法

将实测一般洪水系列与特大值系列共同组成一个不连序系列作为代表总体的样本,不连序系列的各项可在调查期限 N 年内统一排位。特大洪水的经验频率为

$$P_M = \frac{M}{N+1} \quad (M = 1, 2, \cdots, a) \tag{4-14}$$

实测系列中其余的 $n-1$ 项,假定均匀地分布在第 a 项频率 $P_{M,a}$ 以外的范围,即 $1-P_{M,a}$,如图 4-14 所示。一般洪水的经验频率为

$$P_m = P_{M,a} + (1 - P_{M,a}) \frac{m-l}{n-l+1}$$
$$(m = l+1, l+2, \cdots, n) \tag{4-15}$$

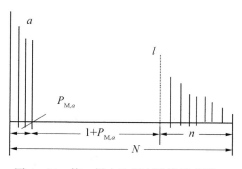

图 4-14 统一样本法频率计算示意图

式中 $P_{M,a}$——N 年中末位特大洪水的经验频率,
$$P_{M,a} = a/(N+1);$$

$1-P_{M,a}$——N 年中一般洪水(包括空位)的
总频率;

$(m-l)/(n-l+1)$——实测期一般洪水在 n 年(去了 l 项)内排位的频率。

上述两种方法,我国目前都在使用。一般说,独立样本法把特大洪水与实测一般洪水视为相互独立的,这在理论上有些不合理,但比较简便,在特大洪水排位可能有错漏时,因不相互影响,这方面讲则是比较合适的。当特大洪水排位比较准确时,理论上说,用统一样本法更好一些。

[例 4-5]   某河水文站按年最大值法选样,得 1961—2000 年连续实测最大流量,其流量总和 $\sum\limits_{i=1}^{40} Q_i = 9\,700\,\mathrm{m^3/s}$。其中 1962 年特大洪峰流量 $Q_{1962} = 1160\,\mathrm{m^3/s}$。又经过文献考证与调查获得历史上特大洪峰流量有:1867 年为 $Q_{1867} = 1\,400\,\mathrm{m^3/s}$,1903 年为 $Q_{1903} = 2\,100\,\mathrm{m^3/s}$,1927 年为 $Q_{1927} = 1\,100\,\mathrm{m^3/s}$。求解:(1)各特大值的经验频率;(2)计算连序实测资料中次大洪峰流量的经验频率;(3)此系列的平均值。

(1)按式(4-11)计算不连序系列首项的重现期:

$$N = T_2 - T_1 + 1 = 2\,000 - 1\,867 + 1 = 134$$

按式(4-10)计算各特大值的经验频率:

首项 $P_{1903} = \dfrac{M}{N+1} = \dfrac{1}{134+1} = 0.74\%$

第二项 $P_{1867} = \dfrac{M}{N+1} = \dfrac{2}{134+1} = 1.48\%$

第三项 $P_{1962} = \dfrac{M}{N+1} = \dfrac{3}{134+1} = 2.22\%$

第四项 $P_{1927} = \dfrac{M}{N+1} = \dfrac{4}{134+1} = 2.96\%$

(2)独立样本法。用式(4-12)计算连续实测资料中次大洪峰流量的经验频率:

$$P_m = \frac{m}{n+1} = \frac{2}{40+1} = 4.88\%$$

(3)统一样本法。用式(4-13)计算连续实测资料中次大洪峰流量的经验频率:

$$P_m = \frac{a}{N+1} + \left(1 - \frac{a}{N+1}\right)\frac{m-1}{n-l+1}$$

$$= \frac{4}{134+1} + \left(1 - \frac{4}{134+1}\right) \times \frac{2-1}{40-l+1} = 3.03\%$$

此题运用两种方法计算出来的 P_m 值是不同的。

（4）平均值：

$$\overline{Q}_N = \frac{1}{N}\left(\sum_{j=1}^n Q_{N_j} + \frac{N-a}{n-l}\sum_{i=l+1}^n Q_i\right)$$

$$= \frac{1}{134}\left[2\,100 + 1\,400 + 1\,160 + 1\,100 + \frac{130}{39} \times (9\,700 - 1\,160)\right]$$

$$= 25.42 \text{ m}^3/\text{s}$$

2. 考虑特大洪水时统计参数的确定

皮尔逊 Ⅲ 型曲线用均值 $\overline{Q}_m(\overline{W}_m)$、变差系数 C_v、偏态系数 C_s 三个统计参数表示，$\overline{Q}_m(\overline{W}_m)$ 表示洪峰（量）的平均水平；C_v 反映洪水年际变化剧烈程度；C_s 表示年际变化的不对称程度。在频率分析中，考虑特大洪水时统计参数的确定仍采用配线法，参数估计的任务既要估计频率曲线的统计参数，又要检验线形是否合适。若配合不好，应适当调整参数值，直到曲线与经验点据配合较好为止。

由于加入了历史洪水和实测洪水的特大值，洪峰系列就属于不连续系列，其统计参数的计算与连续系列的计算公式有所不同。如果在迄今的 N 年中已查明有 a 个特大洪水，其中有 1 个发生在 n 年实测系列之中，假定 $(n-1)$ 年系列的均值和均方差与扣除特大洪水后的 $(N-a)$ 年系列相等，即：$\overline{X}_{n-l} = \overline{X}_{N-a}$，$s_{n-l} = s_{N-a}$，可推导出统计参数的计算公式如下：

$$\overline{x} = \frac{1}{N}\left(\sum_{j=1}^a x_{Nj} + \frac{N-a}{n-l}\sum_{i=l+1}^n x_i\right) \tag{4-16}$$

$$C_v = \frac{1}{\overline{x}}\sqrt{\frac{1}{N-1}\left[\sum_{j=1}^a (x_{Nj}-\overline{x})^2 + \frac{N-a}{n-l}\sum_{i=l+1}^n (x_i-\overline{x})\right]} \tag{4-17}$$

式中　x_{Nj}——特大洪水值；

　　　x_i——实测洪水值；

　　　$\overline{x}$，C_v——N 年不连续系列的均值和变差系数。

[例 4-6]　某水库坝址处具有 1968—1995 年共 28 年实测洪峰流量资料，通过历史洪水调查得知，1925 年发生过一次大洪水，坝址洪峰流量 6 100 m³/s，实测系列中 1991 年为自 1925 年以来的第二大洪水，洪峰流量 4 900 m³/s。试用三点法推求坝址千年一遇设计洪峰流量。

（1）按独立样本法计算经验频率，如表 4-6 所示。历史调查洪水的重现期为 $N = 1995 - 1925 + 1 = 71$ 年，实测洪水样本容量 $n = 1995 - 1968 + 1 = 28$ 年。

（2）在经验频率曲线上依次读出 $P=5\%$、$P=50\%$ 和 $P=95\%$ 三点的纵标：

$$Q_{5\%} = 3\,900, Q_{50\%} = 850, Q_{95\%} = 100$$

表 4 - 7　　　　　　　　　　　某水库坝址洪峰流量频率计算表

序号		洪峰流量	P		序号		洪峰流量	P	
M	m	/(m³·s⁻¹)	P_M	P_m	M	m	/(m³·s⁻¹)	P_M	P_m
I		6 100	1.39%		15		860		51.39%
II		4 900	2.78%		16		670		54.86%
	2	3 400		6.25%	17		600		58.33%
	3	2 880		9.72%	18		553		61.81%
	4	2 200		13.20%	19		512		65.28%
	5	2 100		16.67%	20		500		68.75%
	6	1 930		20.14%	21		400		72.22%
	7	1 840		23.61%	22		380		75.70%
	8	1 650		27.09%	23		356		79.17%
	9	1 560		30.56%	24		322		82.64%
	10	1 400		34.03%	25		280		86.11%
	11	1 230		37.50%	26		255		89.58%
	12	1 210		40.97%	27		105		93.06%
	13	920		44.45%	28		91		96.53%
	14	900		47.92%					

计算 $S = (3\,900 + 100 - 2 \times 850)/(3\,900 - 100) = 0.605$，查 $S = f(C_s)$ 关系表得 $C_s = 2.15$。由 C_s 查离均系数 Φ 值表得：$\Phi_{5\%} = 2.0$，$\Phi_{50\%} = -0.325$，$\Phi_{95\%} = -0.897$。计算得 $\sigma = 1\,312$ m³/s，$\overline{Q} = 1\,275$ m³/s，$C_v = 1.03$。

（3）经多次配线，最后取 $\overline{Q} = 1\,275$ m³/s，$C_v = 1.05$，$C_s = 2.5C_v$ 配线结果较好，故采用之，如图 4 - 15 中实线所示。

（4）计算千年一遇设计洪峰流量为

$$Q_{p=0.1\%} = \overline{Q}(C_v\Phi + 1) = 1\,275 \times (1.05 \times 6.7 + 1) = 10\,245 \text{ m}^3/\text{s}$$

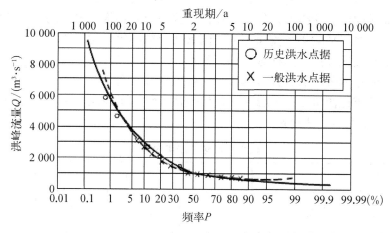

图 4 - 15　某坝址年最大洪峰流量频率曲线

4.5.8　计算成果的合理性分析

洪水系列的原始资料误差、抽样误差以及计算过程的误差,均可以反映在设计洪峰及洪量上,如能利用有关洪水的更多信息,对统计参数及设计峰、量值进行对比分析,有助于提高成果的合理性和可靠性。所谓成果的合理性分析,就是利用这些参数之间的相互关系和地理分布规律,对各单站单一项目的频率计算成果进行对比分析,以期发现错误和减少因系列过短带来的误差。目前的检查途径有以下几种:

(1)本站洪峰流量及各时段洪量的频率分析成果对比分析。以洪峰、洪量的统计参数或设计值为纵坐标,以时段长度 T 为横坐标,点绘关系图。检查洪峰及不同时段洪量随时段长度 T 变化的趋势是否合理。洪量的均值及设计值随时段长度 T 的增加而逐渐增大,时段平均流量的均值则随 T 的增长而逐渐减小。洪量的 C_v 值一般随 T 的增长而减小,但连续暴雨形成的多峰型洪水,各时段洪量的 C_v 值也有随 T 的增长反而增大的现象。

(2)与上、下游洪水频率计算成果比较。当河流上下游气候、地形差异不大时,洪峰及洪量的均值应自上游向下游递增,C_v 值自上游向下游递减;当上下游气候、地形条件不一致时,则洪峰及洪量的统计参数变化就比较复杂,需具体分析其统计参数变化规律。

(3)与邻近地区河流的设计洪水分析成果比较,为消除流域面积的影响,常以洪峰、洪量模数检查它们在地区分布上是否合理。

(4)千年、万年一遇洪水最好与国内外相应面积大洪水记录进行比较,如低于其下限很多或超过其上限很多,应深入分析其原因。

(5)与由暴雨途径推求的设计洪水相比较。一般洪量的 C_v 要大于相应天数暴雨的 C_v,因为洪量除受暴雨影响之外,还要受下垫面土壤含水量的影响,所以 C_v 要大些。

总之,尽可能地利用水文及地理方面的规律,对设计洪水成果进行分析检查,如发现不合理之处,则需要寻找原因加以修正。

复习题

1.年径流分析与计算包括哪些主要内容?工程上有何用途?

2.径流资料的一致性指的是什么?如何进行分项还原计算?

3.径流资料的代表性指的是什么?如何检验一个 n 年样本系列的代表性?

4.如何根据多年平均年径流深等值线图求某流域的年平均径流量?

5.什么是水文比拟法?怎样选择参证站?

6.表示径流年内分配的方式有哪几种?各表示什么内容?

7.已知设计年径流量 $Q_P = 12 \text{ m}^3/\text{s}$,代表枯水年的年径流量年内分配如表 4-8 所示,试确定设计年径流量的年内分配。

表 4-8　　　　　代表枯水年径流年内分配

月份	1	2	3	4	5	6	7	8	9	10	11	12	年平均
月平均流量 /(m³·s⁻¹)	5.3	5.0	5.4	8.4	12.8	19.7	23.4	17.8	13.5	7.9	6.2	5.1	10.9

8.缺乏实测资料时,怎样推求设计年径流量?

9. 为什么年径流的 C_v 值可以绘制等值线图？从图上查出小流域的 C_v 值一般较其实际值偏大还是偏小？为什么？

10. 枯水流量与年径流量在频率计算上有何异同？

11. 简述影响枯水径流的主要因素。

12. 枯水径流的历时如何确定？枯水径流的经验频率如何计算？

13. 试述选择枯水径流参证站的原则。

14. 缺乏资料地区枯水径流估算的方法有哪些？

15. 什么是洪水三要素，洪水分析计算的主要任务是什么？

16. 什么是防洪标准，我国现行的防洪标准怎样？

17. 推求设计洪水有哪几种基本途径？

18. 什么是特大洪水处理？

19. 试简述连序系列与不连序系列的概念及其组成。

20. 按年最大值法选样，得 1960—1980 年连续实测最大流量，全部流量总和 $\sum Q_j = 4\,800\ \mathrm{m^3/s}$，其中 1976 年特大流量 $Q_{1976} = 1\,200\ \mathrm{m^3/s}$。此外，又于文献中查得历史特大洪峰流量：1880 年为 $Q_{1880} = 1\,000\ \mathrm{m^3/s}$，1890 年为 $Q_{1890} = 1\,100\ \mathrm{m^3/s}$，试求：

（1）各特大值重现期 $T(Q_{1976})$，$T(Q_{1880})$，$T(Q_{1890})$；

（2）连续观测资料中次大洪峰流量的重现期。

21. 已知某站 1959—1978 年实测洪峰流量资料（表 4-9），另经历史洪水调查，得 1887 年和 1933 年历史洪峰流量分别为 $Q_{1887} = 4\,100\ \mathrm{m^3/s}$，$Q_{1933} = 3\,400\ \mathrm{m^3/s}$，试按此样本系列推算 $P = 1\%$ 的设计洪峰流量 $Q_{1\%}$。

表 4-9　　　　　　　　　某站 1959—1978 年实测洪峰流量

年份	流量/$(\mathrm{m^3 \cdot s^{-1}})$	年份	流量/$(\mathrm{m^3 \cdot s^{-1}})$	年份	流量/$(\mathrm{m^3 \cdot s^{-1}})$	年份	流量/$(\mathrm{m^3 \cdot s^{-1}})$
1959	1 820	1964	1 400	1969	720	1974	1 500
1960	1 310	1965	996	1970	1 360	1975	2 300
1961	996	1966	1 170	1971	2 380	1976	5 600
1962	1 090	1967	2 900	1972	1 450	1977	2 900
1963	2 100	1968	1 260	1973	1 210	1978	1 390

降水资料的收集与整理

5.1 降　水

降水(precipitation)是一种大气中的水汽凝结后以液态水或固态水降落到地面的现象。它是自然界水循环过程中最为活跃的因子,又是水量平衡方程式的基本组成部分,是地表水资源的收入项。从闭合流域多年平均水量平衡方程式:降水(P)=径流(R)+蒸发(E)可知,降水是河川径流的本源。降水的时空变化,必然深刻地影响河川径流情势,以及雨水的排除系统,所以在给水排水专业的研究与实际工作中,十分重视降水的分析计算。

5.1.1 降水的形成

形成降水,尤其比较大的暴雨,必须具备二个条件:一是大量的暖湿空气源源不断地输入雨区;二是这里存在使地面空气强烈上升的机制,如暴雨天气系统,使暖湿空气迅速抬升,上升的空气因膨胀做功消耗内能而冷却,当温度低于露点后,水汽凝结为愈来愈大的云滴,上升气流不能浮托时,便造成降水。即

$$地面暖湿空气 \rightarrow 抬升冷却 \rightarrow 凝结为大量的云滴 \rightarrow 降落成雨$$

5.1.2 降水量观测

为了掌握各地降水的变化,水文气象部门设立了大量的雨量站、气象站及水文站观测降水,每年汇总、整编、刊印或存入水文数据库,供各部门应用。降水观测有多种方法,简述于下:

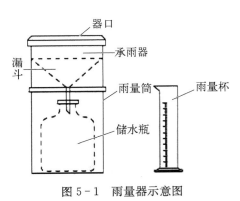

图 5-1　雨量器示意图

1. 雨量器

如图 5-1 所示,是最简单的测雨器,其上部的漏斗口呈圆形,内径 20 cm,其下部放储水瓶,用以收集雨水。量测降水量则用特制的雨量杯进行,每一小格的水量相当于降雨 0.1 mm,每一大格的水量相当于降雨 1.0 mm,使用雨量器的测站一般采用定时分段观测制,把一天 24 h 分成几个时段进行,并按北京标准时间以 8 时作为日分界点。

2. 称重式自记雨量计

随时间连续记录承雨器收集的累积降水量。记

录方式可以用机械发条装置或平衡锤系统,将全部降水量的重量如数记录下来,并能够记录雪、冰雹及雨雪混合降水。

3. 虹吸式自记雨量计

如图5-2所示,承雨器将雨量导入浮子室,浮子随注入的雨水增加而上升,带动自记笔在附有时钟的转筒记录纸上连续记录随时间累积增加的雨量。当累积雨量达 10 mm 时,自行进行虹吸,使自记笔立即垂直下落到记录纸上纵坐标的零点,以后又开始记录。从自记雨量计记录纸上,可以确定出降雨的起止时间、雨量大小、降雨强度等的变化过程,是推求降雨强度和确定暴雨公式的重要资料。使用时,应和雨量器同时进行观测,以便核对,因为该雨量计有时会出现较大的误差,特别是在暴雨强度很大的情况下。

4. 翻斗式自记雨量计

翻斗式雨量传感器是用来测量自然界降雨量,同时将降雨量转换为一开关形式表示的数字信息量输出,以满足信息传输、处理、记录和显示等的需要。翻斗式雨量传感器适用于气象台(站)、水文站、农林、国防等有关部门用来遥测液体降水量、降水强度、降水起止时间。

翻斗式雨量计是由感应器及信号记录器组成的遥测雨量仪器,感应器由承水器、上翻斗、计量翻斗、计数翻斗、干簧开关等构成;记录器由计数器、录笔、自记钟、控制线路板等构成。其工作原理为:雨水由最上端的承水口进入承水器,落入漏斗,经漏斗口流入翻斗,当积水量达到一定高度(如0.1 mm)时,翻斗失去平衡翻倒(图5-3)。而每一次翻斗倾倒,都使开关接通电路,向记录器输送一个脉冲信号,记录器控制自记笔将雨量记录下来,如此往复可将降雨过程测量下来。

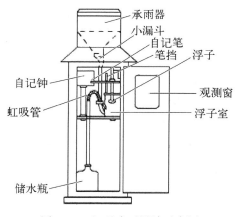

图5-2 虹吸式雨量计示意图

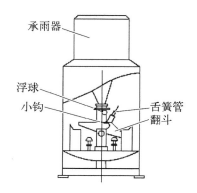

图5-3 翻斗式雨量计示意图

5.1.3 降水要素

1. 降水(总)量

对某一测点而言,指一定口径承雨面积上的降水深度,亦可指某一面积上的一次降水总量,单位以 m³、亿 m³ 计或以降水深度(mm)表示。在研究降雨量时,很少以一场雨为对象,一般常以单位时间表示,年平均降雨量指多年观测所得的各年降雨量的平均值;月平均降雨量指多年观测所得的各月降雨量的平均值;年最大降雨量指多年观测所得的一年中降雨量最大一日的绝对量。

2. 降水历时与降水时间

前者是指一场降水自始至终所经历的时间;后者指对应于某一场水量而言,其时间长短通常是人为划定的(如 1,3,24 h 或 1,3,7 d 等),在此时段内并非意味着连续的降水。用 t 表示,以 min 或 h 计。

3. 降水强度

简称雨强,指单位时间单位面积上的降雨量,以 mm/min,mm/h 或 mm/d 计,用 i 表示,$i = \dfrac{H}{t}$(mm/min),在工程上,暴雨强度常用单位时间内单位面积上的降雨体积 q(L·s^{-1}·10^{-4} m^2)表示,q 与 i 之间的换算关系是将每分钟的降雨深度换算成 10 000 m^2 面积上每秒钟的降雨体积,即

$$q = \frac{10\,000 \times 1\,000i}{1\,000 \times 60} = 167i \tag{5-1}$$

式中,q 为暴雨强度(L·s^{-1}·hm^{-2})。

暴雨强度是描述暴雨特征的重要指标,也是决定雨水设计流量的主要因素,所以有必要研究暴雨强度与降雨历时之间的关系。在一场暴雨中,暴雨强度是随降雨历时而变化的,如果所取历时长,则与这个历时对应的暴雨强度将小于短历时对应的暴雨强度,在推求暴雨强度公式时,降雨历时常采用 5,10,15,20,30,45,60,90,120,150,180 min 共 11 个历时(2014 版《室外排水设计规范》)。通常一般采用自记雨量曲线表示,它实际上是降雨量累积曲线。曲线上任一点的斜率表示降雨过程中任一瞬间的强度,称为暴雨强度。由于曲线上各点的斜率是变化的,表明暴雨强度是变化的,曲线越陡,暴雨强度越大。因此在分析暴雨资料时,必须选用对应各降雨历时的最陡那段曲线,即最大降雨量。但由于在各降雨历时内每个时刻的暴雨强度也是不同的,因此计算出的各历时的暴雨强度称为最大平均暴雨强度,表 5-1 所列最大平均暴雨强度就是根据自记雨量曲线整理的结果。

表 5-1　　　　　　　　　　　　　暴雨强度计算表

降雨历时 t /min	降雨量 H /mm	暴雨强度 i /(mm·min^{-1})	所选时段	
			起	止
5	6	1.2	19:07	19:12
10	10.2	1.02	19:04	19:14
15	12.3	0.82	19:04	19:19
20	15.5	0.78	19:04	19:24
30	20.2	0.67	19:04	19:34
45	24.8	0.55	19:04	19:49
60	29.5	0.49	19:04	20:04
90	34.8	0.39	19:04	20:34
120	37.9	0.32	19:04	21:04
150	40.3	0.27	19:04	21:34
180	42.9	0.24	19:04	22:04

根据表 5-1 数据,可以绘出暴雨强度-历时曲线,即相应历时内的最大平均暴雨强度-历时曲线,如图 5-4,它的规律是平均暴雨强度 i 随历时的增加而递减,这是确定短历时暴

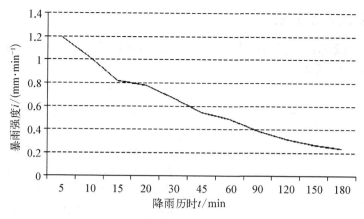

图 5-4　暴雨强度-历时关系曲线

雨公式的基础。

降水量、降水历时和降水强度一般被称为降水三要素。

4. 降水面积和汇水面积

降水面积即指降水所笼罩的面积,汇水面积是指雨水管渠汇集雨水的面积,用 F 表示,以公顷(hm^2)或平方千米(km^2)计。

5. 暴雨强度的频率和重现期

暴雨强度的频率就是指某一大小的暴雨强度出现的可能性,和水文现象中的其他特征值一样,需要通过对以往大量观测资料的统计分析,计算其发生的频率去推论今后发生的可能性。频率这个词比较抽象,为了通俗起见,往往用重现期等效地代替频率一词,某特定值暴雨强度的重现期是指等于或大于该值的暴雨强度可能出现一次的平均间隔时间,单位用年表示。

由自记雨量计记录推求短历时的暴雨公式,一般要有 20 年以上的记录年数,最少也要在 10 年以上。当只有 10 年或略长于 10 年时,记录必须是连续的。通过对这些记录资料的整理统计,需要按下述方法求出不同历时暴雨强度的重现期。

从历年暴雨强度记录表中,按不同降雨历时,将历年暴雨强度不论年序按大小顺序排列,进行频率计算及配线。一般要求按不同历时,计算重现期宜为 2,3,5,10,20,30,50,100 年(2014 版《室外排水设计规范》)的暴雨强度,制成暴雨强度 i、降雨历时 t 和重现期 T 的关系表。

表 5-2　　　　　　　　**某站暴雨强度-历时-重现期关系计算成果表**　　　　　　单位:mm/min

重现期/a	5 min	10 min	15 min	20 min	30 min	45 min	60 min	90 min	120 min	180 min
100	3.297	2.938	2.671	2.549	2.086	1.745	1.474	1.139	0.942	0.701
50	3.118	2.759	2.499	2.367	1.938	1.613	1.361	1.050	0.868	0.645
30	2.978	2.621	2.366	2.228	1.825	1.512	1.275	0.983	0.811	0.603
20	2.863	2.506	2.256	2.113	1.731	1.428	1.204	0.928	0.764	0.569
10	2.651	2.296	2.056	1.903	1.561	1.278	1.075	0.827	0.680	0.506
5	2.411	2.061	1.832	1.670	1.372	1.111	0.934	0.717	0.587	0.437
3	2.205	1.858	1.641	1.472	1.212	0.971	0.815	0.625	0.509	0.380
2	2.005	1.664	1.458	1.284	1.061	0.840	0.704	0.538	0.437	0.326

5.1.4 降水量的表示方法

为了充分反映降水的空间分布与时间变化规律,常用降水过程线、降水曲线、等降水量线以及降水量综合曲线来表示。

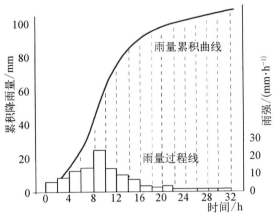

图 5-5 雨量过程线和雨量累计曲线

1. 降水量过程线

以一定时段(时、日、月、年)为单位所表示的降水量在时间上的变化过程,可用曲线或直方图表示(图 5-5),它是分析流域、产流、汇流与洪水的基本资料,但此曲线图只包含有降水强度、降水时间,而不包含降水面积的因素。此外,如果用较长的时间为单位,由于时段内降水可能时断时续,因此,过程线往往不能反映降水的真实过程。

2. 降水量累积曲线

此曲线以时间为横坐标,纵坐标代表自降水开始到各时刻降水量的累计值。如图 5-5 所示,自记雨量计记录纸上的曲线,即降水量累积曲线。曲线上每个时段的平均坡度为各时段内的平均降水强度 I,即

$$I = \Delta p/\Delta t \tag{5-2}$$

如取时段很短,即 $\Delta t \to 0$,则可得出瞬时雨强 i,即

$$i = \mathrm{d}p/\mathrm{d}t \tag{5-3}$$

如果将相邻雨量站在同一次降水的累积曲线绘在一起,可以用于分析降水的空间分布与时间上的变化特征。

3. 等降水量线(或等雨量线)

是指在同一时间段某流域内降水量相等点的连线。图的作法与地形图上的等高线作法类似。等雨量线综合反映了一定时段内降水量在空间上的分布变化规律。从图上可以查取各地的降水量,以及降水的面积,但无法判断出降水强度的变化过程与降水历时。

4. 降水特性综合曲线

常用的降水特征综合曲线有以下三种。

(1)强度-历时曲线

曲线绘制方法是根据一场降水记录,统计其不同历时内最大的平均雨强,而后以雨强为纵坐标,历时为横坐标,点绘而成,如图 5-6 所示。由图可知,同一场降雨过程中雨强与历时之间成反比关系,即历时越短,雨强越高,此曲线可用下面经验公式表示:

$$i_t = s/t_n \tag{5-4}$$

式中 t——降水历时,h;

s——暴雨参数,又称雨力,相当于 $t=1\,\mathrm{h}$ 的雨强;

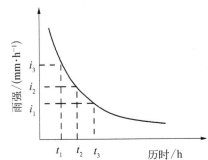

图 5-6 降水强度-历时曲线

　　n——暴雨衰减指数，一般为 0.5～0.7；

　　i_t——相应历时 t 的降水平均强度，mm/h。

　　（2）平均深度-面积曲线

　　这是反映同一场降水过程中，雨深与面积之间对应关系的曲线，一般规律是面积越大，平均雨深越小。曲线的绘制方法是，从等雨量中心起，分别量取不同等雨量线所包围的面积内的平均雨深，点绘而成。

　　（3）雨深-面积-历时曲线

　　曲线绘制的方法是，对一场降水，分别选取不同历时（如 1 d，2 d，…）的等雨量线，做出平均雨深-面积曲线并综合点绘于同一图上，如图 5-7 所示曲线。其一般规律是：面积一定时，历时越长，平均雨深越大；历时一定时，则面积越大，平均雨深越小。

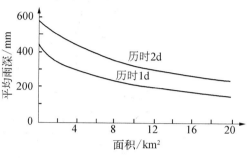

图 5-7　降水平均深度-历时曲线

5.2　降水的时空分布

　　根据实际观测，一次降水在其范围内各地点的大小都不一样，表现了降水的不均匀性，这是由于复杂的气候因素和地理因素在各方面互相影响所致。因此，工程设计所需要的雨量资料都有一个时间和空间上的分布问题。

5.2.1　降水空间分布

　　降雨强度在整个流域上是变化的，特别是对流型暴雨，暴雨不仅有中心，并且可以用等雨量线表示，同时降雨也可以在流域上运动。

　　雨量站观测的降雨量只代表那一点的降雨，而形成河川径流的则是整个流域上的降雨量，对此，可用流域平均雨量（或称面雨量）来反映。多年来广泛使用的确定某一地区平均降雨量的方法有三种，下面分别介绍。

　　1. 算术平均法

　　流域内各站同一时段的雨量进行算术平均。即

$$\overline{P} = \frac{1}{n}\sum P_i \qquad (5-5)$$

式中　$\overline{P}$——某一指定时段的流域平均雨量，mm；

　　　　n——流域内的雨量站数；

　　　　P_i——流域内第 i 站指定时段的雨量，mm，$i = 1，2，…，N$。

　　这种求算术平均的方法无疑是最简单的，然而这种方法只适合地形较为平坦、雨量站均匀分布并且各测站的观测值与平均值相差不大的地区。

　　2. 泰森多边形法

　　该法假定流域上各点的雨量以其最近的雨量站的雨量为代表，因此需要采用一定的方

法推求各站代表的在流域中距其最近的点的面积,这些站代表的面积图称泰森多边形,如图5-8所示。

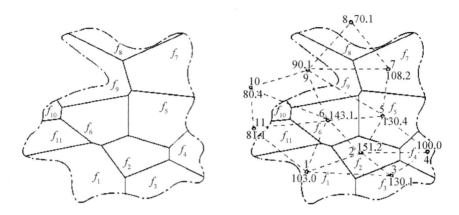

图 5-8   流域雨量站分布及泰森多边形的绘制

其作法是:先用直线(图中的虚线)就近连接各站为多个三角形,然后作各连线的垂直平分线,他们与流域分水线一起组成 n 个多边形,每个多边形的面积,就是其中的雨量站代表的面积。设第 i 站代表的面积为 f_i,雨量为 P_i,则该法计算流域平均雨量的公式为

$$\overline{P} = \sum \frac{f_i}{F} P_i \tag{5-6}$$

式中,f_i/F 为第 i 站代表面积占流域面积的比值,称权重。

[例 5-1]   已绘制如图 5-8 的泰森多边形,各站的雨量注在各站旁,试用泰森多边形法求流域平均雨量。

解:(1)用求积仪量出各站代表的面积 f_i 和流域面积 F,并计算权重 f_i/F;

(2)计算各站的 $P_i \times f_i/F$;

(3)$P_i \times f_i/F$ 相加,即得流域平均雨量:

$$\overline{P} = \sum \frac{f_i}{F} P_i = 115.8 \text{ mm}$$

3. 等雨量线法

根据流域及附近的雨量站观测的同一时段的雨量值,参考地形影响,类似绘制地形等高线那样,画出如图 5-9 所示的雨量等值线图,然后量出相邻等值线间的流域面积 f_i,即可按下式计算流域平均雨量 $\overline{P}$:

$$\overline{P} = \frac{1}{F} \sum f_i P_i \tag{5-7}$$

式中,P_i 为第 i 块面积为 f_i 的平均雨量,等于相邻的 2 条等值线数值的平均数。

等雨量线即是降雨量的等值线,是在地图上表示每一地点的降雨观测值和插补值,这种方法提供了更多的灵活性,通常被认为是最精确的方法。然而,等雨量线法既费力又费时,特别是在多暴雨的地区更是如此。

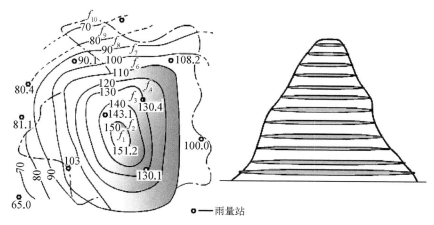

图 5-9　流域雨量站分布及等雨量线图

5.2.2　我国降水分布特点

受地理位置和气候条件因素的影响,我国的降水具有以下特点。

1. 年降水量地区分布不均

总的特点是东南部湿润多雨、向西北内陆逐渐递减,广大西北内陆地区(除新疆西北部个别地区)气候干燥,降水很少。

根据我国各地降水量分布的特点,全国大致划分为五个不同的类型地带,它们是:

(1)十分湿润带。相当于年平均降水量 1 600 mm 以上的地区。主要包括浙江大部、福建、台湾、广东、江西、湖南山地、广西东部、云南西南和西藏东南隅等地区。

(2)湿润带。相当于年平均降水量 1 600~800 mm 的地区。包括沂沭河下游、淮河、秦岭以南广大的长江中下游地区、云南、贵州、广西和四川大部分地区。

(3)过渡带。通常又叫半干旱、半湿润带。相当于年平均降水量 800~400 mm 的地区。包括黄淮海平原、东北、山西、陕西的大部、甘肃、青海东南部、新疆北部、西部山地、四川西北部和西藏东部地区。

(4)干旱带。相当于年平均降水量 400~200 mm 的地区。包括东北西部、内蒙古、宁夏、甘肃大部、青海、新疆西北部和西藏部分地区。

(5)十分干旱带。相当于年平均降水量 200 mm 以下的地区。包括内蒙古大部、宁夏、甘肃北部地区、青海的柴达木盆地、新疆塔里木盆地、准噶尔盆地及广阔的藏北羌塘地区。

2. 降水量的年际变化很大

我国的降水由于受季风气候的影响,降水的年际变化更大、更突出。

(1)不同地区年降水量极值(extreme value)的对比:降水量年际变化的大小,通常可用实测年降水量的最大值和最小值的比值 K_m 来反映。K_m 越大,说明降水量的年际变化就越大;K_m 越小,说明降水量年际之间均匀,变化很小。

就全国而言,年降水量变化最大的是华北和西北地区,丰水年和枯水年降水量之比一般可达 3~5 倍,个别干旱地区高达 10 倍以上。这是因为越是干旱地区,其年降水量绝对值小,相对误差大的因素起了一定作用。我国南方湿润地区降水量的年际变化相对北方要小,一般丰水年降水量为枯水年的 1.5~2.0 倍。

（2）不同地区年降水量变差系数（variation coefficient）C_v 值的变化情况：年降水量变差系数 C_v 值的变化越大，表示年降水量的年际变化越大；反之则越小。

我国年降水量变差系数在地区上的分布情况如下：西北地区，除天山、阿尔泰山、祁连山等地年降水量变差系数较小以外，大部分地区的 C_v 值在 0.40 以上，个别干旱盆地的年降水量 C_v 值可高达 0.7 以上。

因此，广大西北地区的年降水变差系数是全国范围内的高值区；次高值区是华北和黄河中、下游的大部地区，为 0.25～0.35。黄河中游的个别地区也在 0.4 以上。东北大部地区年降水量 C_v 值一般为 0.22 左右，东北的西部地区，可高达 0.3 左右。南方十分湿润带和湿润带地区是全国降水量变差系数 C_v 值变化最小的地区，一般在 0.20 以下，但东南沿海某些经常遭受台风袭击的地区，受台风暴雨的影响，年降水变差系数 C_v 值一般在 0.25 以上。

3. 降水的年内分配不均

我国大部地区的降水受东南季风和西南季风的影响，雨季随东南季风和西南季风的进退变化而变化。除个别地区外，我国大部分地区降水的年内分配很不均匀。冬季，我国大陆受西伯利亚干冷气团的控制，气候寒冷，雨雪较少。春暖以后，南方地区开始进入雨季，随后雨带不断北移。进入夏季后，全国大部地区都处在雨季，雨量集中，是举国的防汛期。因此，我国的气候具有雨热同期的显著特点。秋季，随着夏季风的迅速南撤，天气很快变凉，雨季也告结束。

从年内降水时间上看，我国长江以南广大地区夏季风来得早，去得晚，雨季较长，多雨季节一般为 3—8 月或 4—9 月，汛期连续最大 4 个月的雨量占全年雨量的 50%～60%。

华北和东北地区的雨季为 6—9 月，这里是全国降水量年内分配最不均匀和集中程度最高的地区之一。汛期连续最大 4 个月的降水量可占全年降水量的 70%～80%，有时甚至一年的降水量中的绝大部分集中在一两场暴雨中。例如 1963 年 8 月海河流域的一场特大暴雨，最大 7 天降水量占年降水量的 80%。北方不少地区汛期 1 个月的降水量可占年降水量的半数以上。

和世界上某些国家相比，我国降水的年内分配不均的程度和印度大体相仿，但与西欧一些国家相比，我国降水年内分配不均的程度比欧洲一些国家严重得多。以法国为例，法国各地全年降水量除山地外，一般在 500～1 000 mm，自西向东递减。可分为 4 个区：大西洋沿岸区，年降水量 800 mm 左右；巴黎盆地和地中海沿岸地区，年降水量 600～700 mm；东部孚日山以东的莱茵河谷区，年降水量 500 mm 左右；高山区，向风坡（西坡）年降水量一般在 1 000 mm 以上，背风坡（东坡）仅 600 mm 左右。法国全国各地汛期连续最大 4 个月降水量占年降水量的比例大都在 40% 左右，发生月份一般为 7—10 月或 9—12 月。

除此之外，欧洲其他国家，如英国、西德、匈牙利等，境内降水量年内分配都比较均匀，与我国同纬度某些雨量站资料相比，它们的最大月降水量一般占年降水总量的 9.6%～14.9%，我国高达 24.2%～32.9%。也就是说，我国一些雨量站最大月降水量的集中程度是欧洲国家的 2 倍以上。欧洲国家中连续最大 4 个月降水量一般占全年降水量的 36.2%～54.5%，我国高达 72.2%～81.9%，也是 2 倍左右。

由于我国降水年内分配不均，尤其广大北方地区较南方地区更为严重，这是造成我国旱、涝灾害频繁的主要原因之一，它给农业生产带来很大威胁。因此，在我国如不发展灌溉，农业生产就没有保证。雨水排除系统所要排除的雨水，绝大部分是在较短促的时间内降落的，属暴雨性质，形成的雨水径流量比较大。

5.3 暴雨强度公式的计算

暴雨强度公式是计算单位时间降雨量的工具、城市排水规划及城市建设的重要依据和基础资料。在设计城市排水系统时，必须以此为依据计算排水流量。同时，客观准确的城市暴雨强度公式，还是城市雨水排放系统和城市防洪、公路、铁路等建设中不可缺少的基本条件。

在进行城市雨水排水系统设计时，首先要选定设计暴雨，设计暴雨可以由暴雨强度公式或设计暴雨过程线表示。

5.3.1 暴雨强度公式

选用暴雨强度公式的数学形式是一个关键的问题，不同的地区气候的变化及降雨的差异很大，对于降雨分布规律的确定要在大量的统计分析的基础上进行总结。许多学者对降雨强度公式的形式都做了大量的研究，各个国家也制定了适合本国国情的基本公式形式，总的来说，可以概括为以下几种：

（1）当 i 与 t 点绘在双对数坐标纸上不是直线关系时，则

$$i = \frac{A}{(t+b)^n} \tag{5-8}$$

式中　n, b, A——暴雨的地方特性参数；

n——暴雨衰减指数；

b——时间参数；

A——雨力或时雨率，mm/min，mm/h。

美国与我国多采用这种形式，这种形式比较适合我国的国情，对我国暴雨规律配合较好，对于历史频率的适应范围也广泛，式中参数 A 随重现期增大而增大，参数 b 在一定范围内变化对公式的精度影响不大。

（2）当 i 与 t 点绘在双对数坐标纸上形成直线关系时，则

$$i = \frac{A}{t^n} \tag{5-9}$$

俄罗斯多采用这种公式。

目前在雨水管渠设计中所采用的暴雨强度公式，绝大多数是包含有频率参数的公式，美国偏于用

$$A = A_1 T^m \tag{5-10}$$

俄罗斯和我国多采用

$$A = A_1 + B \lg T = A_1 (1 + C \lg T) \tag{5-11}$$

式(5-8)和式(5-11)就是我国多采用的暴雨强度公式，在 2014 版《室外排水设计规范》中被推荐为雨水量计算的标准公式。

5.3.2　暴雨强度公式的选样方法

水文统计学的取样方法有年最大值法和非年最大值法两类,国际上的发展趋势是采用年最大值法。日本在具有 20 年以上雨量记录的地区采用年最大值法,在不足 20 年雨量记录的地区采用非年最大值法,年多个样法是非年最大值法中的一种。我国早期城市自记雨量资料不足,城市排水设计标准较低,20 世纪 60 年代以后,排水规范建议采用年多个样法选样;80 年代中期以来,邓培德、周黔生等建议采用年最大值法选样。2011版的《室外排水设计规范》建议,同时采用年多个样法和年最大值法。在具有 10 年以上自动雨量记录的地区,设计暴雨强度公式宜采用年多个样法,有条件的地区可采用年最大值法。有条件的地区指既有 20 年以上的自记雨量资料,又有能力进行分析统计的地区。现在我国许多地区已具有 40 年以上的自记雨量资料,具备采用年最大值法的条件。所以,2014 版的《室外排水设计规范》规定具有 20 年以上自动雨量记录的地区,应采用年最大值法。

但采用年最大值法会存在一些问题。年最大值法会使大雨年雨量次大值被遗漏,从而使较小重现期部分的降雨强度明显偏小。此外,年最大值法与目前广泛使用的年多个样法取样存在工程设计不衔接问题、已建工程设计标准校核以及今后设计方法不统一的问题。

5.3.3　公式中参数的推求

近 20 年,我国工程技术人员对编制降雨量地方经验公式进行了大量的研究,提出了许多公式参数的推求方法。其中主要的求参方法有图解法、图解与最小二乘计算结合法、cKt法、解超定方程组法等。凡是数学理论越严密的求参方法,公式的预测精度就越高,求参法的应用要求也就越高。

1. 传统参数推求方法

(1) 公式 $i=A/t^n$ 中参数的推求。对公式 $i=A/t^n$ 两边取对数,得

$$\lg i = \lg A - n\lg t \qquad (5-12)$$

这表明暴雨强度公式在双对数坐标纸上是一条直线,n 是该直线的斜率,式(5-11)$A=A_1+B\lg T$ 在半对数坐标纸上也是一条直线,B 为斜率,根据上述两式成直线的特点,常用图解法或最小二乘法求公式中的参数。

① 图解法将从历年自记雨量记录中整理求得的 i-t-T,以重现期 T 为参数,将 i-t 关系点绘在双对数坐标纸上,对每组点据均按作回归线的方法,绘一条最能适合这组点子的直线。在绘制这些直线时,要特别注意使它们的斜率彼此相等。为了简化这一工作,可以把历时 t 相同的各组 i 值求其平均 $\bar{i}$,也按作回归线的方法,绘一条与它最相适合的直线,这样在绘制其他的相关直线时,可用 $\bar{i}$-t 的直线作参考,使各直线都与它平行,使各组直线都具有相同的斜率,其斜率值就为 n 值。

这样,由公式 $\lg i=\lg A-n\lg t$ 可以看到,当 $t=1$ 时,A 就等于 i,所以我们就可以从图上得出不同重现期 T 时的 A 值,可得对应的 T-A 关系。同样,将 T-A 的关系点绘制到半对数坐标纸上,它们有排成直线的趋势,仍按作回归线的方法,可得一配合较好的直线。即方程 $A=A_1+B\lg T$,当 $T=1$ 时,$A=A_1$,为该直线的截距,从图中也可求出斜率 B。

因此就可由图解法求得某地暴雨公式：

$$i = \frac{A_1 + B \lg T}{t^n} \qquad (5-13)$$

② 最小二乘法用图解法求暴雨强度公式中的参数，完全由目估定线，个人的工作经验对成果好坏起一定的作用。当点据比较散乱时，就可用最小二乘法求各参数的值。

将每一重现期的暴雨强度 i 与降雨历时 t 看作一组观测系列，每组有 m 对 (i, t)。根据最小二乘法原理，若所求得的参数为最佳值时，则可使观测值 i 与其匹配直线之间的误差平方和 M 为最小，即

$$\sum [\lg i - (\lg A - n \lg t)]^2 \longrightarrow \min \qquad (5-14)$$

为求其最小值，可设

$$\sum [\lg i - (\lg A - n \lg t)]^2 = M$$

令 $\dfrac{\partial M}{\partial n} = 0$，得

$$\sum (\lg i \cdot \lg t) - \sum (\lg A \cdot \lg t) + n \sum \lg^2 t = 0 \qquad (5-15)$$

而对某一重现期 T 而言，$\lg A$ 为常数，故上式也可写成

$$\sum (\lg i \cdot \lg t) - \lg A \sum \lg t + n \sum \lg^2 t = 0 \qquad (5-16)$$

再令 $\dfrac{\partial M}{\partial \lg A} = 0$，得

$$\sum \lg i - \sum \lg A + n \sum \lg t = 0 \qquad (5-17)$$

同理

$$\sum \lg i - m_1 \sum \lg A + n \sum \lg t = 0 \qquad (5-18)$$

式中，m_1 为降雨历时的总项数。

联立求解上式可得 n 与 $\lg A$ 的表达式，则

$$n = \frac{\sum \lg i \cdot \sum \lg t - m_1 \sum (\lg i \cdot \lg t)}{m_1 \sum \lg^2 t - \left(\sum \lg t\right)^2} \qquad (5-19)$$

上式所求得的 n 只是属于某一重现期 T 的暴雨衰减指数 n_T，对应于不同重现期，可得多个略有差异的 n_T 的值，为了统一在一个暴雨公式中，应取其平均值作为计算值，即

$$\bar{n} = \frac{\sum n_T}{m_2}$$

则

$$\lg A = \frac{1}{m_1}\left(\sum \lg i + \bar{n} \sum \lg t\right) \tag{5-20}$$

最后,为了求得参数 A_1 及 B 值,也可对式 $A = A_1 + C\lg T$ 运用最小二乘法原理得

$$A_1 = \frac{\sum \lg^2 T \cdot \sum A - \sum \lg T \cdot \sum A\lg T}{m_2 \sum \lg^2 T - \left(\sum \lg T\right)^2} \tag{5-21}$$

$$B = \frac{\sum A - m_2 A_1}{\sum \lg T} \tag{5-22}$$

式中,m_2 为重现期的总项数。

[例 5-2] 某地暴雨强度-降雨历时-重现期关系如表 5-3 所示,现用最小二乘法,求暴雨强度公式。

表 5-3　　　　　　　　　　某地暴雨强度-降雨历时-重现期关系

重现期 T/a	降雨历时 $t/\min$						
	5	10	15	20	30	45	60
	暴雨强度 $i/(\text{mm} \cdot \text{min}^{-1})$						
0.25	0.318	0.218	0.189	0.169	0.141	0.117	0.103
0.33	0.432	0.308	0.258	0.230	0.191	0.155	0.143
0.50	0.557	0.446	0.366	0.325	0.266	0.227	0.198
1	0.813	0.652	0.544	0.470	0.395	0.330	0.288
2	1.18	0.863	0.712	0.631	0.520	0.435	0.382
3	1.35	0.973	0.810	0.715	0.596	0.496	0.434
5	1.53	1.12	0.931	0.820	0.682	0.575	0.497
10	1.83	1.34	1.11	0.98	0.818	0.680	0.596
暴雨强度值总计	8	5.92	4.92	4.34	3.609	3.015	2.641
暴雨强度平均值	1	0.74	0.615	0.542	0.452	0.376	0.330

解:(1)求暴雨衰减指数 n,现以上表中 $T = 10$ 年的 $i-t$ 对应值,应用公式,列表计算:

$$n = \frac{\sum \lg i \cdot \sum \lg t - m_1 \sum (\lg i \cdot \lg t)}{m_1 \sum \lg^2 t - \left(\sum \lg t\right)^2}$$

$$= \frac{-0.053\,5 \times 9.084\,6 - 7 \times (-0.453\,0)}{7 \times 12.641\,3 - (9.084\,6)^2} = 0.451$$

表 5-4　　　　　　　　　　暴雨强度计算

序次 m_1	历时 $t/\min$	$\lg t$	$\lg_t^2$	降雨强度 i $/(\text{mm} \cdot \text{min}^{-1})$	$\lg i$	$\lg i \times \lg t$
1	5	0.699	0.488 6	1.83	0.262 4	0.183 4
2	10	1.000 0	1.000 0	1.34	0.127 1	0.127 1
3	15	1.176 1	1.383 2	1.11	0.045 3	0.053 3

续表

序次 m_1	历时 t/min	$\lg t$	$\lg_t^2$	降雨强度 i /(mm·min^{-1})	$\lg i$	$\lg i \times \lg t$
4	20	1.301 0	1.692 6	0.98	−0.008 8	−0.011 4
5	30	1.477 1	2.181 8	0.818	−0.087 2	−0.128 8
6	45	1.653 2	2.733 1	0.68	−0.167 5	−0.276 9
7	60	1.778 2	3.162 0	0.596	−0.224 8	−0.399 7
总 计		9.084 6	12.641 3		−0.053 5	−0.453 0

同样对于不同重现期的 n 值也可求得,分别为 0.445,0.452,0.445,0.428,0.418,0.462,0.454,从而求得其平均值为 0.445。

（2）求不同重现期的雨力 A,仍以 $T=10$ 年 为例,代入相应的值得

$$\lg A = \frac{1}{m_1}\left(\sum \lg i + \bar{n}\sum \lg t\right) = \frac{1}{7}\left[(-0.053\ 5) + 0.445 \times 9.084\ 6\right] = 0.569\ 9$$

$$A = 3.714$$

同理求得其他重现期的 A 值,如表 5−5 所示。

表 5−5　　　　　　　　　　　　重现期 A 值

重现期 T/a	10	5	3	2	1	0.5	0.33	0.25
雨力 A/(mm·min^{-1})	3.71	3.11	2.71	2.38	1.78	1.21	0.87	0.63

（3）求参数 A,B,C 值,计算如下:

$$A_1 = \frac{\sum \lg^2 T \cdot \sum A - \sum \lg T \cdot \sum A \lg T}{m_2 \sum \lg^2 T - \left(\sum \lg T\right)^2}$$

$$= \frac{2.492\ 0 \times 16.40 - 1.092\ 5 \times 6.730\ 8}{8 \times 2.492\ 0 - (1.092\ 5)^2} = 1.788$$

$$B = \frac{\sum A - m_2 A_1}{\sum \lg T} = \frac{16.40 - 8 \times 1.788}{1.092\ 5} = 1.918$$

$$C = B/A_1 = 1.07$$

由此得 $A = 1.79(1 + 1.07\lg T)$。

表 5−6　　　　　　　　　　　　重现期 A 值

序号 m_2	重现期 T/a	$\lg T$	$\lg^2 T$	雨力 A /(mm·min^{-1})	$A \lg T$
1	10	1.000 0	1.000 0	3.71	3.710 0
2	5	0.699 0	0.488 9	3.11	2.173 9
3	3	0.477 1	0.227 6	2.71	1.292 9
4	2	0.301 0	0.090 6	2.38	0.716 4
5	1	0.000 0	0.000 0	1.78	0.000 0

续表

序号 m_2	重现期 T/a	$\lg T$	$\lg^2 T$	雨力 A /(mm·min^{-1})	$A \lg T$
6	0.50	−0.301 0	0.090 6	1.21	−0.364 2
7	0.33	−0.481 5	0.231 8	0.87	−0.418 9
8	0.25	−0.602 1	0.362 5	0.63	−0.379 3
总　计		1.092 5	2.492 0	16.40	6.730 8

（4）总结以上计算，用最小二乘法求某地的暴雨强度公式为

$$i = \frac{1.79(1 + 1.07\lg T)}{t^{0.445}}$$

（5）公式 $i = \dfrac{A}{(t+b)^n}$ 中参数的推求。

当 i 与 t 点绘在双对数坐标纸上是一条曲线时，可用试摆法使之形成直线。试摆法就是对某一重现期的曲线，保持其纵坐标 $\lg i$ 不变，而在各个历时 t 上，试加相同的 b 值，使横坐标 $\lg t$ 变成 $\lg(t+b)$，若各点连线变成一条直线时，则试加值就是所求 b 值，因此，对于各不同重现期 T，都有各自适合的 b 值。

对上式两端取对数，得

$$\lg i = \lg A - n\lg(t+b) \tag{5-23}$$

当 $t+b=1$ 时，$\lg i = \lg A$，纵坐标得截距 i 值就是 A，同时

$$n = \frac{\lg A - \lg i}{\lg(t+b)}$$

由此式即可求得参数 n。将初步求得的 A，b，n，求出 n 的第一次平均值，再调整 b 和 A，求出 b 的平均值和 n 的第二次平均值，最后求得 A，B 和 C。

2. 计算机推求方法

除上述常用的传统方法以外，随着计算机技术的不断发展，越来越多的学者开始尝试利用计算机推求暴雨强度公式，使得计算效率和求解精度也越来越高，下面是一些学者研究出的结合计算机算法推求暴雨强度公式的方法。

（1）麦夸尔特法。暴雨强度公式参数的推求在数理统计上属于非线性已知关系式的参数估计问题。对非线性已知关系式的参数估计一般有两种方法，一种是高斯-牛顿法，该方法可以实现参数的一举寻优，能够避免图解试凑和反复调整等烦琐工作。但若初值选取不当，经过迭代，函数可能不收敛，出现越迭代越发散的情况。第二种方法是在高斯-牛顿法基础上引入阻尼因子，称为麦夸尔特（也称为 Levenberg-Marquardt 法），该方法既吸收了高斯-牛顿法一举寻优的优点，又在初始值的选取范围上有所放宽。在 Levenberg-Marquardt 法的基础上再引入步长因子，能改善寻优方向，放宽迭代初始值选择的现值，从而使迭代收敛快，求解过程稳定，这种方法称之为 Marquardt - Hartley 法。

（2）倍比搜索法。这个算法程序可通过数学工具 MATLAB 实现。通过对原始降雨资料进行频率分析，可以得到降雨历时（t）、降雨强度（i）以及重现期（T）的关系表。然后统计

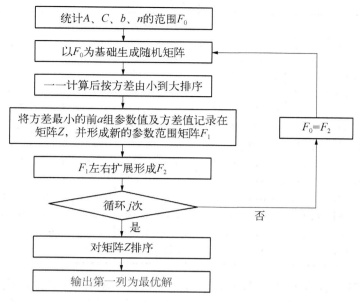

图 5-10 倍比搜索法流程图

我国暴雨强度公式,得出 4 个参数 A,c,n,b 的经验范围,通过适当扩展后确定 4 个参数的初始范围 F_0。在 F_0 范围基础上,随机生成上万个解向量,然后一一试算,按照平均绝对均方差最小的原则选取最优解。经过一次循环后,选取方差最小的前 a 组参数并记录在矩阵 Z 里,同时统计出 4 个参数的新范围 F_1,左右扩展后再次赋值给 F_0 进行下一轮循环,如此反复 10 次,最后对矩阵 Z 排序,选取误差最小的作为最终参数值。

(3) 曲面搜索法。曲面搜索法是在由已知参数所确定的二维曲面上,将曲面无限网格化,并对未知参数进行全局搜索,根据误差最小原则,得出参数的最优值。暴雨强度公式为四参数超定非线性方程,对未知参数进行拟合,可将参数 A_1 和 C 分别看作是参数 b 和 n 的函数,并分别表示为 $F_{A_1}(b, n)$ 和 $f_C(b, n)$。则暴雨强度公式变为线性函数:

$$i = f(A_1, C, b, n) = \frac{F_{A_1}(b, n)(1 + f_C(b,n)\lg T)}{(t+b)^n} = g(b, n) \quad (5-24)$$

式中,降雨强度 i、重现期 T 以及降雨历时 t 均为已知参数。A_1 为重现期 1 年的设计降雨的雨力,C 为雨力变动参数,b 为历时附加参数,n 为历时参数,函数 $g(b, n)$ 即为参数 b,n 构成的二维曲面函数,使用计算机程序,根据拟合式:

$$EF = \sum_{k=1}^{m} \left[g(b, n) - ik \right]^2 \quad (5-25)$$

在曲面上对参数进行全局搜索,便可以将参数 b,n 的最优值解出。式中,m 为降雨历时的个数。在搜索过程中,还使用了黄金分割法,不断的大范围压缩搜索空间,以达到使未知参数快速接近最优值的目的。拟合得最优参数值后,便可以通过最小二乘法分别计算求得参数 A_1 和 C 的值。

[例 5-3] 以下是北京市某观测站降雨资料,通过年多个样法,P-Ⅲ频率分析后的 T-i-t 关系见表 5-7。

表 5-7 T-i-t 关系表

历时 t/min	重现期 T/a										
	0.25	0.33	0.5	1	2	3	5	10	20	50	100
5	1.03	1.17	1.39	1.75	2.11	2.32	2.58	2.94	3.3	3.78	4.14
10	0.811	0.918	1.1	1.41	1.74	1.93	2.17	2.5	2.83	3.27	3.6
15	0.682	0.779	0.94	1.22	1.5	1.67	1.88	2.7	2.46	2.84	3.13
20	0.599	0.686	0.827	1.07	1.32	1.46	1.65	1.9	2.15	2.48	2.73
30	0.467	0.536	0.656	0.868	1.09	1.22	1.38	1.6	1.83	2.13	2.35
45	0.364	0.418	0.513	0.681	0.853	0.955	1.08	1.26	1.44	1.68	1.85
60	0.301	0.341	0.419	0.562	0.713	0.803	0.918	1.08	1.23	1.45	1.61
90	0.225	0.252	0.311	0.426	0.55	0.624	0.719	0.851	0.984	1.16	1.3
120	0.184	0.204	0.252	0.348	0.453	0.516	0.597	0.709	0.822	0.974	1.09
150	0.157	0.174	0.215	0.298	0.388	0.443	0.513	0.61	0.709	0.841	0.942
180	0.137	0.151	0.187	0.26	0.341	0.39	0.453	0.541	0.63	0.75	0.841

解:(1)参数的选取,参数的选取是经过大量数据实验后得到的经验数值,在实际应用过程中可以根据需要进行修改。在本例中,根据我国暴雨强度公式特点,参数的选取范围一般为:$A \in [5, 50]$,$C \in [0.5, 1.6]$,$n \in [0.4, 1.0]$,$b \in [5, 40]$。

(2)循环条件及倍比系数的设置,循环的次数 j 一般在 10~20,实验数据表明,当 $j=15$ 次循环结束时,各参数范围均缩小达 8 000 倍以上,该次计算在 $j=10$ 时也可以求得相同的最优解,并且用更短的时间。每次循环后,选取方差最小的个数 a 一般取值在 10~20,此次计算为 10。F_1 向两侧扩展形成 F_2 时的倍比系数 q,建议在 0.15~0.3,它是确保最优解在范围内的关键,不可太小,否则可能错过最优解,造成算法的不稳定。

(3)将降雨强度 i、降雨历时 t 和重现期 T 输入到 MATLAB 后开始运行程序。经计算后得到的参数值 $A=14.01$,$C=0.764$,$n=0.729$,$b=13.36$,运行时间为 11 s,公式的平均绝对均方差为 0.037 7 mm/min,平均相对均方差为 4.29%,均满足规范要求。表 5-8 为本例 15 次循环完成前后参数范围的缩放比例。推求公式如下:

$$i = \frac{14.01(1 + \lg P)}{(t + 13.36)^{0.729}}$$

表 5-8 缩放比例

参数	最初范围 F_0	15 次循环后范围	缩 小 比 例
A	[5, 50]	[14.021 209, 14.025 479]	10 538
c	[0.5, 1.6]	[0.763 837 1, 0.763 873 7]	30 063
n	[0.4, 1]	[0.728 919 7, 0.728 987]	8 914
b	[5, 40]	[13.362 142, 13.364 881]	12 780

5.4 可能最大降水简介

可能最大降水(PMP)是指在现代气候条件及地理条件下设计地区(或流域)一定历时

内,物理上可能发生的近似上限降水,包括降水总量及其时空分布。当今雨量预测广泛采用的方法主要有频率分析法和水文气象分析法。建筑给排水设计中常常采用的暴雨强度公式即来自频率分析法。但当重现期足够大时,通过分析暴雨强度公式的推求原理,可知在理论基础和具体技术两方面都存在一定的问题,其计算结果可能不可靠。国家体育场屋面雨水排水系统管道不仅要能排除长降雨历时的降雨,还要能排除短时间大强度的降雨,PMP 能帮助界定降雨重现期取值的上限。

1. PMP 和 PMF

在现代气候条件下,一个地区或一个特定流域,从物理成因上说,一定时段内有其可能最大雨量,称为可能最大降水,用 PMP(Probable Maximum Precipitation)表示。因为洪水是暴雨的产物,暴雨是水汽运动的产物。而一个地区空气中水汽是有其上限值的,因而一个地区一定历时的暴雨也必定有其上限值。由此可见,可能最大降水,含有降水上限的意义,亦即该地的降水量只可能达到,不可能超越这数值,但它有一个基本约束条件,即规定适用"现代的地理环境及气候条件",对于未来时代,那要看今后地理环境和气候的变迁程度而定,从总体上说,地理环境的明显变化,一般以世纪为单位,所以可能最大降水具有相当的稳定性。

可能最大降水所形成的洪水称为可能最大洪水,用 PMF 表示,即 Probable Maximum Flood,可能最大洪水对水利工程建设的安全具有十分重要的意义,以修建水库为例,修建目的是为了兴利,但修建后,水库大坝等工程自身又存在安全问题,一旦水库失控,将会造成重大损失,乃至引起社会的震动。所以合理的选定防洪标准具有重大的意义。

2. 大气可降水量 W

可降水量是指垂直空气柱中的全部水汽凝结后在汽柱底面上所形成的液态水的深度,以 W 表示,单位为 mm。

一般说来,一地区的可降水量决定于该地区的汽柱高度、纬度、地面高程、距海远近、气象条件等。对某一暴雨而言,当输入水气含量为 W,水汽入流端的平均风速为 V,空气上升运动的强度用辐合因子 β 表示,降雨历时为 t 的雨区面平均降雨量 P,可根据大气水分平衡原理用下式近似地表示为

$$P = \beta \cdot (VW) \cdot t \tag{5-26}$$

如令 $\beta V = \eta$,称降雨效率,则上式改写为

$$P = \eta W t \tag{5-27}$$

其中 η 值可用实测降雨资料反推求得,即

$$\eta = \frac{P/t}{W} \tag{5-28}$$

3. PMP 的估算——特大暴雨极大化

目前 PMP 的估算就是建立在可降水量这一基本概念的基础之上的。当降水量公式各因子达到可能最大值 β_m,V_m,η_m,W_m 时,降水量就达到 PMP,即

$$P_m = \beta_m V_m W_m T = \eta_m W_m T \tag{5-29}$$

直接用式(5-29)计算 PMP 须先确定 β_m,V_m,η_m,W_m,这是很困难的。目前,用水文

气象法推求 PMP 的基本思路是对典型暴雨进行极大化推求 PMP。选择典型暴雨时,应注意选择强度大、历时长、暴雨时空分布对流域产生洪水峰、量及过程线均恶劣的暴雨典型。

式(5-29)除以式(5-26)得

$$P_m = \frac{\eta_m W_m}{\eta W} P \tag{5-30}$$

式中,$\frac{\eta_m}{\eta} = K_2$,称为效率放大系数;$\frac{W_m}{W} = K_1$,称为水汽放大系数;式(5-30)称为水汽效率放大公式。

若特大暴雨已属高效暴雨,即 $\eta = \eta_m$,则 $P_m = K_1 P$,称为水汽方法公式。

当典型暴雨具有最大的辐合强度时,即 $\beta = \beta_m$,则

$$P_m = \frac{V_m W_m}{V W} P = K_3 P \tag{5-31}$$

式(5-31)称为水汽输送率放大公式,式中 K_3 称为入流指标放大系数。

由上面的式子可知,推求 PMP 的关键在于合理地确定 W_m,η_m,β_m,V_m 等数值。

(1) W_m 值的确定,也就是对代表性地面露点的可能最大值的选定。一般有两种方法:

一是采用历时最大代表性露点,当计算地区测站的地面露点资料超过 30~50 年时,可分月(汛期)选用历年中最大的持续 12 h 地面露点,作为该月的可能最大值;二是取用频率 $P=2\%$ 的代表性露点值作为各月的可能最大代表性地面露点。另外,当各省区具有最大代表性露点等值线图时,也可查用。

(2) η_m 值的确定,当暴雨资料系列较长,且有历史大洪水相应的暴雨资料时,可选若干场稀遇的典型大暴雨,计算不同历时的效率 η 值,绘制 η-t 关系线,取其外包值作为 η_{tm}。

(3) V_m 值的确定,如果风速资料较长(30~50 年以上)时,一般在典型暴雨所发生季节内选取同类暴雨水气输送通道上的历年时段最大平均风速(如 24 h 最大平均风速)的极大值作为代表性入流风速资料进行频率计算,以频率 $P=2\%$ 的风速值作为代表性入流风速的可能最大值。

[例 5-4] 某暴雨为高效暴雨,暴雨落区的地面高程为 1 040 m。某次大暴雨面平均雨量为 100.2 m,其水汽入流方向的障碍高程为 750 mm,入流代表站平均代表性露点为 24.7℃(已订正至 1 000 hPa),代表站平均历史最大露点为 27.2℃。试计算该地区的可能最大暴雨。

解:因暴雨落区的平均地面高程高于入流障碍高程,所以可降水计算从落区的平均高程 1 040 m 算至 200 hPa。代表性露点 24.7℃ 对应的可降水:

$$W(1\,040\,m \sim 200\,hPa) = W(1\,000\,hPa \sim 200\,hPa) - W(1\,000\,hPa \sim 1\,040\,m)$$
$$= 78.9 - 21.3 = 57.6\,mm$$

历史最大露点为 27.2℃ 对应的可降水:

$$W_M(1\,040\,m \sim 200\,hPa) = W(1\,000\,hPa \sim 200\,hPa) - W(1\,000\,hPa \sim 1\,040\,m)$$
$$= 97.8 - 24.2 = 73.6\,mm$$

可能最大暴雨:73.6 mm。

4. 应用可能最大降水图集推求 PMP

对于 $1\,000\sim2\,000\ \text{km}^2$ 以下的中小流域，计算可能最大暴雨量时，可直接查用各省区的可能最大暴雨图集。该图集内包括有：可能最大 24 h 点暴雨量等值线图，相应的点面雨量关系，长短历时雨量关系，典型暴雨图等内容。表示区域内一定历时、一定面积 PMP 地理变化的等值线图称为 PMP 等值线图。

这种等值线图是利用前述推求 PMP 的计算方法计算选定地点的 PMP 值，经过时-面-深、地区等项修匀，再勾绘成等值线图。一般仅绘制 24 h PMP 等值线图，然后利用长短历时暴雨关系、点面关系推求其他历时、面积的 PMP 值。

［例 5-5］ 某水库其流域面积 $F=500\ \text{km}^2$，试采用等值线图法推求该水库的可能最大暴雨。

解：（1）先推求水库流域面积形心处的可能最大 24 h 点暴雨量 $P_{\text{m点}}$。根据该省 24 h 可能最大点暴雨等值线图查出流域形心处的点雨量为 $P_{\text{m点}}=1\,100\ \text{mm}$。

（2）推求水库流域面积的可能最大面雨量 $P_{\text{m面}}$，根据该省的 24 h 可能最大点暴雨的编制及使用说明，查得点面折减系数为 0.92，则：$P_{\text{m面}}=0.92\times1\,100=1\,010\ \text{mm}$。

（3）推求可能最大暴雨的时程分配，根据所在省确定的相应的典型雨型分配进行推求，成果略。

复习题

1. 降水量的表示方法有哪些？分别有什么特点？
2. 降水要素指的是什么？
3. 累积雨量过程线与降雨强度过程线有何联系？
4. 暴雨强度与最大平均暴雨强度的含义有何区别？
5. 某流域面积 $F=20.0\ \text{km}^2$，其上有 10 个雨量站，各站代表面积已按泰森多边形法求得，并与 1998 年 6 月 29 日的一次实测降雨一起列于表 5-9，试计算本次降雨的流域平均降雨过程及流域平均总雨量。

表 5-9 　　　　　某流域各站实测的 1998 年 6 月 29 日降雨量

雨量站	代表面积 f_i /km²	权重 $G_i=f_i/F$	各站各时段的雨量、权雨量/mm							
			13～14 h		14～15 h		15～16 h		16～17 h	
			P_{1i}	$G_i\times P_{1i}$	P_{2i}	$G_i\times P_{2i}$	P_{3i}	$G_i\times P_{3i}$	P_{4i}	$G_i\times P_{4i}$
1	1.2	0.06	3.4	0.2	81.1	4.87	9.7		1.4	
2	2.79	0.14	5.0	0.7	60.0	8.4	11.0		0.7	
3	2.58	0.13	7.5	0.98	30.5	3.97	21.3		0.9	
4	1.6	0.08	0	0	21.5	1.72	9.7		1.8	
5	0.94	0.05	11.5	0.58	46.5	2.33	15.0		1.7	
6	1.79	0.09	14.1	1.27	65.9	5.93	17.0		1.6	
7	2.74	0.13	8.5	1.11	45.7	5.94	9.8		0	
8	2.34	0.12	0.1	0.01	36.8	4.42	7.8		0.9	
9	2.84	0.14	0.1	0.01	27.1	3.79	12.7		0.8	
10	1.23	0.06	14.5	0.87	40.9	2.45	9.4		0.7	

6. 某雨量站测得一次降雨的各时段雨量如表 5 - 10 所示,试计算和绘制该次降雨的时段平均降雨强度过程线和累积雨量过程线。

表 5 - 10   某站一次降雨实测的各时段雨量

时间 t/h	0~8	8~12	12~14	14~16	16~20	20~24
雨量 p/mm	8.0	36.2	48.6	54.0	30.0	6.8

7. 暴雨强度公式是哪几个表示暴雨特征的因素之间关系的数学表达式? 推求暴雨强度公式有何意义? 我国常用的暴雨强度公式有哪些形式?

8. 从某市一场暴雨自记雨量记录中求得 5,10,15,20,30,45,60,90,120 min 的最大降雨量分别是 13,20.7,27.2,33.5,43.9,45.8,46.7,47.3,47.7 mm。试计算各历时的最大平均暴雨强度 i(mm/min)及 q 值。

9. 水文气象法推求 PMP 的依据是什么? 何谓代表性地面露点?

6 小流域暴雨洪峰流量的计算

6.1 小流域暴雨洪峰流量计算的特点

小流域暴雨洪峰流量的计算是规划设计中小型水利工程、城市排洪渠道、铁路和公路的桥涵、厂矿及施工场地防洪的基本依据之一。所谓小流域面积的范围目前还没有统一的定论,有人认为对于复杂的地形,限制在 $10\sim30$ km² 范围内,当地形平坦时,可以为 $300\sim500$ km²,这主要决定于计算公式在推求过程中所依据的条件,在使用时应特别加以注意。

小流域设计一般具有以下特点:

(1) 缺少实测资料。如果小流域上有充分的实测流量及暴雨资料,就可以用暴雨资料来推求设计洪水,而我国实际情况是绝大多数的小流域没有水文站,缺乏实测径流资料及自记暴雨资料,有些地区甚至没有雨量站,因此小流域设计是在缺乏资料情况下如何估算设计洪水的问题。

(2) 洪峰流量的推求。排洪建筑物的设计受控于洪峰流量,考虑到流域面积较小,集流时间较短,一般小型水库的蓄水库容较小,水库及流域对洪水的调蓄能力作用都很小,洪水在几个小时甚至在几十分钟就能到达建筑物所在地,因此洪峰流量是小流域设计洪水的重点,不必求洪水过程线。

(3) 计算方法力求简便。小流域面积小,自然地理条件趋于单一,拟定计算方法时,允许作适当的简化,即允许做出一些概化的假定。小流域面积上的雨水管渠、防洪管沟、泄水桥涵等工程设施数量较多,因此在满足一定的计算精度的条件下,计算方法力求简捷、方便,例如假定短历时的设计暴雨时空分布均匀等。

小流域面积设计洪峰流量的研究途径目前主要有两种方法:① 推理公式(半理论半经验公式),主要是由暴雨资料求出设计暴雨,再经产流和汇流分析,由推理公式推求出设计洪峰流量,该法计算成果有较好的精度,是国内外使用最广泛的一种方法;② 地区经验公式,综合分析本地区内已有的实测洪水成果,分析洪水和流域要素间的关系,建立地区性的经验公式,在各地区水文手册中均有介绍,该法在使用时有一定的局限性。在方法的具体选用时,应根据工程规模及当地条件决定,若有可能,则多用几种方法计算,并通过综合分析比较,最后确定出设计洪峰流量。

推理公式法主要是按照省(市、区)水文手册及《暴雨径流查算图表》上的资料计算设计历时的暴雨量,再通过暴雨公式转化为任一历时的设计雨量,以线性汇流为基础,从等流时线的概念出发,假定产流强度(净雨强度)在时间、空间上分布均匀的情况下,经过流域汇流时间之后,流域出口断面的流量将达到稳定的最大流量。因此推理公式方法主要涉及流域产汇流分析与计算及暴雨径流的推理公式,本章主要就探讨这两个问题。

6.2 流 域 汇 流

6.2.1 暴雨损失

暴雨过程中由于填洼、植物截流、蒸发和入渗,使部分雨量不能形成地表径流,这部分水量称为暴雨损失。暴雨量扣除损失量即得净雨量。入渗被认为是暴雨损失中的主体部分,当降雨强度超过入渗强度,则产生地面径流,图 6-1 表示一次暴雨的降雨过程和相应期间暴雨损失过程,当 $t=t_0$ 及 $t=t_0+t_c$ 时,降雨强度和损失强度相等,即在 t_c 时段能形成净雨而产生地面径流,t_c 称为净雨历时,从降雨开始到形成净雨 t_0 时段内的损失称为初损。净雨产生后的损失称为后损。初损满足以后的损失并非稳定下渗,也是一个由大到小而趋于稳定的变化过程,但一般变化不大,在实际计算中,常将此时的下渗率作为一个常数看待,称为平均下渗率,通常用平均入渗率 $\bar{f}$ 表示稳渗过程。在小流域设计洪水计算中,常采用入渗扣除法计算净雨,就是根据暴雨和径流资料,结合入渗过程的研究,得出初损值 I 和后损平均入渗率 $\bar{f}$,则

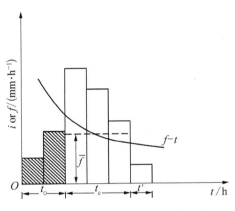

i—降雨强度;f—入渗率;t_0—初损历时;
t_c—净雨历时或产流历时;$\bar{f}$—后损平均入渗率
图 6-1 降雨过程与初损、后损示意图

$$h = H - I - \bar{f}t_c \qquad (6-1)$$

式中 h——一次暴雨的净雨深;

H——一次暴雨的总雨量;

I——初损量,包括截流、填洼、蒸发等;

$\bar{f}$——后损的平均入渗率;

t_c——后损历时,即净雨历时。

6.2.2 流域汇流分析与计算

径流的形成是一个极为复杂的过程,一般把它概化为两个阶段,即产流阶段和汇流阶段。产流阶段是指当降雨满足了植物截留、洼地蓄水和表层土壤储存后,后续降雨强度又超过下渗强度,其超过下渗强度的雨量,降到地面以后,开始沿地表坡面流动称为坡面漫流,是产流的开始。如果雨量继续增大,漫流的范围也就增大,形成全面漫流,这种超渗雨沿坡面流动注入河槽,称为坡面径流。地面漫流的过程,即为产流阶段。汇流阶段是指雨产生的径流,汇集到附近河网后,又从上游流向下游,最后全部流经流域出口断面,叫作河网汇流,这种河网汇流过程,即为汇流阶段。流域汇流是指,在流域各点产生的净雨,经过坡地和河网汇集到流域出口断面,形成径流的全过程。同一时刻在流域各处形成的净雨距流域出口断面远近、流速不相同,所以不可能全部在同一时刻到达流域出口断面。但是,不同时刻在

流域内不同地点产生的净雨,却可以在同一时刻流达流域的出口断面。流域汇流时间是指流域上最远点的净雨流到出口的历时,而汇流时间则是指流域各点的地面净雨流达出口断面所经历的时间。

一次暴雨的净雨深 h 乘以流域面积所得水量就等于此次暴雨形成的,通过流域出口断面的洪水总量,此水量流经出口断面的时间过程线,就是出口断面地面径流过程线,如果知道地面径流分配过程,就能求出洪峰流量。

图 6-2 表示某流域在一次暴雨过程中降雨-净雨-径流的关系,在这次降雨过程中,当降雨强度扣住截流等损失后,其强度小于当时当地的土壤下渗率,全部降雨都消耗于损失,尚未产生地面径流,这一时段为初损历时。当降雨强度逐渐增加,土壤由于雨水不断下渗,其下渗率逐渐降低,到达某一时刻,降雨强度恰等于当时当地的下渗率,开始形成净雨,从强度上看应有地表径流产生,但由于此时尚未满足土壤的总吸水量,因此实际产生径流的时间是稍后,此后在广大流域面积上普遍开始产生径流,其水量不断增加,逐渐汇入河网,并且出口断面的流量开始变化,形成图 6-2 中的地面径流部分。当这次降雨趋于停止时,降雨强度逐渐减小到稳渗率的强度,地面径流逐

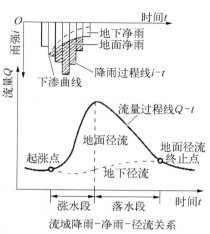

图 6-2 流域降雨-净雨-径流关系

渐消失,净雨也最后终止。但河槽集流过程并未停止,它包括雨水由坡面汇入河网,直到全部流经出口断面时为止的整个过程,它的延续时间最长,比净雨历时和坡地漫流历时都要长得多,一直到地面径流终止点,由这次暴雨产生的洪水过程才算停止。净雨停止后的径流历时称为流域汇流时间,以 τ 表示,即流域最远点 A 的净雨流到出口断面 B 所花费的时间。

6.2.3 等流时线原理

等流时线是指凡在该线上的雨水,经过相同的汇流时间,能同时到达出口断面。相邻两条等流时线之间的面积称为等流时面积。同一时刻降落在等流时面积上的雨水,能在对应的两等流时线的时距内相继到达出口断面;在降雨时段等于两条等流时线的时距内降落在对应的等流时面积上的雨水,需经历两倍的降雨时段才能相继到达出口断面,这就是等流时线的基本思想。

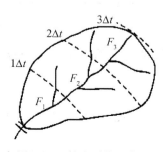

图 6-3 等流时线示意图

地面径流的汇集包括坡面漫流和河槽集流两个过程,一般是将两个过程合成流域汇流一个过程处理。净雨开始后,流域坡面上各处净雨先后注入河槽并抵达流域出口,出口断面流量逐渐增大,不同面积上的净雨流量到达出口处的时间也不相同,各处净雨抵达出口断面所经历时间称为汇流时间。在流域上汇流时间相同的位置点的连线称为等流时线,如图 6-3 中的虚线,由等流时线与流域分水线所构成的面积称为共时径流面积,即同一时刻产生且汇流时间相同的净雨,所组成的面积。等流时线的概念包括了这样的假设,即认为汇流时间只与流域面上各点距出口断面

的距离有关,忽略产流与汇流因素的时变特性,故等流时线将固定地不随时间变化。

例如,流域被划分为8块等流时面积,分别为 f_1, f_2, f_3, $\cdots$, f_8,一场空间分布均匀的净雨有3个阶段,时段净雨量依次为 h_1, h_2, h_3,应取等流时线距与净雨时段一致,即均为 Δt。按上述等流时线基本思想,这场降雨形成的出流过程为

$$Q_1 = \frac{h_1}{\Delta t} f_1 \qquad\qquad Q_2 = \frac{h_1}{\Delta t} f_2 + \frac{h_2}{\Delta t} f_1$$

$$Q_3 = \frac{h_1}{\Delta t} f_3 + \frac{h_2}{\Delta t} f_2 + \frac{h_3}{\Delta t} f_1 \qquad Q_4 = \frac{h_1}{\Delta t} f_4 + \frac{h_2}{\Delta t} f_3 + \frac{h_3}{\Delta t} f_2$$

$$Q_5 = \frac{h_1}{\Delta t} f_5 + \frac{h_2}{\Delta t} f_4 + \frac{h_3}{\Delta t} f_3 \qquad Q_6 = \frac{h_1}{\Delta t} f_6 + \frac{h_2}{\Delta t} f_5 + \frac{h_3}{\Delta t} f_4$$

$$Q_7 = \frac{h_1}{\Delta t} f_7 + \frac{h_2}{\Delta t} f_6 + \frac{h_3}{\Delta t} f_5 \qquad Q_8 = \frac{h_1}{\Delta t} f_8 + \frac{h_2}{\Delta t} f_7 + \frac{h_3}{\Delta t} f_6$$

$$Q_9 = \frac{h_1}{\Delta t} f_7 + \frac{h_2}{\Delta t} f_8 \qquad\qquad Q_{10} = \frac{h_3}{\Delta t} f_8 \quad Q_{11} = 0$$

式中,Q_1, Q_2, $\cdots$, Q_{11} 分别为第 1, 2, $\cdots$, 11 时段末的流域出口断面流量。上述推流计算宜于列表进行,见表 6-1。此例计算时段及等流时线时距均为 $\Delta t = 3\,h$,净雨有4个时段。计算中由于等流时面积以 km^2 计,时段净雨量以 mm 计,出口断面流量以 m^3/s 计,因此必须注意单位换算。

表 6-1　　　　　　　　　　　等流时线法推流计算

日	时	f /km^2	h /mm	$fh/(\times 10^3\,m^3)$				$Q\Delta t$ /$\times 10^3\,m^3$	Q /$(\times 10^3\,m^3 \cdot s^{-1})$
				5	28	44	3		
3	6	58	5	290				290	26.9
	9	120	28	600	1 620			2 220	205.5
	12	130	44	650	3 360	2 550		6 560	607.6
	15	115	3	575	3 640	5 280	174	9 669	895.2
	18	82		410	3 220	5 720	360	9 710	899
	21	60		300	2 300	5 060	390	8 050	745.4
4	0	24		120	1 680	3 608	345	5 753	532.6
	3				670	2 640	246	3 556	329.2
	6					1 056	180	1 236	114.4
	9						72	72	6.7

6.2.4　不同净雨历时情况下的径流过程

应用等流时原理,根据净雨历时与流域汇流时间的大小,不同情况下的汇流过程分析如下:

1. 净雨历时小于流域汇流时间

设一次均匀降雨的历时为 Δt,净雨深为 h,净雨强度 $i = h/\Delta t$,它在出口断面 B 形成的地面径流,按照等流时线原理绘制出地面径流过程线。

假设汇流时间为 $4\Delta t$,则可认为出口断面的径流分别由4块共时径流面积先后叠加而

成,如图 6-4 所示底边为 012 的三角形由 f_1 面积汇流形成,底边为 123 的三角形为由 f_2 面积汇流而成,以此类推,而后叠加得径流过程线。比较各共时径流面积,可见 Q_3 最大,所以洪峰流量为 $Q_3 = Kif_3$。

由此可见,当净雨历时小于流域汇流时间时,洪峰流量由全部净雨参与,但是只有部分流域面积上净雨汇集而成,即最大共时径流面积,故为部分汇流。

2. 净雨历时等于流域汇流时间

同样假设净雨历时为 $4\Delta t$,汇流时间也为 $4\Delta t$,各时段降雨净深分别为 h_1,h_2,h_3,h_4,则出口断面的地面径流过程如图 6-5 所示。

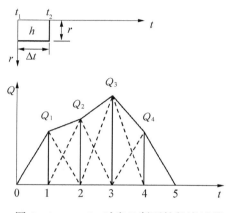

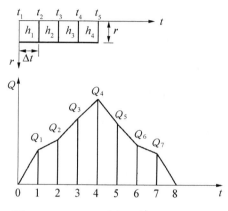

图 6-4　$t_c < \tau$ 时出口断面的径流过程　　　　图 6-5　$t_c = \tau$ 时出口断面的径流过程

表 6-2　　　　　　　　　　$t_c = \tau$ 时出口断面的径流推流计算

净雨过程	流域出口断面径流出现的时序	T 横坐标	Q 纵坐标	产生径流的流域部位及其流量值			
				f_1	f_2	f_3	f_4
h_1	第一时段开始	0	Q_0	0			
	第一时段末	Δt	Q_1	$K\dfrac{h_1 f_1}{\Delta t}$	0		
h_2	第二时段末	$2\Delta t$	Q_2	$K\dfrac{h_2 f_1}{\Delta t}$	$K\dfrac{h_1 f_2}{\Delta t}$	0	
h_3	第三时段末	$3\Delta t$	Q_3	$K\dfrac{h_3 f_1}{\Delta t}$	$K\dfrac{h_2 f_2}{\Delta t}$	$K\dfrac{h_1 f_3}{\Delta t}$	0
h_4	第四时段末	$4\Delta t$	Q_4	$K\dfrac{h_4 f_1}{\Delta t}$	$K\dfrac{h_3 f_2}{\Delta t}$	$K\dfrac{h_2 f_3}{\Delta t}$	$K\dfrac{h_1 f_4}{\Delta t}$
	第五时段末	$5\Delta t$	Q_5	0	$K\dfrac{h_4 f_2}{\Delta t}$	$K\dfrac{h_3 f_3}{\Delta t}$	$K\dfrac{h_2 f_4}{\Delta t}$
	第六时段末	$6\Delta t$	Q_6		0	$K\dfrac{h_4 f_3}{\Delta t}$	$K\dfrac{h_3 f_4}{\Delta t}$
	第七时段末	$7\Delta t$	Q_7			0	$K\dfrac{h_4 f_4}{\Delta t}$
	第八时段末	$8\Delta t$	Q_8				0

同理可做出径流过程线如图,由图6-5可见,洪峰流量发生在 $t=t_4$ 时,此时

$$Q_m = Q_{14} + Q_{23} + Q_{32} + Q_{41} = K\frac{h_1}{\Delta t}f_4 + K\frac{h_2}{\Delta t}f_3 + K\frac{h_3}{\Delta t}f_2 + K\frac{h_4}{\Delta t}f_1 \quad (6-2)$$

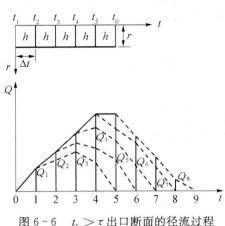

图 6-6　$t_c > \tau$ 出口断面的径流过程

上式说明,当净雨历时等于流域汇流时间时,全部流域面积的全部净雨汇集成洪峰流量,称为全面汇流。

3. 净雨历时大于流域汇流时间

仍假设汇流时间为 $4\Delta t$,而净雨历时为 $5\Delta t$,为分析方便计算,取 5 个净雨时段的各净雨深相等,为 h,根据上述分析方法,各时段的流量如图 6-6 所示。

由图 6-6 可知,全部流域面积上为全面汇流,然而只有部分净雨参与 Q_m,即 Q_m 的数值与 $t_c = \tau$ 时求得的洪峰流量相同,只是它多延续了一个 t 时段,因而上图的过程线呈梯形形状。

4. 综合分析

(1)洪峰流量公式形式:

$$Q_m = K\frac{h}{\Delta t}F_m = KrF_m \quad (6-3)$$

式中　F_m——最大共时径流面积,当 $t_c < \tau$ 时,F_m 取共时径流面积中最大者;当 $t_c \geq \tau$ 时,$F_m = F$,属全面汇流。

(2)当 $t_c < \tau$ 时,$F_m < F$,故 Q_m 不是最大。

当 $t_c > \tau$ 时,虽然是全面汇流,$F_m = F$,但只有部分净雨参与洪峰流量,所以形成的 Q_m 也不是最大。

(3)当 $t_c = \tau$ 时,既是全面汇流,又是全部净雨参与 Q_m,故小流域洪峰流量计算常取 $t_c = \tau$,$F_m = F$ 计算 Q_m,即

$$Q_m = K\frac{h}{\Delta t}F = KrF \quad (6-4)$$

式(6-4)是小流域洪峰流量计算的常用公式,它是通过暴雨形成洪水过程进行产流和汇流分析,并在一定的假定和概化基础上,应用等流时线原理推理得出,所以称为推理公式,又称合理化公式,它具有半经验半理论性质。但是求得的径流过程线,往往与地面径流实测过程线不尽相符,这是由于用等流时线原理计算汇流过程的假定引起的,其假定主要用不随时间地点而变的平均汇流速度来代替因式因地而变的实际汇流速度,此外,也没有考虑坡地漫流与河槽调蓄等问题。

6.2.5　单位线法

1. 单位线的基本概念

在给定的流域上,单位时段内均匀分布的单位地面净雨量,在流域出口断面所形成的地

面径流过程线,称为单位线,如图 6-7 所示。

单位地面净雨量一般取 10 mm,单位时段可取 1,3,6,12 和 24 h 等,依流域大小而定。

由于实际的净雨不一定正好是一个单位和一个时段,所以分析使用单位线时有如下两条假定:

（1）倍比假定

如果单位时段内的净雨不是一个单位而是 k 个单位,则形成的流量过程是单位线纵标的 k 倍。

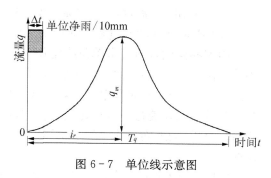

图 6-7　单位线示意图

（2）叠加假定

如果净雨不是 1 个时段而是 m 个时段,则形成的流量过程是各时段净雨形成的部分流量过程错开时段叠加。

根据上述假定,可写出流域出口断面流量过程线的表达式:

$$Q_i = \sum_{j=1}^{m} \frac{h_i}{10} q_{i-j+1}$$

$$(i = 1, 2, \cdots, l; \; j = 1, 2, \cdots, m; \; i-j+1 = 1, 2, \cdots, n) \quad (6-5)$$

式中　Q_i——流域出口断面各时段末的流量值,m³/s;

　　　　h_j——各时段净雨量,mm;

　　　　q_{i-j+1}——单位线各时段末的纵坐标,m³/s;

　　　　l——流域出口断面流量过程线时段数;

　　　　m——净雨时段数;

　　　　n——单位线时段数。

上式的展开式为

$$Q_1 = \frac{h_1}{10} q_1$$

$$Q_2 = \frac{h_1}{10} q_2 + \frac{h_2}{10} q_1$$

$$Q_3 = \frac{h_1}{10} q_3 + \frac{h_2}{10} q_2 + \frac{h_3}{10} q_1$$

$$Q_4 = \frac{h_1}{10} q_4 + \frac{h_2}{10} q_3 + \frac{h_3}{10} q_2 + \frac{h_4}{10} q_1$$

$$\cdots$$

观察 Q_1,Q_2,Q_3,…计算式右侧项不难发现,第 1 列为第 1 时段净雨形成的部分流量过程,第 2 列为第 2 时段净雨形成的部分流量过程,……

2. 单位线的推求

单位线可利用实测的降雨径流资料来推求。一般选择时空分布较均匀、历时较短的降雨形成的单峰洪水来分析,具体推求方法步骤如下:

（1）根据洪水资料,通过径流分割,求得出口断面的地面径流过程;

（2）利用降雨资料，通过产流计算，求出地面净雨过程；

（3）根据地面净雨过程及对应的地面径流流量过程，推求单位线。

由实测雨洪资料推求单位线常用分析法和试错法。当净雨时段小于等于 2 个时，可采用分析法，及运用单位线的两个假定反推出单位线。而当净雨时段数多于 2 个时，需采用试错法，即先假定一条时段单位线，采用时段单位线推流的计算方法，求得地面径流过程，将其与实测的地面径流过程进行比较，若相符，则假定即为所求；若有差别，应修改原假定的单位线，直至计算的地面径流过程与实测的地面径流过程基本相符，此时的单位线即为所求的单位线。

实际上，流域汇流并非严格遵循倍比假定和叠加假定，实测资料及推算的净雨量也具有一定的误差，所以分析法求出的单位线纵坐标有时会呈现锯齿状，甚至出现负值。此时需对推算出的单位线作光滑修正，但应保持单位线的径流深为 10 mm。

3. 单位线的时段转换

单位线应用时，往往因实际降雨历时和已知单位线的时段长不相符合，不能任意移动用；另外，在对不同流域的单位线进行地区综合时，各流域的单位线也应取相同的时段长才能综合，解决上述问题的方法是进行单位线的时段转换。单位线时段转换常运用 S 曲线。

（1）S 曲线的定义及推求

假定流域上地面净雨持续不断，且每一时段地面净雨均为一个单位，在流域出口断面形成的流量过程线，称为 S 曲线。

S 曲线在某时刻的纵坐标等于连续若干个 10 mm 净雨所形成的单位线在该时刻的纵坐标之和，或者说，S 曲线的纵坐标就是单位线纵坐标沿时程的累积曲线，即

$$S(t) = \sum_{j=0}^{k} q_j(\Delta t, t) \tag{6-6}$$

式中 $S(t)$——第 k 个时段末 $(t = k\Delta t)$ S 曲线的纵坐标，m³/s；

  q_j——时段为 Δt 的单位线第 j 个时段末的纵坐标，m³/s；

  Δt——时段线时段，h。

若已知某时段长的单位线，用上式就可以推求出同样时段长的 S 曲线。

（2）用 S 曲线进行单位线时段转换

有了 S 曲线，就可以进行不同时段单位线的转换。例如，要将已知时段为 Δt_0 的单位线 $q(\Delta t_0, t)$ 转换成时段为 Δt 的单位线 $q(\Delta t, t)$，只需要将 $S(t)$ 曲线向右平移 Δt，得另一条比起始时刻迟 Δt 的 $S(t - \Delta t)$ 曲线。这两条曲线的纵坐标差 $S(t) - S(t - \Delta t)$ 代表 Δt 时段内强度为 10 mm/Δt_0 的净雨形成的流量过程线。由单位线的倍比假定，有

$$\frac{q(\Delta t, t)}{S(t) - S(t - \Delta t)} = \frac{10/\Delta t}{10/\Delta t_0} \tag{6-7}$$

所以，转换后的单位线为

$$q(\Delta t, t) = \frac{\Delta t_0}{\Delta t}[S(t) - S(t - \Delta t)] \tag{6-8}$$

式中 $q(\Delta t, t)$——转换后时段为 Δt 的单位线；

Δt_0——原单位线时段长；

$S(t)$——时段为 Δt_0 的 S 曲线；

$S(t-\Delta t)$——后移 Δt 的 S 曲线。

4. 单位线存在的问题及处理方法

单位线假定流域汇流符合倍比和叠加原理，事实上这并不完全符合实际。因此，一个流域不同次洪水分析的单位线常有所不同，优势差别较大，主要原因有以下几个方面：

（1）洪水大小的影响

大洪水一般流速大，汇流较快。因此，用大洪水资料求得的单位线尖瘦，峰高且峰现时间早。小洪水则相反，求得的单位线过程平缓，峰低且峰现时间迟。

（2）暴雨中心位置的影响

单位线假定降雨在流域内分布均匀。事实上，全流域均匀降雨的情况很少。流域越大，降雨在流域内分布不均匀状况就越突出。暴雨中心在上游的洪水，汇流路径长，受流域调蓄作用也大，洪水过程较平缓，由此洪水求得的单位线也平缓，峰低且峰现时间偏后。反之，若暴雨中心在下游，由此类洪水推出的单位线过程尖瘦，峰高且峰现时间早。

处理办法：一般按洪水的大小和暴雨中心位置分别确定单位线，在实际工作中根据具体情况选用。

6.2.6 雨水管渠设计流量计算

在应用合理化公式计算小流域设计洪峰流量时，确定计算设计暴雨强度的历时 t 是一个主要的问题，在城镇、山区防洪设计、小桥涵设计流量计算中常取 $t=t_c=\tau$，这是偏安全的。在城镇雨水管渠设计中，则按排水管渠中水流流动时间估计：

$$t=t_1+mt_2 \tag{6-9}$$

式中 t_1——地面集水时间，一般取 $5\sim15$ min；

t_2——雨水在管渠中流动时间，取其流程长度除以流速；

m——考虑管渠充水的延迟时间的延缓系数，$m=1$。

雨水管渠计算的径流系数由地面覆盖条件定，见表 6-3。

表 6-3　　　　　　　径流系数

覆 盖 种 类	径流系数
各种屋面、混凝土和沥青路面	0.90
大块石砌路面、沥青表面处理的碎石路面	0.60
级配碎石路面	0.45
干砌砖石和碎石路面	0.40
非铺砌土地面	0.30
绿地	0.15

[例 6-1]　某雨水口两年一遇的设计流量。该地无雨量公式，查得多年最大 24 h 雨量均值 $H_{24}=100$ mm，最大 24 h 系列的 $C_{v24}=0.4$，取 $C_{s24}=3.5C_{v24}$，暴雨衰减指数 $n=0.7$，集水面积 $F=0.15$ km^2，排水系统布置如图 6-8 所示，由布置定 $t_1=t_2=10$ min，取 $m=1.5$，集水区为非铺砌土路面。

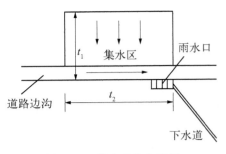

图 6-8　排水系统布置图

解： 先求得暴雨公式：

$$A_p = \frac{H_{24}(\Phi C_{v24}+1)}{24^{1-n}}$$

对于 $C_{s24}=3.5\times0.4=1.4$，$P=50\%$，查图得 $\Phi=-0.22$，则

$$A_p = \frac{100(-0.22\times0.4+1)}{24^{1-0.7}}=35.15\ \text{mm/h}$$

取　　$t=t_1+mt_2=10+15=25\ \text{min}=0.42\ \text{h}$

故　　　　　$i_p=A_p/t^n=35.15/0.42^{0.7}=64.51\ \text{mm/h}$

由表 6-3 查得 $\psi=0.3$，则

$$Q=K\psi i_P F=0.278\times0.3\times64.51\times0.15=0.81\ \text{m}^3/\text{s}$$

6.3　暴雨洪峰流量的推理公式

推理公式是以线性汇流为基础，从等流时线汇流原理出发，假定产流强度（净雨强度）在时间、空间上分布均匀的情况下，经过流域汇流时间 τ 之后，流域出口断面的流量将达到稳定的最大流量。用推理公式求小流域设计洪峰流量是全世界各地区广泛采用的一种方法，发展至今已经有一百多年的历史。由于对暴雨、产流及汇流的处理方式不同，形成的推理公式也不尽相同，但一般不外乎是净雨强度与汇流面积的乘积，这一点已通过理论推导和实验证明。从不同的净雨历时推得的地面径流过程中可以得到推理公式一般为

$$Q_m=K(\bar{i}-\bar{f})\varphi F \ \text{或}\ Q_m=K\psi\varphi\bar{i}F \tag{6-10}$$

式中　φ——共时径流面积系数，$\varphi=F_0/F$；

　　　ψ——洪流径流系数，等于形成洪峰的净雨量与降雨量的比值；

　　　F_0——公式径流面积，km^2。

中国水利水电科学研究院水文研究在 1958 年所提出的推理公式（简称水文所公式），是我国水利部门多年依赖广泛使用的推理公式之一，其基本形式为

$$Q_m=0.278\psi\bar{i}F \tag{6-11}$$

又因暴雨强度公式为

$$\bar{i}=\frac{A}{t^n}$$

当 $t=\tau$ 时，$\bar{i}=A/\tau^n$，则

$$Q_m=0.278\psi\frac{A}{\tau^n}F \tag{6-12}$$

式中　ψ——洪峰径流系数;

　　　A——设计频率暴雨雨力,mm/h;

　　　τ——流域汇流时间,h;

　　　n——暴雨衰减指数;

　　　F——流域面积,km²。

　　上式即中国水利水电科学研究院水文研究所推求小流域设计洪峰流量的基本公式。式中包括了三个主要的因素:① 暴雨因素,如雨力 A、暴雨衰减指数 n;② 产流因素,如径流系数 ψ;③ 汇流因素,如流域汇流时间 τ。这些因素反映了流域的气候条件和下垫面条件。适用的流域范围:在多雨地区,视地形条件一般为 300~500 km² 以下;在干旱地区,为 100~200 km² 以下,但不能应用于岩溶、泥石流及各种人为措施影响严重的地区。

6.3.1　流域汇流时间 τ 值的计算

　　汇流时间 τ 不仅与流域最远流程的汇流长度 L 有关,而且与沿程的水力条件(如流量大小、流域比降等)有关,情况极为复杂,水科院水文所采用平均流域汇流速度 V 来概括描述径流在坡面和河道内的运动,此公式被大家广泛接受,故

$$\tau = 0.278 \frac{L}{V} \tag{6-13}$$

式中　τ——流域汇流时间,h;

　　　V——流域平均汇流速度,m/s;

　　　L——流域汇流长度,km。

　　式(6-13)是将坡面汇流历时和河槽汇流历时作了简略的概括,在各种流域汇流条件下(包括河槽断面形态、河槽和坡面糙率等),V 多采用下列近似的半经验公式:

$$V = m J^{\sigma} Q_{\mathrm{m}}^{\lambda} \tag{6-14}$$

式中　m——反映流域坡面特性、河网形态等因素的汇流参数;

　　　J——沿最远流程的河道平均比降;

　　　Q_{m}——待定的洪峰流量,m³/s;

　　　λ,σ——反映沿流水力特性的经验指数。

　　将式(6-14)代入式(6-13)可得

$$\tau = 0.278 \frac{L}{m J^{\sigma} Q_{\mathrm{m}}^{\lambda}} \tag{6-15}$$

式中符号同前。

　　现举一三角形河槽(图 6-9)为例来说明。由谢才公式得

$$V = \frac{1}{n} R^{\frac{2}{3}} J^{\frac{1}{2}} \tag{6-16}$$

过水断面积:

$$A = 2 m_{\mathrm{c}} d \times \frac{d}{2} = m_{\mathrm{c}} d^{2} \tag{6-17}$$

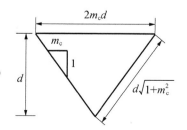

图 6-9　三角形河槽

式中, m_c 为河道断面边坡系数。

水力半径为

$$R = \frac{m_c d^2}{2d\sqrt{1+m_c^2}} = \frac{m_c d}{2\sqrt{1+m_c^2}} = \frac{A}{\chi} \tag{6-18}$$

又将 $d = \sqrt{\dfrac{A}{m_c}}$，$A = \dfrac{Q_m}{V}$ 代入，得

$$R = \frac{1}{2}\sqrt{\frac{m_c}{1+m_c^2}}\sqrt{\frac{Q_m}{V}} \tag{6-19}$$

将上式代入式(6-16)，整理后得

$$V = \left(\frac{1}{n}\right)^{\frac{3}{4}}\left(\frac{1}{2}\sqrt{\frac{m_c}{1+m_c^2}}\right)^{\frac{1}{2}} Q_m^{\frac{1}{4}} J^{\frac{3}{8}} \tag{6-20}$$

令 $m = \left(\dfrac{1}{n}\right)^{\frac{3}{4}}\left(\dfrac{1}{2}\sqrt{\dfrac{m_c}{1+m_c^2}}\right)^{\frac{1}{2}}$，则上式变为

$$V = m J^{\sigma} Q_m^{\lambda} \tag{6-21}$$

说明河道断面近似取为三角形分析时，$\sigma = \dfrac{3}{8} \approx \dfrac{1}{3}$，$\lambda = \dfrac{1}{4}$，对于一般山区性河道，都把出口断面近似地概化为三角形，而对于抛物线形断面则 $\sigma = \dfrac{1}{3}$，$\lambda = \dfrac{1}{3}$，矩形断面 $\sigma = \dfrac{1}{3}$，$\lambda = \dfrac{2}{5}$。

山区河道的 τ 可以下式计算：

$$\tau = 0.278 \frac{L}{m J^{\frac{1}{3}} Q_m^{\frac{1}{4}}} \tag{6-22}$$

将上式代入式(6-12)，联立求解 Q_m 得

$$Q_m = \left[(0.278)^{1-n} \Psi A F \left(\frac{m J^{\frac{1}{3}}}{L}\right)^n\right]^{\frac{4}{4-n}} \tag{6-23}$$

6.3.2 洪峰流量径流系数 ψ 的计算

由于影响因素复杂和地区不同，直接求洪峰流量径流系数，不容易得到满意结果，目前都采用间接的方法，即采用设计暴雨量扣除平均损失强度 μ 的方法求得，即 $\psi \times i_P = i_P - \mu$。

中国水利水电科学研究院水文研究所把设计暴雨强度过程概化为图 6-10 和 6-11 两种形式，并认为当瞬时暴雨强度 $i = \mu$ 时，是产生与不产生净雨的分界点，由此可决定最大产流时间 t_c。

当 $t_c \geqslant \tau$ 时，即全面汇流情况，出口断面的洪峰流量是由相当于流域汇流时间 τ 内的最

大净雨量 h_τ 在全流域面积上形成的, 洪峰径流系数 $\psi = h_\tau/H_\tau$。

当 $t_c < \tau$ 时, 即部分汇流情况, 出口断面的洪峰流量是由相当于产流历时 t_c 内的最大净雨量 h_R 在部分流域面积上形成的, 洪峰径流系数 $\psi = h_R/H_\tau$。

历时为 t 的暴雨平均强度为 $i_t = A/t^n = At^{-n}$, 则时段 t 内的总降雨量 $H_t = i_t \times t = At^{1-n}$ 而历时为 t 的瞬时暴雨强度, 可对上式微分求得

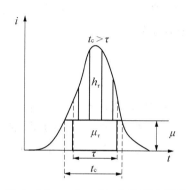

图 6-10 $t_c \geqslant \tau$ 时, ψ 求解示意图

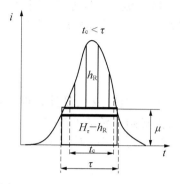

图 6-11 $t_c < \tau$ 时, ψ 求解示意图

$$i = \frac{\mathrm{d}H_t}{\mathrm{d}t} = (1-n)At^{-n} = (1-n)i_t$$

已知当 $i = u$ 时, $t = t_c$, 于是上式变为

$$u = (1-n)At_c^{-n} \tag{6-24}$$

则

$$t_c = \left[(1-n)\frac{A}{\mu}\right]^{\frac{1}{n}} \tag{6-25}$$

(1) 当 $t_c \geqslant \tau$ 时, 属于全流域面积汇流情况, 此时 τ 时段的总降雨量 $H_\tau = A\tau^{1-n}$, 而损失量为 $\mu\tau$, 于是 τ 时段内的总净雨量 $h_\tau = H_\tau - \mu\tau$, 则

$$\Psi = \frac{h_\tau}{H_\tau} = \frac{H_\tau - \mu\tau}{H_\tau} = 1 - \frac{\mu\tau}{A\tau^{1-n}} = 1 - \frac{\mu}{A}\tau^n \tag{6-26}$$

(2) 当 $t_c < \tau$ 时, 属于部分流域面积汇流情况, 此时 τ 时段的总降雨量仍为 H_τ, 但损失量为 $H_\tau - h_R$, 其中 h_R 是本次降雨 $t = t_c$ 时所产生的总净雨量, 即

$$h_R = H_{t_c} - \mu t_c = (it_c - \mu)t_c$$

代入得

$$\Psi = \frac{h_R}{H_\tau} = \frac{nAt_c^{1-n}}{A\tau^{1-n}} = n\left(\frac{t_c}{\tau}\right)^{1-n} \tag{6-27}$$

代表地面平均入渗能力的 μ 与土壤透水性能、地貌、植被等条件有关, 还与暴雨量大小、历时和时程分配有关, 为简化计算, 各地水文手册规定了地区性的 μ 值可供查用。

由以上分析可知, 求解 Q_m 时需确定 τ 和 ψ, 而 ψ 是 τ 的函数, 为此要联立求解:

当 $t_c > \tau$ 时,
$$\left.\begin{aligned}\Psi &= 1 - \frac{\mu}{A}\tau^n \\ \tau &= \tau_0\Psi^{\frac{1}{4-n}}\end{aligned}\right\} \tag{6-28}$$

设若干个 τ,用式求得对应的 ψ 及 Q_m,点汇出 τ-Q_m 的曲线,再设若干个 Q_m 值,求得若干对应的 τ 值,在同张图上点汇出 Q_m-τ 曲线,两曲线的交点即为所求的 Q_m 及 τ 值,这是图解法。

6.3.3 汇流参数 m 的计算

m 是流域汇流中反映水力因素的指标,与坡面的植被、土地利用情况、河槽断面形状及糙率等因素有关。可以通过实测暴雨洪水资料利用下式求得

$$m = \frac{0.278L}{J^{\frac{1}{3}} Q_m^{\frac{1}{4}} \tau} \tag{6-29}$$

对于无资料地区或在设计条件下需要外延移用,要对 m 值进行地区综合。各省区水文部在编制"暴雨径流查算图表"时,选用了能反映流域大小和地形条件的流域特征因素 θ 与 m 建立了相关关系,对 m 值进行了地区综合。流域特征因素 θ 一般可由下式之一计算:

$$\theta = \frac{L}{J^{\frac{1}{3}} F^{\frac{1}{4}}} \tag{6-30}$$

或

$$\theta = \frac{L}{J^{\frac{1}{3}}} \tag{6-31}$$

水利部暴雨洪水分析办公室汇总分析了全国 50 年一遇以上大洪水的汇流参数 m 值,并与流域建立综合关系,按下垫面条件分别定线,得出流域面积小于 500 km^2,50 年一遇以上洪水的 m-θ 图。

6.4　地区性经验公式及水文手册的应用

根据小流域地区的实测洪水资料找出与洪峰流量有关的主要因素,建立起洪峰流量与这些因素之间的相关关系,表征这些关系的数学方程式就是地区性经验公式,这类公式计算简单,使用方便,但地域性比较强,所以这类公式类型甚多,本书只介绍其一般形式,各省(区)及各地区《水文手册》中都有这些公式及使用方法,计算时可结合当地手册进行。

6.4.1 公路科学研究所——以流域面积为参数的地区经验公式

该公式适用于汇水面积在 10 km^2 以内,可供估算使用,这也是目前各省(区)用得最普遍的经验公式:

$$Q_m = KF^n \tag{6-32}$$

式中　Q_m——设计洪峰流量,m^3/s;

　　　　F——流域面积,km^2;

K——径流模数，$m^3 \cdot s^{-1} \cdot km^{-2}$，随频率而不同；

n——面积指数，具体见表 6-4。

表 6-4   **K，n 值表**

地 区	K 值					n 值
	频 率					
	50%	20%	10%	6.7%	4%	
华 北	8.1	13.0	16.5	18.0	19.0	0.75
东 北	8.0	11.5	13.5	14.6	15.8	0.85
东南沿海	11.0	15.0	18.0	19.5	22.0	0.75
西 南	9.0	12.0	14.0	14.5	26.0	0.75
华 中	10.0	14.0	17.0	18.0	19.6	0.75
黄土高原	5.5	6.0	7.5	7.7	8.5	0.80

n，K 随地区和频率而变化，可在各省区的水文手册中查到。例如江西省把全省分为 8 个区，各区按不同的频率给出相应的 n 值和 K 值，表 6-5 为该省第Ⅷ区的情况。

表 6-5   **江西省第Ⅷ区经验公式 $Q_m = KF^n$ 参数表**

频率 p		0.2%	0.5%	1%	2%	5%	10%	20%	选用水文站流域面积范围/km²
Ⅷ（修水区）	K	27.5	23.3	19.4	15.7	11.6	8.6	5.2	6.72~5 303
	n	0.75	0.75	0.76	0.76	0.78	0.79	0.83	

另某地将其所属地区分为山地与川原沟壑两区，n 与 K 值均随频率而不同，具体变化如表 6-6 所示。

表 6-6   **某地参数 K 与 n 值表**

区 域	项 目	频 率					使用范围/km²
		0.5%	1.0%	2.0%	5.0%	10.0%	
山 地	K	28.6	22.0	17.0	10.7	6.58	3~2 000
	n	0.601	0.621	0.635	0.672	0.707	
川原沟壑	K	70.1	49.9	32.5	13.5	3.20	5~200
	n	0.244	0.258	0.281	0.344	0.506	

6.4.2 水科院经验公式——包含降雨参数的地区经验公式

很多地区由于资料条件的限制，有长系列资料的小流域测站较少，不适宜制订上述形式的经验公式，转而在公式中引入降雨参数，按地形、地貌等自然地理因素分区，在使用公式时，采用一定频率的设计雨量，就可得到相应频率的设计洪水，水科院经验公式适用于面积小于 100 km^2 的流域，则

$$Q_m = KAF^{2/3} \tag{6-33}$$

式中　A——暴雨雨力,mm/h,可从《水文手册》A 等值线图中查得,或按多年最大 24 h 暴雨
　　　　　资料计算;

　　　　F——流域面积,km²;

　　　　K——洪峰流量参数,按自然地理分区给出,如表 6-7 所示。

表 6-7　　　　　　　　　　　　　洪峰流量参数 K 值表

汇水区	项　　　目			
	J	ψ	V	K
石山区	>15	0.70	2.0~2.2	0.55~0.60
丘陵区	>5	0.75	1.5~2.0	0.40~0.50
黄土丘陵区	>5	0.70	1.5~2.0	0.37~0.47
草原坡水区	>1	0.65	1.0~1.5	0.30~0.40

　　例如,安徽省山丘区中小河流洪峰流量经验公式为

$$Q_p = CR_{24,p}F^{0.73} \tag{6-34}$$

式中　$R_{24,p}$——设计频率为 P 的 24 h 净雨量,mm;

　　　　C——地区经验系数;

　　　　其他符号的意义和单位同前。

　　该省把山丘区分为 4 种类型,即深山区、浅山区、高丘区、低丘区,其 C 值分别为 0.054 1、0.028 5、0.023 9、0.019 4。24 h 设计暴雨 $R_{24,p}$ 按等值线图查算,并通过点面关系折算而得。

6.4.3　水文手册的应用

　　各地区的水文手册一般包括自然地理及气候条件、降水量、径流量、蒸发量、暴雨、洪水、泥沙、水化学和冰情等项目的特征值和分布情况,进行短缺资料情况下的水文计算时可以查阅使用,但因手册中所提供的数值仍比较粗略,更缺少小河流的径流资料,因此对于重要的给排水工程,仍然需要进行详细的实地勘查和计算工作。

　　水文资料的搜集除借助于水文手册外,还有各省(区)自己刊布的逐年水文资料汇编材料,如需要当年尚未整理与刊布的水文资料,可直接向各地水利部门或水文站搜集,一般在水文部门刊布的“水文年鉴”中只有蒸发与降水两项气象资料,如需要详细的气象资料,可向当地气象站了解收集。

复习题

　　1. 为什么要计算降雨损失?降雨主要有哪些损失?一次降雨的净雨深如何计算?

　　2. 什么是流域最大汇流时间?什么是产流历时?什么是降雨历时?三者有何异同?

　　3. 已知某流域 50 年一遇 24 h 设计暴雨为 490 mm,径流系数等于 0.83,后损率为 1.0 mm/h,后损历时为 17 h,试计算其总净雨及初损。

　　4. 已知某流域百年一遇设计暴雨过程如表 6-8 所示,径流系数等于 0.85,后损率为 1.5 mm/h,试用初损、后损法确定初损和设计净雨过程。

表6-8			某流域百年一遇设计暴雨过程			
时段(Δt=6 h)	1	2	3	4	5	6
雨量/mm	6.4	5.6	176	99	82	51

5. 已知百年一遇的设计暴雨 $P_{1\%}$=420 mm,其过程如表6-9所示,径流系数为0.88,后损为1 mm/h,试用初损、后损法确定初损及设计净雨过程。

表6-9			某流域百年一遇设计暴雨过程			
时段(Δt=6 h)	1	2	3	4	5	6
雨量/mm	6.4	5.6	176	99	82	51

6. 已知百年一遇暴雨为460 mm,暴雨径流系数 α=0.87,后损历时 t_c=24 h,试确定其初损。

7. 已知某站频率 p=10%的不同历时的最大暴雨强度 i_T 如表6-10所示,试求所给暴雨公式 $i_T = S_p/T^n$ 中的雨力 S_p(mm/h)和衰减系数 n。

表6-10		某站不同历时的最大暴雨强度			
时段 T/h	1	2	3	4	5
i_T/(mm·h^{-1})	62.0	38.0	28.5	23.5	20.0

8. 已知暴雨公式 $i_T = S/T^n$,其中 i_T 表示历时 T 内的平均降雨强度(mm/h);S 为雨力,等于100 mm/h,n 为暴雨衰减指数,等于0.6,试求历时为6,12,24 h的设计暴雨各为多少?

9. 如图6-12所示,设 $f_1 = 0.5$ km^2,$f_2 = 15$ km^2,$f_3 = 10$ km^2,流域汇流历时 $\tau = 3$ h,净雨历时 $t_c = 4$ h,净雨深依次为:$h_1 = 30$ mm,$h_2 = 20$ mm,$h_3 = h_4 = 10$ mm。试求最大流量及流量过程线。

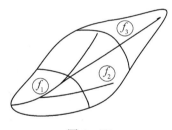

图6-12

7 地下水的系统与结构

　　埋藏在地表以下岩石孔隙、裂隙及溶隙中的水称为地下水,其主要来源有天然补给和人工补给,天然补给包括大气降水向地下渗透、河水及湖水的渗透流入及地下水的径流补给;人工补给地下水是指农田灌溉、水库、运河的向下渗透及通过注水井渗入地下水体。天然的地下水排泄包括流向河渠、地下水径流流出、泉水排出、蒸发和蒸腾等;人工排泄通常表现为抽取井水。地下水系统同时也是自然界水循环大系统的重要亚系统。

　　地下水作为地球上重要的水体,与人类社会有着密切的关系,地下水以其稳定的供水条件、良好的水质,而成为农业灌溉、工矿企业以及城市生活用水的重要水源,成为人类社会必不可少的重要水资源。我国有着一定数量的地下水,其开采利用量占全国总用水量的10%～15%,北方地区由于比较干旱,地表水较少,地下水常常是重要的供水水源,而在地表水比较丰富的南方地区,由于地表水体污染严重,而地下水有水质好、水温低、不易污染和比较经济的特点,一般优先利用地下水作为给水水源,尤其是饮用水水源。图7-1为2001年我国各省、直辖市、自治区地表水与地下水供水情况。

　　目前在开发利用地下水的过程中,普遍存在一些问题,由于超量开采地下水,尤其是在一些集中开采的地区,出现了区域地下水位的持续下降、水量逐渐减少、水质恶化及地面下沉等问题,因而系统地研究地下水的形成和类型、地下水的运动以及地表水、大气水之间的

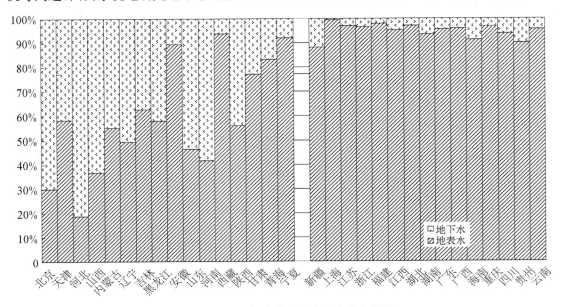

图7-1　2001年地表水与地下水供水情况

相互转换补给关系,具有重要意义。

7.1 地下水系统的组成与结构

地下水形成及储存的最重要和基本条件是岩层必须具有相互联系在一起的空隙,地下水可以在这些空隙中自由运动。这样的岩层在储备有地下水时就称为含水层,每个含水层的特性取决于组成含水层的物质成分、空隙特征、距地表的相对位置、与补给源的相互关系及其他因素等。而地下水的分布、运动和水的性质同样要受到岩土的特性以及储存它的空间特性的影响。

7.1.1 岩石的空隙特征和地下水的储存

自然界的岩石,无论是松散堆积物还是坚硬的岩石,都是多孔介质,在它们的固体骨架间都存在着具有多少及大小不等、形状不一的空隙,没有空隙的岩石极为少见,但随着岩石性质和受力作用的不同,空隙的形状、多少、大小、连通程度以及分布状况等特征都有很大的差别,其中有的空隙中含水,有的不含水,有的虽然含水但难以透水。通常把既能透水、又饱含水的多孔介质称为含水介质,这是地下水存在的首要条件。

对于那些虽然含水,但几乎不透水或透水能力很弱的岩体,称为隔水层,如质地致密的火成岩、变质岩以及孔隙细小的页岩和黏土层均可成为良好的隔水层。实际上,含水层与隔水层之间没有截然的界限,它们的划分是相对的,并在一定的条件下可以转化,如饱含结合水的黏土层,在寻常条件下不能透水与给水,成为良好的隔水层,但在较大的水头作用下,由于部分结合水发生运动,黏土层就可以由隔水层转化为含水层。

7.1.2 地下水的储存空间

1. 孔隙率

又称孔隙度,它是反映松散岩石孔隙多少的重要指标,即

$$孔隙率 = \frac{孔隙的体积}{松散岩石的总体积} \times 100\% \tag{7-1}$$

孔隙率的大小取决于岩石的密实程度、颗粒的均匀性、颗粒的形状以及颗粒的胶结程度。岩石越松散孔隙率越大,然而松散与密实只是表面现象,其实质是组成岩石的颗粒的排列方式不同,例如一些大小相等的圆球,当球作立方体形式排列时,其孔隙率为47.64%,当球作为四面体形式排列,其孔隙率显著减少,只有26.18%,自然界中均匀颗粒的普遍排列方式是介于二者之间,即孔隙率平均值应为37%,实际上自然界一般较均匀的松散岩石,其孔隙率大多在30%~35%之间,基本上接近理论平均值;颗粒的均匀性常常是影响孔隙的主要因素,颗粒大小越不均一,其孔隙率就越小,这是由于大的孔隙被小的颗粒所填充的结果,例如较均匀的砾石孔隙率可达35%~40%,而砾石和砂混合后,其孔隙率减少到25%~30%,当砂砾中还有黏土时,其孔隙率尚不足20%;一般松散岩石颗粒的浑圆度越好,孔隙率越小,而当松散岩石被泥质等其他物质胶结时,其孔隙率就大大降低。

2. 裂隙率

坚硬岩石的容水空隙主要是指岩石的裂隙和断层,其中裂隙发育广泛,一般呈裂缝状,其长度、宽度、数量、分布及连通性等各地差异很大,在数值上用裂隙率表示:

$$裂隙率 = \frac{裂隙的体积}{岩石的总体积} \times 100\% \qquad (7-2)$$

裂隙率的测定多在岩石出露处后坑道中进行,量得岩石露头的面积 F,逐一测量该面积上的裂隙长度 L 与平均宽度 b,则 $K_T = \dfrac{\sum L \cdot b}{F} \times 100\%$。

几种常见岩石的裂隙率见表 7 - 1。

表 7 - 1   常见岩石裂隙率的经验值

岩石名称	裂隙率	岩石名称	裂隙率
各种砂岩	3.2%~15.2%	正长岩	0.5%~2.8%
石英岩	0.008%~3.4%	辉长岩	0.6%~2.0%
各种片岩	0.5%~1.0%	玢岩	0.4%~6.7%
片麻岩	0~2.4%	玄武岩	0.6%~1.3%
花岗岩	0.02%~1.9%	玄武岩流	4.4%~5.6%

表 7 - 1 所列各值是指岩石的平均值,对局部岩石来说裂隙发育可能有很大的差别,即使是同一种岩石,有些部位的裂隙率可能达到百分之几十,有些部位可能小于百分之一。

3. 岩溶率

可溶岩石中的各种裂隙,被水流溶蚀扩大成为各种形态的溶隙,甚至形成巨大溶洞,这种现象称为岩溶或喀斯特,这是石灰岩、白云岩、硬石膏、石膏、岩层等可溶岩层的普遍现象,其空隙性在数量上用岩溶率来表示:

$$岩溶率 = \frac{空隙的体积}{可溶岩石的总体积} \times 100\% \qquad (7-3)$$

溶隙与裂隙相比在形状、大小等方面显得更加千变万化,细小的溶蚀裂隙常和体积达数百,乃至数十万立方米的巨大地下水库或暗河纵横交错在一起,它们有的互相穿插、连通性好;有的互相隔离,各自孤立,溶隙的另一个特点是岩溶率的变化范围很大,由小于百分之一到百分之几十,而且在同一地点的不同深度上亦有极大变化,因此岩溶率在空间上极不均匀。

7.1.3   地下水的储存形式

地下水的储存形式是多种多样的,主要包括液态水(重力水)、固态水、气态水、结合水(吸着水、薄膜水)、毛细管水和矿物水等,各种形态水的物理性质差别很大,不过都可成为补给液体水的源泉。

1. 气态水

呈水蒸气状态储存和运动于未饱和的岩石空隙之中,它可以是地表大气中的水汽移入的,也可是岩石中其他水分蒸发而成的。气态水既随空气流动,也遵循从水气压力高的地方向水气压力低的地方流动的规律。同时,受饱和压力差的作用,气态水从温度高处向温度低处运移。在一定的压力温度条件下,气态水和液态水之间可相互转化,保持动态平衡。气态水本身不能直接开采利用,亦不能被植物吸收。

2. 吸着水

由于分子引力及静电引力的作用,使岩石的颗粒表面具有表面能,因而水分子能被牢固地吸附在颗粒表面,并在颗粒周围形成极薄的一层水膜,称为吸着水,它与颗粒表面之间的吸附力达 10 000 大气压,因此也称为强结合水,其特点是:不受重力支配,只有当变为水汽时才能移动;冰点降低至 -78℃以下;不能溶解盐类、无导电性、不能传递静水压力;具有极大的黏滞性和弹性;密度很大,平均值为 2.0 g/cm^3。

3. 薄膜水

在紧紧包围颗粒表面的吸着水层的外面,还有很多水分子亦受到颗粒静电引力的影响,吸附着第二层水膜,这个水膜就称为薄膜水。其特点是:两个质点的薄膜水可以互相移动,由薄膜厚的地方向薄处转移,这是由于引力不等而产生的;不受重力的影响;不能传递静水压力;薄膜水的密度虽和普通水差不多,但黏滞性仍然较大;有较低的溶解盐的能力。

4. 毛细管水

储存于岩石的毛细管孔隙和细小裂隙之中,基本上不受颗粒静电引力场的作用,它同时受到表面张力和重力作用,当两种作用达到平衡时便按一定高度停留在毛细管孔隙或小裂隙中,但基本不受颗粒表面静电场引力的作用。毛细水只作垂直运动,可传递静水压力。在位于固、水、气三界面的潜水面以上的松散岩石中广泛存在着毛细管通道,地下水沿此通道上升,往往形成一层毛细带。

5. 重力水

当薄膜水的厚度不断增大时,引力不能再支持水的重量,液态水在重力作用下就会向下运动,在包气带的非毛细管孔隙中形成的能自由向下流动的水称为重力水。只用重力水才能从井中汲取或从泉水流出,因此地下水主要是指重力水,也是我们研究的主要对象,它只受重力作用的影响,可以传递静水压力,有冲刷、侵蚀作用,能溶解岩石。

6. 固态水

当岩石的温度低于水的冰点时,储存于岩石空隙中的水便冻结成冰,称为固态水,大多数情况下,固态水是一种暂时现象。我国东北地区和青藏高原寒冷地带岩层中空隙水常常形成季节性冻土和多年冻土层,以固态水的形式赋存在冻土层中。

除上述各种储存于岩石空隙中的水之外,尚有存在于组成岩石的矿物之中的水,这种水本身就是矿物的成分,如沸石水、结晶水、结构水,这些水统称为矿物水。

7.1.4　岩石的水理性质

岩石的水理性质是指水进入岩石空隙后,岩石空隙所表现出的与地下水存储、运移有关的一些物理性质。由于岩石的空隙大小、空隙分布和连同程度的均匀程度不同,岩石中水的存在形式也不同。

岩土的空隙虽然为地下水的储存和运动提供了存在的空间条件,但水是否能自由地进出这些空间,以及进入这些空间的地下水能否自由地运动和被取出,与岩土表面控制水分活动的条件、性质有很大关系,这些与水分的储存、运移有关的岩石控制水活动的性质称为岩石的水理性质,包括容水性、持水性、给水性、透水性及毛细管性等。

1. 容水性

指在常压下岩土空隙能容纳一定水量的性能,在数量上用容水度(W_n)来表示,容水度等于岩石中所能容纳的水的体积(V_n)与岩石总体积(V)之比:

$$W_n = \frac{V_n}{V} \tag{7-4}$$

它的大小取决于岩土空隙的多少和水在空隙中充填的程度,可见岩石中的空隙完全被水饱和时,水的体积就等于岩石空隙的体积,因此容水度在数值上就等于岩石的孔隙度、裂隙率或岩溶率。

但应考虑到,若空隙中有气体无法排除时,或者有些具膨胀性的土充水后体积要膨胀若干倍,这时的容水度可能会小于或大于空隙度。

2. 持水性

在重力作用下,饱水岩土依靠分子力和毛管力仍然保持一定水分的能力称持水性,它在数量上用持水度来表示,即为饱水岩土经重力排水后所保持水的体积和岩土总体积之比:

$$W_m = \frac{V_m}{V} \tag{7-5}$$

其值大小取决于岩体颗粒表面对水分子的吸附能力及颗粒大小的影响,岩石颗粒愈细小,分子持水度就愈大。

岩土的持水度与颗粒大小有密切关系,大空隙岩石持水度很小,而细颗粒岩土中的细颗粒具有较大的比表面积,结合水和毛细水较多,水不容易在重力作用下完全释出,具有较大的持水度。例如,有的黏土的持水度几乎与容水度相等。

3. 给水性

各种岩石饱水后在重力作用下能流出一定水量的性能称为岩石的给水性,在数量上用给水度(μ)来表示,定义为饱水岩土在重力作用下,能自由排出水的体积和岩土总体积之比,以小数或百分数表示,给水度的最大值也就等于岩石的容水度减去持水度。

$$\mu = \frac{V_g}{V} \tag{7-6}$$

松散岩石的给水度与其粒径大小有明显的关系,颗粒越粗,给水度越大,有些粗颗粒岩石的给水度甚至与容水度相接近,这就表明粗颗粒孔隙中的水,大都呈重力水的形式,可以取出来利用。

给水度是描述岩石给水能力的一个重要水文地质参数。表7-2列出了一些常见的松散岩石给水度。岩石中空隙的多少、空隙大小及地层结构对给水度影响很大。大孔隙的砂砾石层给水能力强,而细颗粒土层虽然含水量较大,但其中靠重力作用释出的水量较少,持水性强,给水能力较弱。

表7-2   常见松散岩石的给水度

岩石名称	给水度	岩石名称	给水度
卵砾石	20%～30%	粗 砂	25%～30%
砂砾石	20%～30%	中 砂	20%～25%
砾 石	20%～35%	细 砂	15%～20%

续表

岩石名称	给水度	岩石名称	给水度
粉　砂	10%～15%	粉质黏土	近于 0
粉　土	8%～14%	黏　土	0

依据上述容水度、持水度和给水度三者基本概念,不难得到以下关系式:

$$\mu = W_n - W_m \qquad (7-7)$$

4. 透水性

指在一定条件下,岩土允许水通过的性能。衡量透水性能强弱的参数是渗透系数(K),它是含水层最重要的水文地质参数之一。其大小首先决定于岩石空隙的直径大小和连通性,其次是空隙的多少及其形状等。空隙越小,空隙的容积大部分都被结合水所占据,因此透水性也就愈弱,甚至完全可以不透水,相反,当水在大的空隙中流动时,所受到的阻力将大大减少,水流很容易通过,岩石的透水性能就很好。透水层与隔水层虽然没有严格的界限,不过常常将渗透系数小于 0.001 m/d 的岩土列入隔水层,大于或等于此值的岩土属透水层。

渗透系数的定义是多样的,从物理意义上来讲,是指在单位时间内一定的流量、通过横断面为 A、长度为 L 的岩石时相对应的水头损失为 h,在此条件下地下水的流动速度在数值上就等于 K,那么 K 可以表示为

$$K = \frac{Q}{A} \cdot \frac{L}{h} \qquad (7-8)$$

另外,K 值也被看成地下水流动场介质的阻水能力,表示为

$$K = Cd^2 \qquad (7-9)$$

式中　d——松散岩层颗粒或孔隙的直径;

　　　C——孔隙介质的几何特征(无量纲)。

在水文地质工作中,经常使用均质岩层和非均质岩层、各向同性岩层和各向异性岩层的概念。我们根据岩层的渗透系数是否随空间坐标发生变化,将其分为均质岩层和非均质岩层。均质岩层是指岩层的渗透系数不随空间坐标位置发生变化,也就是说不同点的渗透系数是相同的,否则称之为非均质岩层。根据岩层任一点不同方向上的渗透系数是否相等,将其分为各向同性岩层和各向异性岩层。各向同性岩层是指任一点不同方向上的渗透系数是相等的,也就是该点不同方向上岩层的透水能力相同,否则称之为各向异性岩层。严格地讲,自然界岩层的透水性往往具有各向异性的特点,沿不同方向岩层的渗透系数有很大的差异。例如层状黏性土层,顺层方向上的渗透系数较垂直方向上的渗透系数要大一个数量级以上;基岩裂隙的渗透性各向异性更为突出,沿张开裂隙走向的渗透系数远大于垂直于该走向的渗透系数。

5. 贮水性

对于埋藏较深的承压水层来说,在高压条件下释放出来的水量,与承压含水介质所具有的弹性释放性能以及来自承压水自身的弹性膨胀性有关,因此就不能用容水性和给水性来表述,为此引入贮水性的概念,其大小值用贮水系数或释水系数(s)来表示,定义为当水头变

化为一个单位时,从单位面积含水介质柱体中释放出来的水的体积,它是一个无量纲数,大部分承压含水介质的 s 值大约从 10^{-5} 变化到 10^{-3}。

7.2 地下水流系统

地下水虽然埋藏于地下,难以用肉眼观察,但它与地表上河流湖泊一样,存在集水区域,在同一集水区域内的地下水流,构成相对独立的地下水流系统。

7.2.1 地下水流系统的基本特征

在一定的水文地质条件下,汇集于某一排泄区的全部水流,自成一个相对独立的地下水流系统,又称地下水流动系。处于同一水流系统的地下水,往往具有相同的补给来源,相互之间存在密切的水力联系,形成相对统一的整体;而属于不同地下水流系统的地下水,则指向不同的排泄区,相互之间没有或只有极微弱的水力联系。

此外,与地表水系相比较,地下水流系统具有如下的特征:

(1)空间上的立体性

地表上的江河水系基本上呈平面状态展布;而地下水流系统往往自地表面起可直指地下几百上千米深处,形成空间立体分布,并自上到下呈现多层次的结构,这是地下水流系统与地表水系的明显区别之一。

(2)流线组合的复杂性和不稳定性

地表上的江河水系,一般均由一条主流和若干等级的支流组合形成有规律的河网系统。而地下水流系统则是由众多的流线组合而成的复杂的动态系统,在系统内部不仅难以区别主流和支流,而且具有多变性和不稳定性。这种不稳定性,可以表现为受气候和补给条件的影响呈现周期性变化;亦可因为开采和人为排泄,促使地下水流系统发生剧烈变化,甚至在不同水流系统之间造成地下水劫夺现象。

(3)流动方向上的下降与上升的并存性

在重力作用下,地表江河水流总是自高处流向低处;然而地下水流方向在补给区表现为下降,但在排泄区则往往表现为上升,有的甚至形成喷泉。

除上述特点外,地下水流系统涉及的区域范围一般比较小,不可能像地表江河那样组合成面积广达几十万乃至上百万平方千米的大流域系统。根据研究,在一块面积不大的地区,由于受局部复合地形的控制,可形成多级地下水流系统,不同等级的水流系统,它们的补给区和排泄区在地面上交替分布。

7.2.2 地下水域

地下水域就是地下水流系统的集水区域。它与地表水的流域亦存在明显区别,地表水的流动主要受地形控制,其流域范围以地形分水岭为界,主要表现为平面形态;而地下水域则要受岩性地质构造控制,并以地下的隔水边界及水流系统之间的分水界面为界,往往涉及很大深度,表现为立体的集水空间。

如以人类历史时期来衡量,地表水流域范围很少变动或变动极其缓慢,而地下水域范围的变化则要快速得多,尤其是在大量开采地下水或人工大规模排水的条件下,往往引起地下水流系统发生劫夺,促使地下水域范围产生剧变。

通常,每一个地下水域在地表上均存在相应的补给区与排泄区,其中补给区由于地表水不断地渗入地下,地面常呈现干旱缺水状态;而在排泄区则由于地下水的流出,增加了地面上的水量,因而呈现相对湿润的状态。如果地下水在排泄区以泉的形式排泄,则可称这个地下水域为泉域。

7.3　地下水系统的垂向结构

7.3.1　基本模式

图7-2为典型水文地质条件下,地下水垂向层次结构的基本模式。自地表面起地下某一深度出现不透水基岩为止,可分为包气带和饱水带两部分,其中包气带又可进一步分为土壤水带、中间过渡带及毛细水带等三个亚带;饱水带则可以分为潜水带和承压水带两个亚带。从贮水形式看,与包气带对应的是结合水(包括吸湿水和薄膜水)和毛管水;与饱水带相对应的是重力水(包括潜水和承压水)。

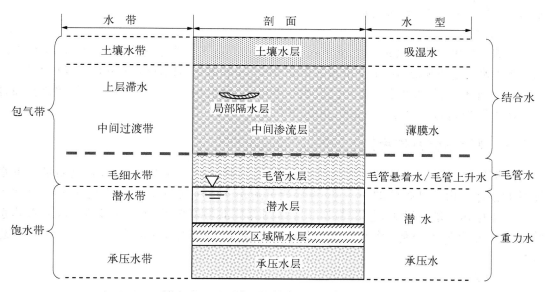

图7-2　地下水垂向结构基本模式示意图

在具体的水文地质条件下,各地区地下水的实际层次结构不尽一致,有的层次可能充分发展,有的则不发育,如在严重干旱的沙漠地区,包气带很厚,饱水带深埋在地下,甚至基本不存在;反之,在多雨的湿润地区,尤其是在地下水排泄不畅的低洼易涝地带,包气带往往很薄,甚至地下潜水面出露地表,所以地下水层次结构亦不明显。

7.3.2　地下水不同层次的力学结构

地下水在垂向上的层次结构,还表现为在不同层次的地下水所受到的作用力亦存在明显的差别,形成不同的力学性质。如包气带中的吸湿水和薄膜水,均受分子吸力的作用而结合在岩土颗粒的表面。通常,岩土颗粒越细小,其颗粒的比表面积越大,分子吸附力亦越大,吸湿水和薄膜水的含量便越多。其中吸湿水又称强结合水,水分子与岩土颗粒表面之间的分子吸引力可达到几千甚至上万个大气压,因此不受重力的影响,不能自由移动,密度大于1,不溶解盐类,无导电性,也不能被植物根系所吸收。

1. 薄膜水

又称弱结合水,它们受分子力的作用,但薄膜水与岩土颗粒之间的吸附力要比吸湿水弱得多,并随着薄膜的加厚,分子力的作用不断减弱,直至向自由水过渡。所以薄膜水的性质介于自由水和吸湿水之间,能溶解盐类,但溶解力低。薄膜水可以从薄膜厚的颗粒表面向薄膜水层薄的颗粒表面移动,直到两者薄膜厚度相当时为止。而且其外层的水可被植物根系吸收。当外力大于结合水本身的抗剪强度(指能抵抗剪应力破坏的极限能力)时,薄膜水不仅能运动,并可传递静水压力。

2. 毛管水

当岩土中的空隙于 1 mm,空隙之间彼此连通,就像毛细管一样,这些细小空隙贮存液态水时,就形成毛管水。如果毛管水是从地下水面上升上来的,称为毛管上升水;如果与地下水面没有关系,水源来自地面渗入而形成的毛管水,称为悬着毛管水。毛管水受重力和负的静水压力的作用,其水分是连续的,并可以把饱和水带与包气带联起来。毛管水可以传递静水压力,并能被植物根系所吸收。

3. 重力水

当含水层中空隙被水充满时,地下水分将在重力作用下在岩土孔隙中发生渗透移动,形成渗透重力水。饱和水带中的地下水正是在重力作用下由高处向低处运动,并传递静水压力。

综上所述,地下水在垂向上不仅形成结合水、毛细水与重力水等不同的层次结构,而且各层次上所受到的作用力存在差异,形成垂向力学结构。

7.3.3 地下水体系作用势

所谓"势"是指单位质量的水从位势为零的点,移到另一点所需的功,它是衡量地下水能量的指标。根据理查德的测定,发现势能是随距离呈递减趋势,并证明势能梯度是地下水在岩土中运动的驱动力,总是由势能较高的部位向势能较低的方向移动。地下水体系的作用势可分为重力势、静水压势、渗透压势、吸附势等分势,这些分势的组合称为总水势。

1. 重力势(Φ_g)

指将单位质量的水体,从重力势零的某一基准面移至重力场中某给定位置所需的能量,并定义为 $\Phi_g = Z$,式中 Z 为地下水位置高度。具体计算时,一般均以地下水位的高度作为比照的标准,并将该位置的重力势视为零,则地下水位以上的重力势为正值,地下水面以下的重力势为负值。

2. 静水压势(Φ_p)

连续水层对它层下的水所产生的静水压力,由此引起的作用势称静水压势,由于静水压势是相对于大气压而定义的,所以处于平衡状态下地下水自由水面处静水压力为零。位于地下水面以下的水则处于高于大气压的条件下,承载了静水压力,其压力的大小随水的深度而增加,以单位质量的能量来表达,即为正的静水压势,反之,位于地下水面以上非饱和带中地下水则处于低于大气压的状态条件下。由于非饱和带中有闭蓄气体的存在,以及吸附力和毛管力的对水分的吸附作用,从而降低了地下水的能量水平,产生了负压效应,称为负的静水压势,又称基模势。

3. 渗透压势(Φ_0)

又称溶质势,它是由于可溶性物质在溶于水形成离子时,因水化作用将其周围的水分子吸引并作走向排列,并部分地抑制了岩土中水分子的自由活动能力,这种由溶质产生的势能称为溶质势,其势值的大小恰与溶液的渗透压相等,但两者的作用方向正好相反,显然渗透压势为负值。

4. 吸附势(Φ_a)

岩土作为吸水介质,所以能够吸收和保持水分,主要是由吸附力的作用,水分被岩土介质吸附后,其自由活动的能力相应减弱,如将不受介质影响的自由水势作为零,则由介质所吸附的水分,其势值必然为负值,这种由介质吸附而产生的势值称为吸附势或介质势。

5. 总水势

总水势就是上述分势的组合,即 $\Phi = \Phi_g + \Phi_p + \Phi_0 + \Phi_a$,但处于不同水带的地下水其作用势并不相等,对于包气带中地下水而言,其总的作用势 Φ_N 为

$$\Phi_N = \Phi_g + \Phi_p + \Phi_0 + \Phi_a \tag{7-10}$$

式中,Φ_p 为负的静水压力势。对于位于地下饱水带中地下水来说,Φ_p 为正静水压力势,而渗透压势 Φ_0 和吸附势均可不考虑,所以其总势

$$\Phi_s = \Phi_g + \Phi_p \tag{7-11}$$

7.4　地 下 水 类 型

地下水存在于各种自然条件下,其聚集、运动的过程各不相同,因而在埋藏条件、分布规律、水动力特征、物理性质、化学成分、动态变化等方面都具有不同特点。地下水的这种多样性和变化复杂性,是地下水类型划分的基础,而地下水的分类,又是揭示地下水内在的差异性,充分认识和把握地下水的特性及其动态变化规律的有效方法和手段,因而具有十分重要的理论意义和实际价值。

目前采用较多的一种分类方法是按地下水的埋藏条件把地下水分为三大类:上层滞水、潜水、承压水。如根据地下水的起源和形成,可分为渗入水、凝结水、埋藏水、原生水和脱出水等;按地下水的力学性质可分为结合水、毛细水和重力水;按岩土的贮水空隙的差异可分为孔隙水、裂隙水和岩溶水。在埋藏条件和贮水空隙两种基本分类类型组合起来就可得到 9 种复合类型的地下水,每种类型都有各自的特征,如表 7-3 所示。

表 7-3　　　　　　　　　　　地下水综合分类表

按埋藏条件	按含水层空隙性质		
	孔隙水	裂隙水	岩溶水
上层滞水	季节性存在于局部隔水层上的重力水,如沼泽水、土壤水、沙漠及滨海砂丘水	出露于地表的裂隙岩层中季节性存在的水	裸露岩溶化岩层中季节性存在的悬挂水

续表

按埋藏条件	按含水层空隙性质		
	孔隙水	裂隙水	岩溶水
潜水	上部无连续完整隔水层存在的各种松散岩层中的水,如冲积、坡积、洪积、湖积、冰积物中的水	基岩上部裂隙中的无压水	裸露岩层上部层压水、未被充满的层间岩溶水、未被充满溶洞的地下暗河水等无压水
承压水	松散岩层构成的向斜、单斜和山前平原的深部水	构造盆地及向斜、单斜岩层中的裂隙承压水、断层破碎带深部的局部承压水	向斜及单斜岩溶岩层中的承压水

现将上层滞水、潜水和承压水分述如下:

7.4.1 上层滞水

贮存在地下自由水面以上包气带中的水,称为包气带水。广义地说,所有包气带中的地下水都称为上层滞水,这里只讨论分布于包气带中局部不透水层或弱透水层表面上的上层滞水。

上层滞水埋藏的共同特点是在透水性较好的岩层中夹有不透水岩层。在下列条件下常常形成上层滞水。

(1)在较厚的砂层或砂砾石层中夹有黏土或亚黏土透镜体时,降水或其他方式补给的地下水向深处渗透过程中,因受相对隔水层的阻挡而滞留和聚集于隔水层之上,便形成了上层滞水。

(2)在裂隙发育、透水性好的基岩中有顺层侵入的岩床、岩盘时,由于岩床、岩盘的裂隙发育程度较差,亦起到相对隔水层的作用,则亦可形成上层滞水。

(3)在岩溶发育的岩层中夹有局部非岩溶化的岩层时,如果局部非岩溶化的岩层具有相当的厚度,则可能在上下两层岩溶化岩层中各自发育一套溶隙系统,而上层的岩溶水则具有上层滞水的性质。

(4)在黄土中夹有钙质板层时,常常形成上层滞水。我国西北黄土高原地下水埋藏一般较深,几十米甚至超过百米,但有些地区在地下不太深的地方有一层钙质板层,可成为上层滞水的局部隔水层,这种上层滞水往往是缺水的黄土高原地区的宝贵生活水源。

(5)在寒冷地区有永冻层时,夏季地表解冻后永冻层就起到了局部隔水的作用,而在永冻层表面形成上层滞水。如在大小兴安岭等地,一些森林、铁路的中小型供水就常以此作为季节性水源。

上层滞水因完全靠大气降水或地下水体直接渗入补给,水量受季节控制特别显著,一些范围较小的上层滞水旱季往往干枯无水,当隔水层分布较广时可作为小型生活水源。这种水的矿化度一般较低,但因接近地表,水质容易被污染,作为饮用水源时必须加以注意。

7.4.2 潜水

1.潜水的主要特征

饱水带中自地表向下第一个具有自由水面的含水层中的重力水,称为潜水。它的上部没有连续完整的隔水顶板,通过上部透水层可与地表相通,其自由表面称为潜水面,如图 7-3 所示,潜水面距地表的铅直距离称为潜水位埋藏深度(T),也叫潜水位埋深;潜水面至隔水底板的距离称为潜水含水层的厚度(H);潜水面上任一点距基准面的绝对标高称为潜水位(h),亦称潜水位标高。

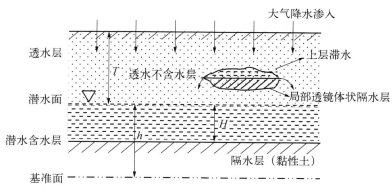

图 7-3 上层滞水和潜水

潜水的这种埋藏条件,决定了潜水以下的基本特点:

(1)由于潜水面上一般没有稳定的隔水层存在,潜水面通过包气带中的孔隙与大气相连通,因此具有自由表面,潜水面上任一点的压强等于大气压强,所以潜水面不承受静水压力。但有时潜水面上有局部的隔水层,且潜水充满两隔水层之间,在此范围内的潜水将承受静水压力,而呈现局部的承压现象。

(2)潜水在重力作用下自水位高处向水位低处流动,形成潜水流,其流动的快慢取决于含水层的渗透性能和水力坡度。

(3)潜水含水层通过包气带与地表水及大气圈之间存在密切联系,大气降水、凝结水、地表水通过包气带的空隙通道直接渗入补给潜水,所以在一般情况下,潜水分布区与补给区基本一致。同时,潜水含水层也深受外界气象、水文因素的影响,动态变化比较大,呈现明显的季节变化。丰水季节潜水补给充足,贮量增加,潜水面上升,厚度增大,埋深变浅,水质冲淡,矿化度降低;枯水季节,补给量减少,潜水位下降,埋深加大,水中含盐量浓度增大,矿化度提高。

(4)潜水的水位、流量和化学成分都随着地区和时间的不同而变化。

2. 潜水面的形状及其表示方法

(1)潜水面的形状

它是潜水外在的表征,它一方面反映外界因素对潜水的影响,另一方面又可反映潜水本身的流向、水力坡度以及含水层厚度等一系列特性。潜水面是一个自由表面,但由于受到埋藏地区的地形、岩性等因素的制约,它的形状可以是倾斜的、抛物线型的,或者在特定条件下是水平的,也可以是上述各种形状的组合。潜水自补给区向排泄区汇集的过程中,其潜水面随地形条件变化,上下起伏,形成向排泄区斜倾的曲面,但曲面的坡度比地面起伏要平缓得多。其次含水层的岩性、厚度变化等对潜水面的形状也有一定的影响,如当潜水流由细颗粒的含水层进入粗颗粒含水层后,因粗颗粒含水层透水性好,即阻力较小,因此水力坡度变小,潜水面变得平缓。当含水层变厚时,则潜水流过水断面突然加大,渗流速度降低,水力坡度变小,则潜水面也会变得平缓一些。一般规律是若岩性颗粒变粗,则含水层透水性增强,潜水面坡度趋向平缓,当含水层沿潜水流向增厚,潜水面坡度也变缓,反之则变陡。如隔水底板向下凹陷,潜水汇集可形成潜水湖,此时潜水面基本呈水平状,在人工大规模抽水的条件下,一旦潜水补给速度低于抽水速度,潜水位逐步下降可使潜水面形成一个以抽水井为中心的漏斗状曲面。

某些情况下地表水体的变化也改变着潜水的形状。当潜水向河水排泄时,其潜水面为倾向河谷的斜面;但当河水位升高,河水反补给潜水时,则潜水面可以出现凹形曲线,最后变成从河水倾向潜水的曲面。

（2）潜水面表示方法

潜水面在图上有两种表示方法,一是水文地质剖面图,即在研究区域内选择代表性剖面线,再将剖面线上各点的有关资料按一定的比例绘制在图上,并将岩性相同的地层和各点的同一时期的潜水位相连,就可得潜水面的形状;另一种是以平面图的形式表示,即等水位线图（潜水面等高线图）,绘制方法类似于绘制地形图,先以一定比例尺的地形图作为底图,而后按一定的水位间隔,将某一时间潜水位相同的各点连成等水位线,如图 7 - 4 所示。

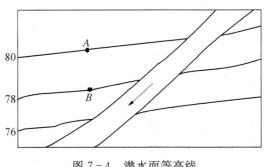

图 7 - 4　潜水面等高线

潜水等水位线图具有重要的实用价值,可以研究和解决以下问题:

① 确定潜水流向:潜水总是沿着潜水面坡度最大的方向流动,所以垂直于等水位线,并从高水位指向低水位的方向,即为潜水的流向。

② 确定潜水的水力坡度:当潜水面的倾斜坡度不大时（千分之几）,两等水位线之高差被相应的两等水位线间的距离所除,即得两等水位线间的平均水力坡度。如图 7 - 4 中 A 至 B 的水平距离为 500 m,则 A 至 B 间平均水力坡度为:$i = (80 - 78)/500 = 0.004 = 0.4\%$。

③ 确定潜水的埋藏深度:一般是将地形等高线和等水位线绘于同一张图上,地形等高线与等水位线相交之点二者的高差即为该点潜水的埋藏深度,并由此可绘出潜水埋藏深度图。

④ 提供合理的取水位置:取水点常常定在地下水流汇集的地方,取水构筑物排列的方向往往垂直地下水的流向。

⑤ 推断含水层的岩性与厚度变化:当地形坡度变化不大,而等水位线间距有明显的疏密不等时,一种可能是含水层的岩性发生了变化,另一种是岩性未变而含水层厚度有了变化。岩性结构由细变粗时,即透水性由差变好,其潜水等水位线之间的距离相应变疏,反之则变密;当含水层厚度增大时,等水位线间距则加大,反之则缩小。

此外在等水位线图上还可确定地下水与地表水的相互补给关系,以及确定泉水出露点和沼泽化的范围等。潜水在自然界分布范围大,补给来源广,所以水量一般较丰富,特别是当潜水与地表常年性河流相连通时,水量更为丰富。加之潜水一般埋藏不深,因而是便于开采的供水水源。但由于含水层之上无连续的隔水层分布,水体易受污染和蒸发,水质容易变坏,选作供水水源时应全面考虑。

7.4.3 承压水

承压水是指充满于两个稳定隔水层之间的含水层中的地下水。倘若含水层没有完全被水充满,且像潜水那样具有自由水面,则称为无压层间水。

1. 承压水的特点

(1) 承压性

承压水的主要特点是有稳定的隔水顶板存在,没有自由水面,水体承受静水压力,与有压管道中的水流相似。如图 7-5 所示,承压水的上部隔水层称为隔水顶板,下部隔水层称为隔水底板;两隔水层之间的含水层称为承压含水层;隔水顶板到底板的垂直距离称为含水层厚度 M;当钻孔穿透隔水层顶板时才能见到承压水,此时水面的高程称为初见水位 H_1;承压水沿钻孔上升

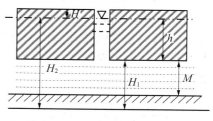

图 7-5 承压水埋藏示意图

最后稳定的高程,即为该点的承压水位或测压水位 H_2;地面至承压水位的距离称为承压水位的埋深 H;自隔水顶板底面到承压水位之间的垂直距离称为承压水头 h。在地形条件适合时,承压水位若高于地面高程,承压水就可喷出地表面而成为自流水。如果用许多钻孔来揭露承压水,便可把所有钻孔中的承压水位连成一个面,这个面称为水压面。

(2) 承压水的分布区与补给区不一致

承压水由于有稳定的隔水顶板和底板,因而与外界的联系较差,与地表的直接联系大部分被隔绝,所以它的分布区与补给区是不一致的,这也是承压水区别于潜水的又一特征。

(3) 受水文气象因素、人为因素及季节变化的影响较小

由于承压含水层的埋藏深度一般都较潜水为大,并且由于隔水层顶板的存在,在相当大的程度上阻隔了外界气候、水文因素对地下水的影响,因此承压水的水位、温度、矿化度等均比较稳定。但在参与水循环方面,承压水就不似潜水那样活跃,因此承压水一旦大规模开发后,水的补充和恢复就比较缓慢,若承压水参与深部的水循环,则水温因明显增高可以形成地下热水和温泉。

(4) 水质类型多样

承压水的水质从淡水到矿化度极高卤水都有,可以说具备了地下水各种水质类型。

2. 承压水的形成条件

承压水的形成主要取决于地层、岩性和地质构造条件,只要有适合的地质构造,无论是孔隙水、裂隙水或岩溶水都可以形成承压水。

最适合形成承压水的地质构造条件主要是下列两种:

(1) 向斜盆地构造

向斜盆地在水文地质学中被称为自流盆地或承压盆地,一般包括有补给区、承压区及排泄区三个组成部分。补给区一般地势较高,没有隔水顶板,处于盆地的边缘,实际上是潜水区,具有地下自由水面,不受静水压力,直接接受大气降水和地表水的入渗补给。承压区一般位于盆地中部,分布范围较大,上部覆有稳定的隔水顶板,地下水承受静水压力,具有压力水头。在承压水位高于地表高程的范围内,则承压水可喷出地表形成自流区;在地形较低的排泄区,承压水通过泉、河流等形式由含水层中排出,这个区实际上已具有潜水的特征。排泄区一般位于被河谷切割的相对低洼的地区,在这种情况下,地下水常以上升泉的形式出露

地表,补给河流。

（2）单斜地层构造

由透水岩层和隔水层所组成的单斜构造,在适宜的地质条件下可以形成单斜承压含水层,也称为承压斜地或自流斜地。它的重要特征是含水层的倾末端具有阻水条件,造成阻水条件的成因归纳起来有三种:一是透水层和隔水层相间分布,并向一个方向倾斜,地下水进入两隔水层之间的透水层后便会形成承压水。这类承压水常出现在倾斜的基岩中和第四纪松散堆积物组成的山前斜地中。二是含水层发生相变形成承压斜地,含水层上部出露地表,下部在某一深度处尖灭,即岩性发生变化,由透水层逐渐转化为不透水层。三是含水层被断层所阻形成承压斜地,单斜含水层下部被断层所截断时,则上部出露地表部分就成为含水层的补给区。

3. 承压水等水压线

所谓等水压线,就是某一含水层中承压水位相等的各点的连线。根据若干井孔中承压水位的高程资料就可绘制出承压水等水压线图,来反映承压水位的变化情况。根据等水压线图可以判断承压水的流向、含水层岩性和厚度的变化、水压面的倾斜坡度等,以此确定合理的取水地段。

用等水压线所表示的承压水面不同于潜水面,它是一个理想中的水面,实际上并不真正存在。在潜水含水层中只要开凿到等水位线图所示高度,就可以见到潜水面,但钻孔钻到承压水位处是见不到水的,必须凿穿隔水顶板才能见到水,这时承压水才可沿井孔上升到与水压面相应的高度,因此,通常在等水压线图上要附以含水层顶板等高线。为了便于应用,同时还将地形等高线图也叠置在一起,对照等水压线图和地形等高线图就可得知自流区和承压区的范围及承压水位的埋深,若再与顶板等高线对照就能知道各地段压力水头及承压含水层的埋藏深度,另外还可分析出承压水与潜水的互相补给关系和补给情况。

7.5 地下水的循环

地下水的循环是指地下水的补给、径流和排泄过程,含水层从大气降水、地表水及其他水源获得补给后,在含水层中经过一段距离的径流再排出地表,重新变成地表水和大气水,这种补给、径流、排泄无限往复进行就形成了地下水的循环。循环系统的强度规模主要决定于补给与排泄这两个方面,如果补给充足、排泄畅通,地下水径流过程就强烈;如果补给来源充足,但排泄不畅,必然促使地下水位抬升,甚至溢出地表,并在一定的环境条件下使地表沼泽化。反之排泄通畅,但补给水源不足,迫使含水层中的地下水逐渐减少,甚至形成枯竭,地下水循环受到抑制,以至中断。由此可见,地下水的补给和排泄,是决定地下水循环的两个基本环节,是地下径流形成的基本因素,补给来源和排泄方式的不同,以及补给量和排泄量的时空变化,直接影响到地下径流过程以及水量、水质的动态变化。

7.5.1 地下水的补给

含水层自外界获得水量的过程称为补给,地下水的补给来源主要为大气降水和地表水的渗入、大气中水汽和土壤中水汽的凝结,以及在一定条件下尚有人工补给,因此补给也可分为大气降水渗入补给、地表水补给、凝结水补给、来自其他含水层的补给以及人工补给等。

1. 大气降水补给

大气降水包括雨、雪、雹，在很多情况下是地下水的主要补给来源。当大气降水降落到地表后，一部分变为地表径流，一部分蒸发重新回到大气圈，剩下一部分渗入地下成为地下水。

其入渗的一般过程为：下渗的降水先被土壤颗粒表面吸附力所吸引，形成薄膜水；随着降水量的增大，薄膜水达到最大持水量，这时继续下渗的雨水将被吸入细小的毛管孔隙，形成毛管悬着水；当包气带土层中的结合水、毛管悬着水达到极限后，后续的雨水将在重力作用下，通过静水压力的传递，不断而稳定地补给地下水。可见，降水的入渗过程是在分子力、毛管力以及重力的综合作用下进行的。而地下水的补给量受到很大因素的影响，与降水的强度、形式、降水总量、植被、地下水的埋深、土层蓄水能力等密切相关，只有降水入渗量超过土层的蓄水能力，多余的降水才能补给潜水。一般当降水量大、降水过程长、地形平坦、植被繁茂、上部岩层透水性好、地下水埋藏深度不大时，大气降水才能大量下渗补给地下水。这些影响因素中起主导作用的常常是包气带的岩性。

2. 地表水的补给

地表水的江河、湖泊、水库、池塘、水田以及海洋等，都有可能成为地下水的补给水源。

河流对地下水的补给主要取决于河水位与地下水位的关系。往往只有在河水高于岸边的地下水位时，河水才会补给地下水，通常是在某些大河流的中下游和河流上游的洪水期。在上游山区河段，河流深切，河水水位常年低于地下水位，河水无法补给地下水；进入中下游地区，堆积作用加强，河床抬高，地下水埋藏深度加大，河水位一旦高于地下水位，即可发生补给地下水的现象。如黄河下游郑州市以东的冲积平原，黄河河床高出两岸 3～5 m，在河水充分的补给下，河间洼地潜水埋深一般只有 2～3 m。而补给量的大小及持续时间，除了与河床的透水性能、河床的周界有关外，主要取决于江河水位高低、河水流量、河水的含沙量、高水位持续时间的长短以及地表水体与地下水联系范围的大小等。

在干旱地区，降水量极微，河水的渗漏常常是地下水的主要或唯一补给源，如河西走廊的武威地区，与地下水有关的河流有六条，这些河流流经几千米的砂砾石层河床之后，分别有 8%～30% 的河水被漏失，地下水由河水获得的补给占该地区地下水径流量的 99%。

3. 凝结水的补给

对于广大的沙漠区，大气降水和地表水体的渗入补给量都很少，而凝结水往往是其主要的补给来源。在一定的温度下空气中只能含有一定量的水蒸气，如每立方米的空气在 10℃ 时最大含水量为 9.3 g，而在 5℃ 时最大含水量为 6.8 g。多于以上数量的水分就会凝结成为液态从空气中分离出去。由于沙漠地区昼夜温差很大，白天空气中含水量可能还不足，但在夜晚温度很低时空气中的水汽却出现过饱和现象，多余的水汽就从空气中析离出来，在沙粒的表面凝结成液态水渗入地下补给地下水。

4. 人工补给

地下水的人工补给就是借助于某些工程措施，人为地将地表水自流或用压力引入含水层，以增加地下水的补给量。人工补给在地下水各种补给源中越来越重要，它具有占地少、造价低、易管理、蒸发少等优点，不仅可增加地下水资源，而且可以改善地下水的水质，调节地下水的温度，阻拦海水的地下倒灌，减小地面下沉。人工补给可分为两大类：一类是人类修建水库、引水灌溉农田，城市工矿企业排放工业废水以及城镇生活污水排放，因渗漏而补给地下水，这是一种无计划的盲目的补给，虽然可以增加地下水的贮量，但常常引起土壤发生次生盐渍化，地下水遭到污染的矛盾；另一类是人类为了有效地保护和改善地下水资源，改善水质,控制地下渗漏以及地面沉降现象的出现,而采取的一种有计划、有目的的人工回灌。目前国外有些国家用人工回灌补给地下水量已占到地下水利用总量的30％左右。在我国水资源供需矛盾比较突出的一些北方地区,以及过量开采地下水的大中城市,也已经开始了这方面的工作。如上海市采用人工回灌方法,控制由于过量开采深层地下水而引起的地面沉降,取得了举世瞩目的成就。

7.5.2　地下水的排泄

含水层失去水量的过程称为排泄。在排泄过程中,地下水的水量、水质及水位都会发生变化。地下水的排泄方式根据排泄状态可分为点状排泄(泉)、线状排泄(向河流泄流)及面状排泄(蒸发)三种,根据排泄形式可分为泉、河流、蒸发、人工排泄等。

1. 泉水排泄

泉是地下水的天然露头,是含水层或含水通道出露地表发生地下水涌出的现象。泉的形成主要是由于地形受到侵蚀,使含水层暴露于地表;其次是由于地下水在运动过程中岩石透水性变弱或受到局部隔水层阻挡,使地下水位抬高溢出地表;如果承压含水层被断层切割,切断层又导水,则地下水能沿断层上升到地表亦可形成泉。

泉的分类方法有多种,按照泉水出露时水动力学性质可将泉水分为上升泉和下降泉两大类,上升泉一般是承压含水层排泄承压水的一种方式,泉水在静水压力的作用下,呈上升运动,相对来说这种泉水的流量比较稳定,水温年变化较小;下降泉是无压含水层排泄地下水的一种方式,地下水在重力作用下溢出地表,水量水温等往往呈现明显的季节性变化。泉按其补给来源又可分为:上层滞水泉、潜水泉和承压水泉,根据泉的出露原因又可分为:侵蚀泉、接触泉、溢出泉和断层泉。

泉水的出露及其特点可以反映出有关岩石富水性、地下水类型、补给、径流、排泄、动态均衡等一系列特征,如通过岩层中泉的出露及涌水量大小,可以确定岩石的含水性和含水层的富水程度;通过泉的分布可以反映含水层和含水通道的分布,以及补给区和排泄区的位置;通过对泉的运动性质和动态的研究,可以判断地下水的类型,如下降泉一般来自潜水的排泄,动态变化较大,而上升泉一般来自承压水的排泄,动态较稳定;泉的水温反映了地下水的埋藏条件,如水温接近于气温,说明含水层埋藏较浅,补给源不远,如果是温泉,一般则来自地下深处。

2. 蒸发排泄

地下水,特别是潜水可通过土壤蒸发、植物蒸发而消耗,成为地下水的一种重要排泄方式,其蒸发的强度、蒸发量的大小主要取决于温度、湿度、风速等自然气象条件,同时亦受地下水埋藏深度和包气带岩性等因素的控制。气候越干燥,相对湿度越小,岩土中水分蒸发便越强烈,而且蒸发作用可深入岩土几米乃至几十米的深处。如在新疆,不仅埋藏在 $3\sim5$ m 内的潜水有强烈的蒸发,而且在 $7\sim8$ m 甚至更大的深度内部都受到强烈蒸发作用的影响。

关于潜水蒸发量的计算,常用的有以下几种:

(1) 经验公式法,指通过大量的实际观测资料分析,用数理统计方法模拟某些规律,而后得出的经验公式,如苏联的柯夫达公式:

$$E = E_0 \left(1 - \frac{H}{H_0}\right)^n \tag{7-12}$$

式中　E——潜水埋深为 H 时的蒸发强度,m/d;

　　　E_0——近地表处潜水蒸发强度,m/d;

　　　H_0——潜水蒸发的极限深度,m;

　　　n——经验指数,一般取 1～3。

国内的叶水庭的指数公式:

$$E = E_0 e^{aH} \tag{7-13}$$

式中,a 为指数,其他符号同前。

沈立昌的双曲线型经验公式:

$$E = \frac{k_2 \mu E_0^a}{(1+H)^b} \tag{7-14}$$

式中　a, b——指数;

　　　k_2——与岩性、植被、水文地质等条件有关的综合系数;

　　　其他符号同前。

a, b, k_2 可通过实际观测资料,采用回归分析法求得。

(2) 潜水蒸发的经验值,我国北方几个地下水开发利用比较广泛的省市,根据多年实际观测与试验研究,得出了这方面的经验值,可直接供条件相类似的地区选用。

3. 向地表水的排泄

当地下水水位高于地表水水位时,地下水可直接向地表水体进行排泄,特别是切割含水层的山区河流,往往称为排泄中心。排泄量的大小决定于含水层的透水性能、河床切穿含水层的面积,以及地下水位与地表水位之间的高差。

7.5.3　地下水的径流

地下水在岩石空隙中的流动过程称为径流,是地下水循环系统的重要环节,它将地下水的补给区和排泄区紧密地联系在一起,形成统一的整体。径流的强弱影响着含水层的水量与水质的形成过程。

1. 地下水径流产生的原因及影响因素

大气降水或地表水通过包气带向下渗漏,补给含水层成为地下水,地下水又在重力作用下由水位高处向低处流动,最后在低洼处以泉的形式排出地表或直接排入地表水体,如此反复循环就是地下水径流的根本原因。因此天然状态下和开采状态下的地下水都是流动的。

影响地下水径流方向、速度、类型、径流量的主要因素有:含水层的空隙性、地下水的埋藏条件、补给量、地形、地下水的化学成分以及人为因素等。空隙发育越大,地形陡峻,径流速度就快,径流量也大;而地下水中的化学成分和含盐量的不同,其重率和黏滞性也随之改变,黏滞性越大,流速也就越缓;地下水因埋藏条件不同可表现为无压流动和承压流动,无压流动(潜水流动)只能在重力作用下由高水位向低水位流动,而深层地下水多为承压流动,它们不单有下降运动,因承受压力也会产生上升运动。

2. 地下水径流方向与径流强度

地下水的径流方向与地表上河川径流总是沿着固定的河床汇流不同,呈现复杂多变的特性,具体形式则视沿程的地形、含水层的条件而定。当含水层分布面积广,大致水平,地下径流可呈平面式的运动;在山前洪积扇中的地下水则呈现放射式的流动,具有分散多方向的特点;在带状分布的向斜、单斜含水层中的地下水,如遇断层或横沟切割,则可形成纵向或横向的径流。但这种复杂多变性,总离不开地下水从补给区向排泄区汇集,并沿着路径中阻力最小的方向前进,即自势能高处向势能低处运动,反映在平面上,地下水流方向,总是垂直于等水位线的方向。

地下水的径流强度,也就是地下水的流动速度,基本上与含水层的透水性、补给区与排泄区之间水力坡度成正比,对承压水来说,还与蓄水构造的开启与封闭程度有关。

3. 地下水径流类型

(1)畅流型。地下水流线近于平行,水力坡度较大,补给排泄条件良好,径流通畅,地下水交替积极,水的矿化度低,水质好。

(2)汇流型。地下水的流线呈汇集状,水力坡度常由小变大,汇流型的地下水一般交替积极,常形成可利用的地下水资源。

(3)散流型。流线呈放射状,水力坡度由大变小,呈现集中补给,分散排泄。

(4)缓流型。地下水面近于水平,水力坡度小,水流缓慢,通常矿化度较高,水质欠佳。沉降平原中的孔隙水及排水不良的自流水盆地,是此类的代表。

(5)滞流型。水力坡度趋近于零,径流停滞。对于潜水表现为渗入补给和蒸发排泄,对于承压水可以有垂直越流补给与排泄。

在自然条件下,地下径流类型复杂多变,往往出现多种组合类型。

7.5.4　地下径流量的表示方法

地下径流量常用地下径流率 M 表示,其意义是一平方千米含水层面积上的地下水流量($m^3 \cdot s^{-1} \cdot km^{-2}$),也称为地下径流模数。年平均地下径流率可按下式计算为

$$M = \frac{Q}{365 \times 86\,400 \times F} \tag{7-15}$$

式中　F——地下水径流面积,km^2;

$\qquad Q$——一年内在 F 面积上的地下水径流量,m^3。

地下水径流率是反映地下径流量的一种特征值,受到补给、径流条件的控制,其数值大小是随地区性和季节性而变化的,因此,只要确定某径流面积在不同季节的径流量,就可计算出该地区在不同时期的地下径流率。

复习题

1. 潜水、承压水的主要特征有哪些? 两者之间最本质的区别是什么?

2. 何谓达西定律? 其数学表达式如何?

3. 利用潜水等水位线图可以分析了解哪些情况?

4. 试述裂隙水的补给、埋藏(分布)及排泄特征。

5. 试述泉水据出露的原因、分类及其特征。

6. 试述岩溶水的特征。

7. 试述岩层渗透性指标及其区别、联系和试验方法。

8 地下水运动

地下水运动主要讨论地下水在人为因素的影响下引起的运动,如水位、流速、流量等的变化。本节主要介绍有关地下水运动的基本概念及运算方法。

8.1 地下水运动的分类

8.1.1 层流与湍流

渗流的运动状态有两种类型,即层流与湍流。在岩石空隙中,渗流的水质点有秩序地呈相互平行而不混杂的运动,称为层流;湍流则不然,在运动中水质点运动无秩序,且相互混杂,其流线杂乱无章。

层流和湍流两种状态,取决于岩石空隙大小、形状和渗流的速度。由于地下水在岩石中的渗流速度缓慢,绝大多数情况下地下水的运动属于层流。一般认为,地下水通过大溶洞、大裂隙时,才可能出现湍流状态。在人工开采地下水的条件下,取水构筑物附近由于过水断面减小使地下水流动速度增加很大,常常成为湍流区。

8.1.2 稳定流与非稳定流

根据地下水运动要素随时间变化程度的不同,渗流分为稳定流与非稳定流两种。在渗流场内各运动要素(流速、流量、水位)不随时间变化的地下运动,称为稳定流;若地下水运动要素随时间发生变化,称为非稳定流。严格地讲,自然界中地下水呈非稳定流运动是普遍的,而稳定流是非稳定流的一种特殊情况。

8.1.3 缓变运动与急变运动

大多数天然地下水运动属于缓变运动,如图8-1所示。这种运动具有如下特征:

(1)流线的弯曲很小或流线的曲率半径很大,近似于一条直线;

(2)相邻路线之间的夹角很小,或流线近乎平行。

不具备上述条件的称为急变运动。

在缓变运动中,各过水断面可以看成是一个水

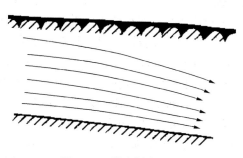

图8-1 潜水缓变运动

平面,在同一过水断面上各点的水头都相等。这样假设的结果,就可以把本来属于空间流动(三维流运动)的地下水流,简化为平面流(二维流运动),以便用解平面流的方法去解决复杂的三维流问题。

8.2 地下水运动的特点

8.2.1 曲折复杂的水流通道

由于储存地下水的空隙的形状、大小和连通程度等的变化,地下水的运动通道是十分曲折而复杂的。但在实际研究地下水运动规律时,并不是(也不可能)去研究每个实际通道中具体的水流特征,而是只能研究岩石内平均直线水流通道中的水流运动特征。这种方法实际上是用充满含水层(包括全部空隙和岩石颗粒本身所占的空间)的假想水流来代替仅仅在岩石空隙中运动的真正水流,其假想的条件主要有:假想水流通过任意断面的流量必须等于真正水流通过同一断面的流量;假想水流在任意断面的水头必须等于真正水流在同一断面的水头;假想水流通过岩石所受到的阻力必须等于真正水流所受到的阻力。

8.2.2 迟缓的流速

河道或管网中水的流速通常都在 1 m/s 左右,有时也会每秒几米以上。但地下水由于通道曲折复杂,水流受到很大的阻力,因而流速一般很缓慢,常常用米每天来衡量。自然界一般地下水在孔隙或裂隙中的流速是几米每天,甚至小于 1 m。地下水在曲折的通道中缓慢地流动称为渗流,或称渗透水流,渗透水流通过的含水层横断面称为过水断面。渗流按地下水饱和程度的不同,可分为饱和渗流和非饱和渗流,前者包括潜水和承压水,主要在重力作用下运动;后者是指包气带中的毛管水和结合水运动,主要受毛管力和骨架吸引力的控制,本节主要讲述前者的运动规律。

8.2.3 非稳定、缓变流运动

地下水在自然界的绝大多数情况下是非稳定、缓变流运动。地下水非稳定运动是指地下水流的运动要素(渗透流速、流量、水头等)都随时间而变化。地下水主要来源于大气降水、地表水体及凝结水渗入补给,受气候因素影响较大,有明显的季节性,而且消耗(蒸发、排泄和人工开采等)又是在地下水的运动中不断进行的,这就决定了地下水在绝大多数情况下都是非稳定流运动。不过地下水流速、流量及水头变化不仅幅度小,而且变化的速度较慢,一般情况下地下水全年的变化幅度是几米,甚至仅 1~2 m,这是地下水非稳定流的主要特点。因此,人们常常把地下水运动要素变化不大的时段近似地当作稳定流处理,这样研究地下水的运动规律就变得方便了很多。但是如果是人工开采,使区域地下水位逐年持续下降,那么地下水的非稳定流运动就不可忽视。

在天然条件下地下水流一般都呈缓变流动,流线弯曲度很小,近似于一条直线;相邻流线之间夹角较小,近似于平行。在这样的缓变流动中,地下水的各过水断面可当作一个直面,同一过水断面上各点的水头亦可当作是相等的,这样假设的结果就可把本来属于空间流动的地下水流,简化成为平面流,这样就可使计算简单化。

8.3　地下水运动的基本规律

8.3.1　线性渗透定律

地下水运动的基本规律又称渗透的基本定律,为线性渗透定律。

线性渗透定律反映了地下水作层流运动时的基本规律,最早是由法国水力学家达西通过均质砂粒的渗流实验得出的,所以也称为达西定律,即

$$Q = K \cdot \frac{h}{L} \cdot \omega \tag{8-1}$$

式中　Q——渗流量,即单位时间内渗过砂体的地下水量,m^3/d;

　　　h——在渗流途径 L 长度上的水头损失,m;

　　　L——渗流途径长度,m;

　　　ω——渗流的过水断面面积,m^2;

　　　K——渗透系数,反映各种岩石透水性能的参数,m/d。

上式也可表示为

$$v = K \cdot i \tag{8-2}$$

式中　v——渗透速度,m/d;

　　　i——水力坡度,单位渗流途径上的水头损失(无量纲)。

渗流速度 v 不是地下水的真正实际流速,因为地下水不在整个断面 ω 内流过,而仅在断面的孔隙中流动,可见渗透速度 v 比实际流速 u 要小,地下水在孔隙中的实际流速应为

$$u = \frac{Q}{\omega \cdot n} = \frac{v}{n} \quad 或 \quad v = n \cdot u \tag{8-3}$$

式中,n 为岩石的孔隙度。

实际情况表明,地下水在运动过程中,水力坡度常常是变化的,因此应将达西公式写成微分形式:

$$v = -K \frac{\mathrm{d}H}{\mathrm{d}x} \tag{8-4}$$

$$Q = -K\omega \frac{\mathrm{d}H}{\mathrm{d}x} \tag{8-5}$$

式中　$\mathrm{d}x$——沿水流方向无穷小的距离;

　　　$\mathrm{d}H$——相应 $\mathrm{d}x$ 水流微分段上的水头损失;

　　　$-\dfrac{\mathrm{d}H}{\mathrm{d}x}$——水力坡度,负号表示水头沿着 x 的增大方向而减少,面对水力坡度 i 值来

　　　　　　说,则仍以正值表示。

8.3.2 渗透系数

渗透系数（K）是反映岩石渗透性能的指标，它是表征含水介质透水性能的重要参数，其物理意义为：当水力坡度为 1 时的地下水流速。它不仅取决于岩石的性质（如空隙的大小和多少、粒度成分、颗粒排列等），而且和水的物理性质（如相对密度和黏滞性）有关。但在一般的情况下地下水的温度变化不大，故往往假设其相对密度和黏滞系数是常数，所以渗透系数 K 值只看成与岩石的性质有关，如果岩石的空隙性好，透水性就好，渗透系数值就大。

8.3.3 非线性渗透定律

达西定律实际上并不是适用于所有的地下水层流运动，只是在流速比较小时（常用雷诺数小于 10 来表示）地下水运动才服从达西公式，即

$$Re = \frac{\mu d}{\gamma} < 1 \sim 10 \tag{8-6}$$

式中 u——地下水的实际流速，m/d；

$\quad\quad d$——孔隙的直径，m；

$\quad\quad \gamma$——地下水的运动黏滞系数，m²/d。

但当地下水在岩石的大孔隙、大裂隙、大溶洞中及取水构筑物附件流动时，此时水流常常呈紊流状态，或即使是层流，但雷诺数已超过达西定律适用范围时，渗流速度与水力坡度就不再是一次方的关系，紊流运动的规律是渗流速度与水力坡度的平方根成正比，为地下水运动的非线性渗透定律，也称为哲才公式，其数学表达为

$$v = K \cdot \sqrt{i} \quad \text{或} \quad Q = K \cdot \omega \cdot \sqrt{i} \tag{8-7}$$

有时水流运动形式介于层流和紊流之间，称为混合流运动，此时数学表达为

$$v = K \cdot i^{\frac{1}{m}} \quad \text{或} \quad Q = K \cdot \omega \cdot i^{\frac{1}{m}} \tag{8-8}$$

式中，$1/m$ 为流态指数。式中概括了饱和渗流在不同流速（层流、紊流）时可能存在的流动规律，国内外实验证明：

当 $m=1$ 时，属速度很小的层流线性流，符合达西定律；

当 $1 > m > 0.5$ 时，属速度较大的层流非线性流，这时惯性力已增大到相当于阻力的数量级，已偏离达西定律；

当 $m = 0.5$ 时，属大流速的紊流状态，惯性力已占支配地位，与河道中的均匀流相同。

由于事先确定地下水流的流态属性在生产实践中是很困难的，因此上两式在实际工作中应用很少。

8.4 地下水流向井的稳定流理论

8.4.1 取水构筑物的类型

为了解决开采地下水以及其他目的，需要用取水构筑物来揭露地下水。取水构筑物类

型很多,按其空间位置可分为垂直的和水平的两类。垂直的取水构筑物是指构筑物的设置方向与地表大致垂直,如钻孔、水井等;水平的取水构筑物是指构筑物的设置方向与地表大致平行,如排水沟、渗渠等。按揭露的对象又可分为潜水取水构筑物(如潜水井)和承压水取水构筑物(如承压井)两类。此外,按揭露整个含水层的程度和进水条件可分为完整的和非完整的两类。完整的取水构筑物是指能揭露整个含水层并在全部含水层厚度上都能进水,如图 8-2(a)、8-3(a)所示,如不能满足上述条件的为非完整井取水构筑物,如图 8-2(b)、图 8-3(b)所示。在上述取水构筑物中,水井是人类开采地下水最常用的重要工程设施。实际水井类型常常呈交叉形式,经常采用复合式命名,如潜水非完整井、承压水完整井等。

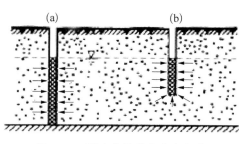

图 8-2　潜水完整井和非完整井

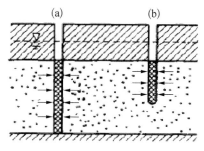

图 8-3　承压水完整井和非完整井

8.4.2　地下水流向潜水完整井的稳定流

在潜水井中以不变的抽水强度进行抽水,随着井内水位的下降,在抽水井周围会形成漏斗状的下降区,经过相当长的时间以后,漏斗的扩展速度逐渐变小,若井内的水位和水量都会达到稳定状态,这时的水流称为潜水稳定流,在井的周围形成了稳定的圆形漏斗状潜水面(图 8-4),称为降落漏斗,漏斗的半径 R 称为影响半径。

潜水完整井稳定流计算公式的推导需要有如下必要的简化和假设条件:

(1)含水层均质各向同性,隔水底板为水平;

(2)天然水力坡度为零;

(3)抽水时影响半径范围内无渗入和蒸发,各过水断面上的流量不变,且影响半径的圆周上定水头边界。

于是,在平面上,潜水井抽水形成的流线是沿着半径方向指向井,等水位线为同心圆状。在剖面上,流线是一系列的曲线,最上部的流线是曲率最大的一条凸形曲线,叫作降落曲线(也可以叫作浸润曲线),下部曲率逐渐变缓成为与隔水层近乎平行的直线,底部流线是水平直线;等水头面是一个曲面,近井曲率较大,远井曲率逐渐变小。在空间上,等水头面试绕

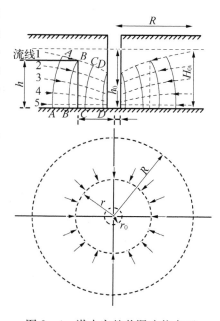

图 8-4　潜水完整井漏斗状水面

井轴旋转的曲面。在这种情况下,渗流速度方向是倾斜的,渗透速度是既有水平分量,又有垂直分量,给计算带来很大的困难。考虑到远离抽水井等水头面接近圆柱面,流速的垂直分速度很小,因此可忽略垂直分速度,将地下水向潜水完整井的流动视为平面流。

取坐标,设井轴为 h 轴(向上为正),沿隔水板取井径方向为 r 轴,把等水头面(过水断面)近似看作同心的圆柱面,地下水的过水断面就是圆柱体的侧面积。即

$$\omega = 2\pi rh \qquad (8-9)$$

地下水流向潜水完整井的过程中,水力坡度是个变量,任意过水断面处的水力坡度可表示为

$$i = \frac{\mathrm{d}h}{\mathrm{d}r} \qquad (8-10)$$

将上述 ω 和 i 代入式(8-10),裘布依微分方程式,即地下水通过任意过水断面的运动方程为

$$Q = K \cdot \omega \cdot i = K \cdot 2\pi x \cdot y \frac{\mathrm{d}y}{\mathrm{d}x} \qquad (8-11)$$

通过分离变量并积分,将 y 从 h 到 H,x 从 r 到 R 进行定积分,即

$$Q \int_r^R \frac{\mathrm{d}x}{x} = 2\pi K \int_h^H y \cdot \mathrm{d}y$$

$$Q(\ln R - \ln r) = \pi K(H^2 - h^2)$$

移项得

$$Q = \frac{\pi K(H^2 - h^2)}{\ln R - \ln r} = \frac{\pi K(H^2 - h^2)}{\ln \dfrac{R}{r}} = \frac{3.14K(H^2 - h^2)}{2.3\lg \dfrac{R}{r}} = 1.36K \frac{H^2 - h^2}{\lg \dfrac{R}{r}}$$

$$(8-12)$$

此即为潜水完整井稳定运动时涌水量计算公式。由于生产上多习惯用地下水位降深 s,因此上式也可表示为

$$Q = 1.36K \frac{(2H-s)s}{\lg \dfrac{R}{r}} \qquad (8-13)$$

式中　K——渗透系数,m/d;

　　　H——潜水含水层厚度,m;

　　　h——井内动水位至含水层底板的距离,m;

　　　R——影响半径,m;

　　　s——井内水位下降深度,m;

　　　r——井半径或管井过滤器半径,m。

式(8-12)和式(8-13)就是描述地下水向潜水井运动规律的裘布依公式,此公式为抛物线型。

8.4.3　地下水流向承压水完整井的稳定流

当承压完整井以定流量 Q 抽水时,若经过相当长的时段,出水量和井内的水头降落达到了稳定状态,这就是地下水流向承压完整井的稳定流。其水流运动特征与地下水流向潜水

井的稳定流不同之处是：承压含水层厚度不变,因而剖面上的流线是相互平行的直线,等水头线是铅垂线。过水断面是圆柱侧面。在推导下述的承压完整井流量计算公式时,其假定条件和潜水完整井推导相同。选取的坐标系仍以井轴为 H 轴(向上为正),沿隔水底板取井径方向为 r 轴,地下水的过水断面面积为

$$\omega = 2\pi rh \tag{8-14}$$

地下水流向承压完整井的过程中,水力坡度也是个变量,任意过水断面处的水力坡度为

$$i = \frac{\mathrm{d}H}{\mathrm{d}r} \tag{8-15}$$

即可写出裘布依微分方程式为

$$Q = k\omega i = 2\pi KM \frac{\mathrm{d}H}{\mathrm{d}r} \tag{8-16}$$

对上式进行分离变量,取 r 由 $r_0 \rightarrow R$,H 由 $h_0 \rightarrow H_0$,积分得

$$Q\int_{r_0}^{R} \frac{\mathrm{d}r}{r} = 2\pi KM \int_{h_0}^{H_0} \mathrm{d}h$$

$$Q(\ln R - \ln r_0) = 2\pi KM(H_0 - h_0)$$

$$Q = \frac{2\pi KM(H_0 - h_0)}{\ln R - \ln r_0} = 2.73KM \frac{H_0 - h_0}{\lg \frac{R}{r_0}} \tag{8-17}$$

令 $s = H_0 - h_0$,上式也可用如下形式表示:

$$Q = 2.73K \frac{M_s}{\lg \frac{R}{r_0}} \tag{8-18}$$

式中 M——承压含水层厚度,m;

   s——承压井内的水位下降值,m。

式(8-17)和式(8-18)就是描述地下水向承压完整井运动规律的裘布依公式,实践证明,裘布依公式在推导过程中虽然采用了许多假设条件,但该公式仍然具有实用价值,可用来预计井的出水量和计算水文地质参数。

8.4.4 裘布衣稳定流公式的讨论

为了加深理解抽水井稳定流计算理论(裘布依公式)和掌握该公式的适用范围,有必要对它进一步进行分析和讨论。

1. 流量与降深的关系

抽水井的流量与降深的关系可以用 $Q = f(s)$ 曲线来表示。裘布依公式,承压井流量 Q 与降深 s 之间是线性关系,表现为流量随降深的增大成正比例关系增大;潜水井流量 Q 与降深 s 之间是二次抛物线关系(图 8-5),说明流量虽然随着降深的增大而增加,但流量的增量幅度越来越小。

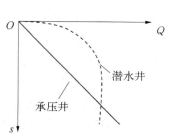

图 8-5 潜水井和承压井的流量和下降水位关系

裘布依公式中的水位降深,仅仅是缓慢运动的地下水克服含水层的阻力所消耗的水头。但实际上的水头损失还是包括水流通过过滤器孔眼时所产生的水头损失,水流在滤水管内流动时的水头损失等。此外,水井的结构、成井工艺及水井附近地下水三维流动都对 Q-s 曲线偏离裘布依公式,即使是承压水,Q-s 曲线也不一定呈直线关系。

2. 井的最大流量问题

从裘布依公式中可以看出,当井内水位降至隔水底板时,即 $s = H_0$ 时,流量达到最大值,这个既不符合实际情况,理论上又不合理。因为当 $s = H_0$ 时,井内 $h_0 = 0$,则过水断面 $\omega = 0$,则 $i = \infty$,这显然是矛盾的。这种理论上的矛盾反映了裘布依公式是有缺陷的,造成这种矛盾的原因,是裘布依公式在推到过程中,忽略了渗透速度的垂直分量。

3. 井径与大流量的关系

从裘布依公式中井径与流量是对数关系,增大井径,流量增加很小。例如,井径增大 1 倍,其流量只增加 10% 左右;井径增大 10 倍,其流量也只增加 40% 左右。而实践证明,当井径增大后,流量的增加值要比裘布依公式计算的结果大很多。根据大量的实际抽水资料和试验研究,井径与流量有以下特点:流量随井径增加的幅度,透水性好的含水层要比透水差的含水层大;流量随井径增加的比例,大降深比小降深增加得快;流量的增长率随井径的增大而逐渐衰减。

4. 井壁内外水位差值的问题

由现场观测和室内实验证明:潜水井抽水时,当水位降深较大,井内水位明显低于井壁水位(图 8-6)。

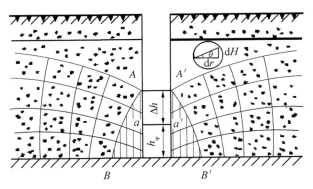

图 8-6 潜水井水跃示意图

这种现象称为水跃,其水位差为 Δh。随着距抽水井的距离加大,等水头线变为直线,流速垂直分量减小,Δh 也随之变小。从前面有关井的最大流量问题讨论中可以看出水跃存在的必要性。水跃的存在,保持了适当高度的过水断面,以保证地下水能够进入井内。否则,当井内 $h_0 = 0$,则过水断面 $\omega = 0$,就不会有水流入井内。此外,井附近的等水头是曲面,如井内外没有水位差,等水头线与井壁处于同一水头下,这样图 8-7 中的阴影部分的水就不能井内。

5. 影响半径

裘布依在推导单井流量公式时,假设在距井一定距离 R 的圆周上,水头为常数,即降深为零。因此,影响半径的含义是明确的,即抽水井起至实际上已观测不到水位降深点的水平距离。影响半径 R 综合反映了含水层的规模、补给类型、补给能力。一般来说,抽水会波及整个含水层,其影响范围是随着抽水时间、流量的增加而扩大的。但实际上在很多情况下,抽水影响到一定距离后,水位下降值很小,以至很难观测出来。因此,稳定流理论认为:抽水时在取水构筑物周围产生漏斗状水位降落区,在漏斗降落区以外,水位下降值趋近于零,从抽水井道这个降落漏斗外部边界的距离称为影响半径。

在天然条件下,降落漏斗都有些不对称,一般边界也不明显,单井抽水影响范围实际上不是一个圆,于是,裘布依公式中的 R 是引用影响半径,实际上运用时常常把"引用"二字省掉。影响半径可以根据抽水试验资料来求,也可以用经验公式等方法来确定。

6. 非完整井的稳定渗透运动

地下水向非完整井运动的特点和完整井不同,其研究方法也不同。临近的抽水地带,水沿着不同方向流入抽水井,离井越近流线弯曲得越厉害,在 $r \leqslant 1.6M$（M 为含水层的厚度）的范围内是属于三维流区,这一带必须引用流体力学的方法来解决。

7. 应用范围

裘布依公式仅适用于稳定流状态下,如在抽水过程的后期,随着抽水时间的延长,漏斗的扩展速度逐渐变小,最后趋于零或接近于零,出水量也趋于稳定,井中动水位也在一定高度上稳定下来,这时地下水向抽水井的运动达到了一种相对的暂时的平衡状态,属稳定流阶段。具体裘布依公式的应用范围可归纳为:

（1）在有充分就地补给（有定水头）的情况下,由于补给充分、周转快、年度或跨年度调节作用强,储量的消耗不明显,这样就容易在经过一定的开采时间后形成新的动态平衡,这样利用裘布依公式求解就可得到较准确的结果。

（2）当抽水井是建在无充分就地补给广阔分布的含水层之中,例如开采大面积承压水,由于补给途径长、周转慢,存在多年调节作用,消耗储存量的时间很长,因而不容易形成新的动态平衡,抽水是在非稳定流条件下进行的,这种条件严格说是不适用裘布衣公式的,但如果进行长时间的抽水,并在抽水井附近设有观测井,若观测孔中的 s 值在 $s - \lg r$ 曲线上能连成直线,则可根据观测井的数据用裘布衣公式来计算含水层的渗透系数。

（3）在取水量远小于补给量的地区,可以先求得含水层的渗透系数,然后再用裘布依公式大致推测在不同取水量的情况下井内及附近的地下水位下降值。

8.4.5 承压水非完整井

当承压含水层的厚度较大时,抽水往往为非完整井。所谓厚度大,是相对于过滤的长度而言的。下面介绍承压水含水层厚度相对于过滤器长度不是很大的情况。当过滤器紧靠隔水顶板时,应用流体力学的方法可以求得这个问题的近似解,即马斯盖特公式:

$$\left.\begin{array}{l} Q = \dfrac{2.73KMs}{\dfrac{1}{2\alpha}\left(2\lg\dfrac{4M}{r} - A\right) - \lg\dfrac{4M}{R}} \\[3mm] \alpha = \dfrac{L}{M} \end{array}\right\} \qquad (8-19)$$

式中　K——渗透系数;

　　　R——影响半径,m;

　　　r——井半径或管径过滤器半径,m;

　　　s——承压井内抽水时井内的水位下降值,m;

M——承压含水层厚度，m；

L——过滤器的长度，m；

$A = f(\alpha)$，其关系可按图 8-7 求得。

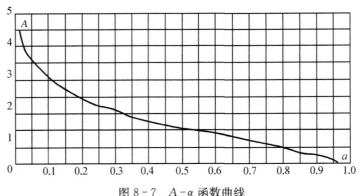

图 8-7 A-α 函数曲线

8.4.6 潜水非完整井

研究潜水非完整井的流线时发现，过滤器上下两端的流线弯曲很大，从上端向中部流线弯曲程度逐渐变换，从中部向下端又朝反方向弯曲。在中部流线近于平面径向流动，通过过滤器中点的流面几乎与水平面平行；因此可以用通过过滤器中部的平面把水流区分为上、下两段，上段可以看作潜水完整井，下段则是承压水非完整井。这样的潜水非完整井的流量可以近似看作是上、下两段流量之总和，如图 8-8 所示。

上段潜水完整井的流量公式为

$$Q_1 = \frac{\pi K[(s+0.5L)^2 - (0.5L)^2]}{\ln\frac{R}{r}} = \frac{\pi K(s+L)s}{\ln\frac{R}{r}} \tag{8-20}$$

下段承压水非完整经的流量，当 $L/2 > 0.3M_0$ 时，可由式(8-19)得

$$\left.\begin{array}{l} Q_s = \dfrac{2\pi KM_0 s}{\dfrac{1}{2\alpha}\left(2\ln\dfrac{4M_0}{r} - 2.3A\right) - \ln\dfrac{4M_0}{R}} \\[4mm] \alpha = \dfrac{0.5L}{M_0} \end{array}\right\} \tag{8-21}$$

式中　K——渗透系数；

R——影响半径，m；

r——井半径或管径过滤器半径，m；

s——承压井内抽水时井内的水位下降值，m；

M_0——层压含水层的厚度，m，$M_0 = H - S - \dfrac{L}{2}$；

L——过滤器的长度，m；

$A = f(\alpha)$，其关系可按图 8-7 求得。

当过滤器埋藏较深，即 $L/2 > 0.3M_0$ 时，潜水非完整井的流量为

$$Q = Q_1 + Q_2 = \pi K s \left[\frac{L+s}{\ln \dfrac{R}{r}} + \frac{2M_0}{\dfrac{1}{2\alpha}\left(2\ln \dfrac{4M_0}{r} - 2.3A\right) - \ln \dfrac{4M_0}{R}} \right]$$

$$= 1.36 K s \left[\frac{L+s}{\lg \dfrac{R}{r}} + \frac{2M_0}{\dfrac{1}{2\alpha}\left(2\ln \dfrac{4M_0}{r} - A\right) - \lg \dfrac{4M_0}{R}} \right]$$

这种分段方法在计算潜水非完整井流量时,不止仅限于圆形补给边界条件,而且还可以推广到其他形状的补给边界,如位于河边的潜水不完整井等(图 8-8)。

潜水非完整井也可以用下列公式进行计算:

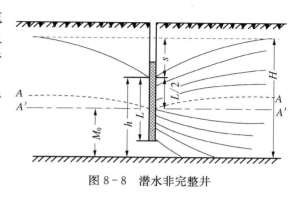

图 8-8　潜水非完整井

$$Q = \frac{1.36 K(H^2 - h^2)}{\lg \dfrac{R}{r} + \dfrac{h-L}{L} \times \lg \dfrac{1.12h}{\pi r}}$$

$$(8-22)$$

式中　H——潜水含水层厚度,m;

　　　h——潜水含水层在自然情况下和抽水试验时的厚度平均值,m;

　　　K——渗透系数;

　　　R——影响半径,m;

　　　r——井半径或管径过滤器半径,m;

　　　L——过滤器的长度,m;

　　　s——承压井内抽水时井内的水位下降值,m。

该公式的适用范围:$h > 15$,$L/h > 0.1$。

8.5　地下水完整井非稳定流理论

8.5.1　承压完整井非稳定流微分方程的建立

假定在一个均质各向同性等厚的、抽水前承压水位水平的、平面上无限扩展的、没有越流补给的水承压含水层中,打一口完整井,以定流量 Q 抽水,地下水运动符合达西定律,并且流入井的水量全部来自含水层本身的弹性释放。随着抽水时间的延长,降落漏斗会不断扩大,井中的水位会持续下降,但并未达到稳定状态(图 8-9)。

在距井轴 r 处的断面附近取一微分段,其宽度为 dr,平面面积为 $2\pi r dr$,断面面积为 $2\pi r M$,体积为 $2\pi r M dr$。

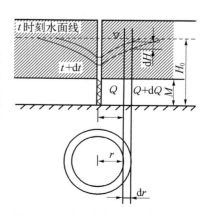

图 8-9　承压非完整井含水层水位

当抽水时间间隔很短时,可以把非稳定流当作稳定流来处理。

为了研究方便,我们应用势函数 Φ 的概念。对于承压水,令势函数为

$$\Phi = KMH \tag{8-23}$$

式中,H 为非矢量;K 在均质、各向同性岩石中,可以认为是一个常数;M 在均一厚度的含水层中也是常数;因此 Φ 就可视为一个非矢量函数。这样就可以把两个或两个以上的简单水流系统地势函数进行叠加计算,可以解决复杂的水流系统问题。

某一时刻通过某一断面的流量就可以根据达西公式求得

$$Q = 2\pi r KM \frac{\partial H}{\partial r} = 2\pi r \frac{\partial \Phi}{\partial r^2}$$

$$\Phi = KMH \tag{8-24}$$

在 dt 时间内,通过微分段内外两个断面流量的变化为

$$dQ = 2\pi \frac{\partial}{\partial r}\left(r \frac{\partial \Phi}{\partial r}\right)dr = 2\pi\left(\frac{\partial \Phi}{\partial r} + \frac{\partial^2 \Phi}{\partial r^2}\right)dr \tag{8-25}$$

根据水流连续性原理,在 dt 时间内微分段内流量的变化等于微分段内弹性水量的变化,即 $dQ = dV_弹$,则有

$$2\pi\left(\frac{\partial \Phi}{\partial r} + \frac{\partial^2 \Phi}{\partial r^2}\right)dr = \beta dV dp = \beta 2\pi r M dr \gamma \frac{\partial H}{\partial r}$$

$$dp = \gamma dH \tag{8-26}$$

式中,γ 为水的重力密度。

上式两边各乘以 KM 值,并整理得

$$\frac{KM}{\gamma \beta M}\left(\frac{1}{r} \frac{\partial \Phi}{\partial r} + \frac{\partial^2 \Phi}{\partial r^2}\right) = KM \frac{\partial H}{\partial t} = \frac{\partial \Phi}{\partial t} \tag{8-27}$$

为了计算方便,引入几个参数:

$T = KM$ 为导水系数,它是表示各含水层导水能力大小的参数。

$\mu^* = \gamma \beta M$ 为贮水系数,它是表示承压含水层弹性释水能力的参数,或称为弹性释水系数,是指单位面积的承压含水层柱体(高度为含水层厚度),在水头降低 1 m 时,从含水层中释放出来的弹性水量。

$a = T/\mu^*$ 为承压含水层压力传导系数,表示承压含水层中压力传导速度的参数。

将 T,μ^*,a 代入上式得

$$\frac{\partial^2 \Phi}{\partial r^2} + \frac{1}{r} \frac{\partial \Phi}{\partial r} = \frac{u^*}{T} \frac{\partial \Phi}{\partial t} \tag{8-28}$$

这是承压完整井非稳定流的微分方程。

8.5.2 基本方程式——泰斯公式的推导

根据一定的初始条件和边界条件,可以求解上述推导的完整井非稳定流的偏微分方程,即泰斯公式。

在满足推导承压水非稳定流微分方程时所做的假设条件下,有

边界条件:$t > 0, r \rightarrow \infty$ 时, $\Phi(\infty, t) = KMH$;

$$t > 0, r \rightarrow \infty \text{ 时}, \lim_{r \rightarrow 0}\left(r \frac{\partial \Phi}{\partial r}\right) = \frac{Q}{2\pi}。$$

初始条件:$t = 0$ 时, $\Phi(r, 0) = KMH$。

根据上述的初始条件和边界条件,偏微分方程(8-28)的解为

$$s = \frac{Q}{4\pi T}W(u) \tag{8-29}$$

式中,s 为以定流量 Q 抽水时,距井 r 远处经过 t 时刻后的水位降深,m;式(8-26)为井函数(指数积分函数);式(8-29)为井函数的自变量。

井函数也可以用收敛级数表示,即

$$W(u) = \int_0^\omega \frac{e^{-u}}{u}du = -0.577\,216 - \ln u + u - \frac{u^2}{2 \times 2!} + \frac{u^2}{3 \times 3!} - \frac{u^2}{4 \times 4!} + \cdots \tag{8-30}$$

式(8-30)称为泰斯公式。

为了便于计算,将井函数 $W(u)$ 制成表格形式(表8-1)。于是,根据井函数自变量 u 值,可由表8-1查出井函数 $W(u)$ 值,应用泰斯公式,就可以计算开采区内某一时刻 t、距抽水井任意点 r 处的水位降深值。

表 8-1 $W(u)$ 函数表

u	$W(u)$	u	$W(u)$	u	$W(u)$	u	$W(u)$	u	$W(u)$
1×10^{-12}	27.053 8	5×10^{-6}	11.628 0	0.030	2.959 1	0.070	2.150 8	0.15	1.464 5
2×10^{-12}	26.360 7	1×10^{-5}	10.935 7	0.032	2.896 5	0.072	2.124 6	0.16	1.409 2
5×10^{-12}	25.444 4	2×10^{-5}	10.242 6	0.034	2.837 9	0.074	2.099 1	0.17	1.357 8
1×10^{-11}	24.751 2	5×10^{-5}	9.326 3	0.036	2.782 7	0.076	2.074 4	0.18	1.309 8
2×10^{-11}	24.058 1	1×10^{-4}	8.633 2	0.038	2.730 6	0.078	2.050 3	0.19	1.264 9
5×10^{-11}	23.141 8	2×10^{-4}	7.940 2	0.040	2.681 3	0.080	2.026 9	0.20	1.222 7
1×10^{-10}	22.448 6	5×10^{-4}	7.024 2	0.042	2.624 4	0.082	2.004 2	0.21	1.182 9
2×10^{-10}	21.755 5	1×10^{-3}	6.331 5	0.044	2.589 9	0.084	1.982 0	0.22	1.145 4
5×10^{-10}	20.839 2	2×10^{-3}	5.639 4	0.046	2.547 4	0.086	1.960 4	0.23	1.109 9
1×10^{-9}	20.146 0	5×10^{-3}	4.726 1	0.048	2.506 8	0.088	1.939 3	0.24	1.072 6
2×10^{-9}	19.452 9	0.010	4.037 9	0.050	2.467 9	0.090	1.918 7	0.25	1.044 3
5×10^{-9}	18.536 6	0.012	3.857 3	0.052	2.430 6	0.092	1.898 7	0.26	1.013 9
1×10^{-8}	17.843 5	0.014	3.705 4	0.054	2.394 8	0.094	1.879 1	0.27	0.984 9
2×10^{-8}	17.150 3	0.016	3.573 9	0.056	2.360 4	0.096	1.859 9	0.28	0.957 3
5×10^{-8}	16.234 0	0.018	3.458 1	0.058	2.327 3	0.098	1.841 2	0.29	0.930 9
1×10^{-7}	15.540 9	0.020	3.354 7	0.060	2.295 3	0.10	1.822 9	0.30	0.905 7
2×10^{-7}	14.847 7	0.022	3.261 4	0.062	2.264 5	0.11	1.737 1	0.31	0.881 5
5×10^{-7}	13.931 4	0.024	3.176 3	0.064	2.234 6	0.12	1.659 5	0.32	0.858 3
1×10^{-6}	13.238 6	0.026	3.098 3	0.066	2.205 8	0.13	1.588 9	0.33	0.836 1
2×10^{-6}	12.545 1	0.028	3.026 1	0.068	2.177 9	0.14	1.524 1	0.34	0.814 7

续表

u	$W(u)$	u	$W(u)$	u	$W(u)$	u	$W(u)$	u	$W(u)$
0.35	0.794 2	0.57	0.483 0	0.79	0.316 3	1.1	0.186 0	3.3	0.008 9
0.36	0.774 5	0.58	0.473 2	0.80	0.310 6	1.2	0.158 4	3.4	0.007 9
0.37	0.755 4	0.59	0.463 7	0.81	0.305 0	1.3	0.135 5	3.5	0.007 0
0.38	0.737 1	0.60	0.454 4	0.82	0.299 6	1.4	0.116 2	3.6	0.006 2
0.39	0.719 4	0.61	0.445 4	0.83	0.294 3	1.5	0.100 0	3.7	0.005 5
0.40	0.702 4	0.62	0.436 6	0.84	0.289 1	1.6	0.086 3	3.8	0.004 8
0.41	0.685 9	0.63	0.428 0	0.85	0.284 0	1.7	0.074 7	3.9	0.004 3
0.42	0.670 0	0.64	0.419 7	0.86	0.279 0	1.8	0.064 7	4.0	0.003 8
0.43	0.654 6	0.65	0.411 5	0.87	0.274 2	1.9	0.056 2	4.1	0.003 3
0.44	0.639 7	0.66	0.403 6	0.88	0.269 4	2.0	0.048 9	4.2	0.003 0
0.45	0.625 3	0.67	0.395 9	0.89	0.264 7	2.1	0.042 6	4.3	0.002 6
0.46	0.611 4	0.68	0.388 3	0.90	0.260 2	2.2	0.037 2	4.4	0.002 3
0.47	0.597 9	0.69	0.381 0	0.91	0.255 7	2.3	0.032 5	4.5	0.002 1
0.48	0.584 8	0.70	0.373 8	0.92	0.251 3	2.4	0.028 4	4.6	0.001 8
0.49	0.572 1	0.71	0.366 8	0.93	0.247 0	2.5	0.024 9	4.7	0.001 6
0.50	0.559 8	0.72	0.359 9	0.94	0.242 9	2.6	0.021 9	4.8	0.001 4
0.51	0.547 8	0.73	0.353 2	0.95	0.238 7	2.7	0.019 2	4.9	0.001 3
0.52	0.536 2	0.74	0.346 7	0.96	0.234 7	2.8	0.016 9	5.0	0.001 1
0.53	0.525 0	0.75	0.340 3	0.97	0.230 8	2.9	0.014 8		
0.54	0.514 0	0.76	0.334 1	0.98	0.226 9	3.0	0.013 1		
0.55	0.503 4	0.77	0.328 0	0.99	0.223 1	3.1	0.011 5		
0.56	0.493 0	0.78	0.322 1	1.00	0.219 4	3.2	0.010 1		

从井函数的级数展开式可以看出,当 u 值很小时,从第三项以后的项数值很小,可忽略不计。井函数 $W(u)$ 只取前两项就可以满足计算要求,即

$$W(u) = \int_0^\infty \frac{e^{-u}}{u} du = -0.577\ 216 - \ln u \approx \ln \frac{2.25\alpha t}{r^2} \qquad (8-31)$$

因此式(8-29)可近似表示为

$$s = \frac{Q}{4\pi T} \ln \frac{2.25\alpha t}{r^2} \qquad (8-32)$$

将上式化为常用对数,并整理得

$$s = \frac{0.183Q}{T} \lg \frac{2.25\alpha t}{r^2} \qquad (8-33)$$

式(8-33)被称为雅柯布近似公式,适用于 $u \leqslant 0.01$。当 $u \leqslant 0.01$ 时,雅柯布近似公式与泰斯公式相比,其误差在 5% 左右,因此也有人认为当 $u \leqslant 0.01$ 时,也可以应用雅柯布近似公式。

8.5.3　对泰斯公式的评价

泰斯公式是建立在把复杂多变的水文地质条件简化的基础上,即含水层均质、等厚、各

向同性、无限延伸;地下水呈平面流,无垂直和水平补给以及初始水力坡度为零;等等。正因为有这些与实际情况不完全相符的假设条件,所以泰斯公式并非尽善尽美,仍有其一定的局限性,具体表现在以下几个方面:

(1) 自然界的含水层完全均质、等厚、各向同性的情况极为少见,而且地下水一般不动,总是沿着某个方向具有一定的水力坡度,因此抽水降落漏斗常常是非圆形的复杂形状,最常见的是下游比上游半径长的椭圆形。

(2) 同稳定流抽水相同,当抽水量增加到一定程度之后,井附近则产生三维流区。有人认为三维流产生在距井 1.6M(M 为承压含水层厚度)范围内,供水水文地质勘查规范认为是 1 倍含水层厚度的范围内。

(3) 含水层在平面上无限延伸的情况在自然界并不存在,在抽水试验时只能把抽水井布在远离补给边界或远离隔水边界处。

(4) 泰斯假定含水层垂直和水平补给,抽水井的水量完全由"弹性释放"水量补给,实际上承压含水层的顶、底板不一定绝对隔水,不论是通过顶、底板相对隔水层的越流补给还是通过顶、底板的天窗补给,在承压含水层内进行长期的抽水过程中具有垂直和水平补给的情况是经常遇到的。

8.5.4 地下水向取水构筑物的非稳定流计算所能解决的问题

1. 评价地下水的开采量

非稳定流计算最适合用来评价平原区深部承压水的允许开采量,因为这种含水层分布面积大、埋藏较深、天然径流量小,开采水量常常主要依靠弹性释放水量,补给量比较难求。因此这类承压水地区的开采资源的评价方法是通过非稳定流计算,求得在一些代表性地下水位允许下降值 s 所对应的取水量作为允许开采量。

2. 预报地下水位下降值

在集中开采地下水的地区,区域水位逐年下降现象已经是现实问题,但更重要的是如何预报在一定取水量及一定时段之后,开采区内及附近地区任一点的水位下降值。非稳定流计算能容易予以解决,然后稳定流理论对此无能为力。

3. 确定含水层的水文地质参数

利用非稳定流理论无论是计算允许开采量还是预报地下水位下降值,都需要首先确定含水层的水文地质参数——水位(压力)传导系数 a,导水系数 T,蓄水系数 S 或弹性给水度 u 等。通过抽水试验测得 Q,s 及 t 值,然后通过非稳定流方程式可解出其中的 a,T,S 值。

8.6 地下水的动态与平衡

地下水动态是地下水水位、水量、水温及水质等要素,在各种因素综合影响下随着时间和空间所发生的有规律的变化现象和过程,它反映了地下水的形成过程,也是研究地下水水量平衡及其形成过程的一种手段。研究地下水的动态是为了掌握它的变化规律和预测它的变化方向,地下水不同的补给来源和排泄去路决定了地下水动态的基本特征,而地下水动态则综合反映了地下水补给与排泄的消长关系。地下水动态受一系列自然因素和人为因素的影响,并有周期性和随机性的变化。

8.6.1　影响地下水动态的因素

要全面地了解和研究地下水动态,首先应了解在时间和空间上改变地下水性质的各种因素,以及区别主要和次要影响因素及各个因素对地下水动态的影响特点和影响程度。影响地下水动态的因素很复杂,基本上可以区分为两大类:自然因素和人为因素。其中自然因素又可区分为气象气候因素以及水文、地质地貌、土壤生物等因素;人为因素包括增加或疏干地表水体、地下水开采、人工回灌、植树造林、水土保持等对地下水动态的影响。

8.6.2　气象及气候因素

降水与蒸发直接参与地下水的补给与排泄,对地下水动态的影响最明显,降水渗入岩石、土壤促使地下水位上升,水质冲淡,而蒸发会引起地下水位降低和水的矿化度增大。

气象因素中的降雨和蒸发直接参与了地下水补给和排泄过程,是引起地下水各个动态要素,诸如地下水位、水量以及水质随时间、地区而变化的主要原因之一。如气温的变化会引起潜水的物理性质、化学成分和水动力状态的变化,因为温度的升高会减少潜水中溶解的气体数量和增大蒸发量,从而也就增大了盐分的浓度,另外温度升高之后能减少水的黏滞性,因而减小了表面张力和毛细管带的厚度。气象因素的特点是有一定的周期性,而且变化迅速,故而引起了地下水动态的迅速变化。气象变化的周期性可分为多年的、一年的和昼夜的,这些变化直接影响着地下水动态,特别是对浅层地下水,它是地下水位、水量、化学成分等随时间呈规律性变化的主要原因。地下水的季节变化目前研究最多,也最具有现实意义,在气象季节变化的影响下,地下水呈季节变化的特征是:地下水位、水量、水质等一年四季的变化与降水、蒸发,气温的变化相一致。

气候上的昼夜、季节以及多年变化也要影响到地下水的动态进程,它一般是呈较稳定的、有规律性的周期变化,从而引起地下水发生相应的周期性变化。尤其是浅层地下水往往具有明显的日变化和强烈的季节性变化现象。在春夏多雨季节,地下水补给量大,水位上升,秋冬季节,补给量减少,而排泄不仅不减少,常常因为江河水位低落,地下水排泄条件改善,而增大地下水的排泄量,于是地下水位不断下降。这种现象还因为气候上的地区差异性,致使地下水动态亦因地而异,具有地区性特点。此外,气温的升降不但影响蒸发强度,还引起地下水温的波动,以及化学成分的变化。

8.6.3　水文因素

由于地表水体与地下水常常有着密切的联系,因而地表水流和地表水体的动态变化亦必然直接地影响着地下水的动态。水文因素对于地下水动态的影响,主要取决于地表上江河、湖(库)与地下水之间的水位差,以及地下水与地表水之间的水力联系类型。

江河湖海对地下水的影响主要作用于这些地表水体的附近,其中以河流对地下水动态的影响较大。河流与地下水的联系有三种形式:

(1) 河流始终补给地下水。

(2) 河流始终排泄地下水。

(3) 洪水时河流补给地下水,枯水期地下水补给河水,如平原上较大的河流。当河水与地下水有水力联系时,则河水的动态也影响地下水的动态。显然,河水位的升降对地下水位的影响是随着离岸距离的增大而减小,以至逐渐消失。

水文因素本身在很大程度上受气候及气象因素影响,因此根据它对地下水动态作用时间的不同,分为缓慢变化和迅速变化两种情况。缓慢变化的水文因素改变着地下水的成因类型,迅速变化的水文因素使地下水的动态出现极大值、极小值以及随时间而改变的平均值的波状起伏,如近岸地带的潜水位随地表水体的变化而升降,距离越近,变化幅度越大,落后于地表水位的变化时间也越短;而距地表水体越远,其变化幅度越小,落后时间越长。

8.6.4 地质地貌因素

地质地貌因素对地下水的影响,一般不反映在动态变化上,而是反映在地下水的形成特征方面。地质构造运动,岩石风化作用,地球的内热等因素对地下水的形成环境影响很大,但这些因素随时间的变化非常缓慢,因此地质因素对地下水的影响并不反映在动态周期上,而是反映在地下水的形成特征方面。其中地质构造决定了地下水的埋藏条件,岩性影响下渗、贮存及径流强度,地貌条件控制了地下水的汇流条件。这些条件的变化,造成了地下水动态在空间上的差异性。又如,地质构造决定了地下水与大气水、地表水的联系程度不同,使不同构造背景中的地下水出现不同的动态特征。再如,岩石性质决定了含水层的给水性、透水性,相同的补给量变化,在给水性、透水性差的岩石中会引起较大幅度的水位变化。

但是对于地震、火山喷发、滑坡及崩塌现象,则也能引起地下水动态发生剧变。因为地震会使岩石产生新裂隙和闭塞已有裂隙,则会形成新泉水和原有泉水的消失。地震引起的断裂位移、滑坡和崩塌还能根本改变地下水的动力状态。当含水层受震动时,会使井、泉水中的自由气体的含量增大。正是因为地震因素能引起地下水动态的变化,从而为利用地下水动态预报地震提供了可能。

8.6.5 生物与土壤因素

生物、土壤因素对地下水动态的影响,除表现为通过影响下渗和蒸发来间接影响地下水的动态变化外,还表现为地下水的化学成分和水质动态变化上的影响。

土壤因素主要反映在成土作用对潜水化学成分的改变,潜水埋藏越浅,这种作用越显著,在天然条件下,土壤盐分的迁移存在着方向相反的两个过程:一个是积盐过程,在地下水埋藏较浅的平原地区,地下水通过毛管上升蒸发,盐分累积于土壤层中。另一个是脱盐过程,水分通过包气带下渗,将土壤中的盐分溶解并淋溶到地下水中,从而影响潜水化学成分的变化。

生物因素的作用表现在两个方面:一方面是植物蒸腾对地下水位的影响。例如,在灌区渠道两旁植树,借助植物蒸腾来降低地下水位,调节潜水动态,减弱土面蒸发而防止土壤盐碱。另一方面表现在各种细菌对地下水化学成分的改变。每种细菌(硝化、硫化、磷化细菌等)都有一定的生存发育环境(如氧化还原电位、一定的 pH 值等),当环境变化时,细菌的作用也将改变,地下水的化学成分也发生相应的变化。

8.6.6 人为因素

人为因素包括各种取水构筑物的抽取地下水、矿山排水和水库、灌溉系统、回灌系统等的注水,这些活动都会直接引起地下水动态的变化。人为因素对地下水动态的影响比较复杂,它比自然因素的影响要大,而且快,但影响的范围一般较小。从影响后果来说,有积极的一面,也有消极的一面。人们从事地下水方面的研究,除了研究地下水系统内在的机制与规律外,更重要的是为了如何更好地积极地影响与控制地下水动态进程,防止消极的影响,使地下水动态朝向适合人类需要的方向发展。

8.7 地下水动态的研究内容

地下水动态的研究内容大致可概述如下:

(1) 查明地下水形成条件,以地下水长期观测资料评价地下水的补给与排泄条件,进行水均衡分析,确立各种动态影响因素的作用以及地下水动态形成中的物理、化学过程。为编制地下水动态预测与实现各种水文地质计算服务。

(2) 研究年内或多年的地下水天然补给量及其变化规律。地下水补给的查明是合理利用地下水资源以及对地下水资源提出保护措施的基础。

(3) 对区域地下水相动态的研究。我国青藏高原与北方地区很大一部分地下水以固相形态出现,北方广大地区每年开春融冻是液相地下水的重要补给因素。因此对地下水相动态以及地温传导过程的研究在当地液相地下水资源形成的研究中占有重要地位。

(4) 地下水的水、盐、热平衡形成规律的研究。水、盐、热动态是相互关联的,利用盐、热动态资料经常能提供水动态及平衡形成的关键信息;地下水盐、热动态必须与水动态研究同步进行。该项研究成果是土地改良设计、地下卤水开采及热水利用各项工作的基础。

(5) 地下水动态区域分布规律的研究。在不同自然地理与地质单元内,对影响地下水动态的各种因素及其对地下水作用的实现条件;不同地质、水文地质单元的水文地质边界类型与性质;含水层、水文地质构造的各种水文地质参数的地区分布等,因这些参数从数量上反映了地下水圈、地表水圈、大气圈之间的水量交换以及地下水圈的固有特征。

(6) 水文地质模型与地下水动态预报方法的研究。能适应不同地质、水文地质条件并能进行解析或数值求解的数学模型等,如水质弥散模型、水热运移模型、双重介质模型、弹性介质或弹塑性介质压力传播模型、水与汽两相流动模型等。

(7) 地下水动态要素与水文过程线统计学特征及参数的地区性规律研究。如地下水动态观测序列的平稳性、各态历经性;水文过程线的频谱结构及其地方性参数;地下水动态系列统计学分布规律等项的研究。所有这些均是采用随机数学模型预报地下水动态的基础。

(8) 全国或地区地下水动态观测资料整理自动化及传输技术的研究。建立国家级、地方级或某一生产系统(如地震系统)地下水动态监测网,包括网点选择、确立地下水动态观测内容、进行资料自动测报系统与传输技术的研究;建立全国性统一的地下水动态数据库与地下水资源管理调度中心,定期提出地下水动态情报,在必要时向国家权力机构发布危急咨询警报等。

从以上分析看来,对地下水资源及其动态的研究完全具有自身特定的研究对象和独立的研究方法与手段,它的使命即为水资源合理开发利用服务。

8.8　地下水平衡

8.8.1　地下水平衡的概念

一个地区的水平衡研究,实质就是应用质量守恒定律去分析参与水循环的各要素的数量关系。地下水平衡是以地下水为对象的平衡研究。目的在于阐明某个地区在某一段时间内,地下水水量(盐量)收入与支出的数量关系。进行平衡计算所选定的地区,称作平衡区,它最好是一个地下水流域。进行平衡计算的时间段,称作平衡期,可以是若干年、1年、1个月。某一平衡区,在一定平衡期内,地下水水量(或盐量)的收入大于支出,表现为地下水储量(或盐量)增加,称作正平衡。反之,支出大于收入,地下水储量(或盐量)减少,称作负平衡。

对于一个地区来说,气候经常以平均状态为准发生波动。多年中,从统计的角度讲,气候趋近平均状态,地下水也保持其总的平衡。在较短的时期内,气候发生波动,地下水也经常处于不平衡状态,从而表现为地下水的水量与水质随时间发生有规律的变化,即地下水动态。由此可见,平衡是地下水动态变化的内在原因,动态则是地下水平衡的外部表现。

为了研究地下水平衡,必须分析平衡的收入项与支出项,列出平衡方程式。通过测定或估算列入平衡方程式的各项要素,以求算某些未知项。

水平衡是物质守恒定律应用于水文循环方面的一个例证。在规定时间内进入指定地区的所有的水,其中一部分进入由边界圈定的含水空间中储存起来,另一部分向周围排泄。通常,水平衡应考虑内容见表8-2。

表8-2　　　　　　　　　　　　水平衡要素一览表

补 给 项	消 耗 项
1. 地区的大气降水量 P	1. 陆面蒸散量 E_2
2. 地表水的流入量 R_1	2. 地表水流出量 R_2
3. 地下水的流入量 W_1	3. 地下水流出量 W_2
4. 水汽凝结量 E_1	4. 矿山排水、工农业供水、城乡生活用水及地表水的区域调出等 M_2
5. 人工引水或废水排放的补给 M_1	

水平衡要求补给项与消耗项平衡,在实践中就利用这种关系来预测1个月、1季度、1个水文年或几年内天然水收入和支出项之间的差值,而这个值又常用地表水、包气带水及地下水储量变化的总和来表达,所以研究水平衡牵连很多方面的内容。首先是气候的周期波动,在短周期内这个差值随着气候条件变化极不稳定,而长周期内该值接近某一平均值,其变动幅度相应减小。在多水年份,差值为正,常常以加强一项或几项消耗量与增大的收入项相平衡;相反在湿度不足年份,差值为负,这时有的消耗项可以接近于零。

考虑到地下水特别是浅层地下水动态与平衡的研究与气候、水文、生物-土壤因素有紧密关系,而目前这些内容均已分别属于不同学科的研究对象。所以作为水圈整体来说,地下水又不是孤立存在的,这就决定了地下水平衡的研究,特别是动态预报工作必须广泛地做多方面的调查,需要对地区地下水资源形成的各个方面的因素(包括影响水收入与支出等因素)进行定量测定,而地下水储量变化仅仅是其中主要的研究内容之一。地下水平衡研究一般需要考虑的项目见表8-3。

表8-3   地下水平衡要素一览表

收　入　项	支　出　项
1. 渗入到地下水面的降水量 2. 由河流、湖泊、水库、渠道水入渗对地下水的天然补给量 3. 地下水流入量(包括深部承压水的越流补给及地下水的侧向补给等) 4. 人工补给,包括灌溉回归水,渠道入渗及注水井补给量	1. 由毛细边缘带及浅埋潜水的蒸发、植物叶面蒸腾 2. 地下水流向河流、湖泊或海洋等地面水体的泉水排泄量 3. 地下水侧向流出项 4. 抽水井、排水渠的排水量

注:此表摘自陈葆仁等,1988,表3-2。

研究地下水平衡的场地必须选择在典型而同时又是国民经济建设比较重要的地方,最好平衡区位于一个水文地质单元内,边界不但明显而且确切,又容易圈定,某一区域地下水的平衡规律总是通过一些小面积的典型地下水域(平衡场)的研究来查明的,包括对区域地下水动态曲线进行分区,分析地下水动态形成因素的地区分布特点。降水量、蒸发量、水文网、土壤及植被分布均具有地带性,为此平衡场的任务就是详细解剖不同地区各个因素对地下水平衡的影响。

上述各平衡项中,地表水对地下水的补给或地下水向地表的排泄,在不少场合下,可以相当精确地测定,但地下水从邻区的流入或向邻区的流出,在地下水流边界尚未确立前是不易正确计算的,因为这些边界常常不是地表能观察到的一些地貌界线,所以必须事先进行一定比例尺的水文地质测绘和一系列的勘探、试验,确定含水层数目及其规模,划分潜水或承压水的界线,确定地下水的补给来源、径流和排泄场所,并通过一些典型断面来查明各含水层的相互联系,特别是在隔水层中能使含水层产生内部补给"天窗"、断裂以及承压含水层空间展布和尖灭情况等。在弄清这些边界条件之后,再测定某些平衡计算需要的水文地质参数,如含水层的给水度、贮水系数、导水系数及越流系数等。

对于与地下水动态变化和平衡计算有关的人为因素,同样地也必须进行调查了解,如对灌区来讲包括:

(1)灌溉水在输送过程中的损失;

(2)灌溉制度与灌溉定额;

(3)耕地及其农作计划;

(4)土地利用;

(5)排水设施及排水量等。

对地下水供水来讲包括:

(1)地下水开采后形成的降落漏斗;

(2)地下水开采方式;

(3)地下水开采量及长远发展计划;

(4)人工补给工程等。

地下水平衡的研究还不够成熟,目前多限于水量平衡的研究,而且主要是涉及潜水水量平衡。

8.8.2　水平衡方程式

水平衡方法是水资源评价的基本方法之一。水平衡的研究经常是地下水与地表水一起进行的。水平衡反映了一个地区在包气带、饱水带内水储量的收支平衡情况。在实践中一个地区未来时刻地下水动态的预报也常常利用水平衡方程式。近二十年来,地下水运动理论及水文地质过程的相似模拟方法取得了相当大的发展,促使水平衡计算也进入了一个新阶段。

陆地上某一地区天然状态下总的水平衡,其收入项一般包括:大气降水量(P)、地表水流入量(R_1)、地下水流入量(W_1)、水汽凝结量(E_1);支出项一般包括:地表水流出量(R_2)、地下水流出量(W_2)、蒸发量(E_2)。平衡期储存量变化为 ΔW,则水平衡方程为

$$P+R_1+W_1+E_1-R_2-W_2-E_2=\Delta W \tag{8-34}$$

水储存量变化 ΔW 中,包括以下各部分:地表水变化量(V)、包气带水变化量(m)、潜水变化量($\mu\Delta H$)及承压水变化量($\mu C\Delta H_e$);此中,μ 为潜水含水层的给水度或饱和差,ΔH 为平衡期潜水位变化值(上升用正号,下降用负号),μC 为承压水含水层的弹性给水度,ΔH_e 为承压水测压水位变化值。据此,水平衡方程式可写成

$$P+(R_1-R_2)+(W_1-W_2)+(E_1-E_2)=V+m+\mu\Delta H+\mu C\Delta H_e \tag{8-35}$$

为计算方便,列入平衡式中各项以平铺于平衡区面积上所得水柱高度表示,常用 mm 为单位。

8.8.3　潜水平衡方程式

总的水平衡研究有助于了解一个地区水总的收支与分配情况,但是往往还满足不了对地下水详细研究的要求,因此有必要对潜水及承压水分别进行平衡计算。

潜水平衡方程式的一般形式如下:

$$\mu\Delta H=(W_{1\mu}+P_f+R_f+E_c+Q_t)-(W_{2\mu}+E_\mu+Q_d) \tag{8-36}$$

式中　$W_{1\mu}$——上游潜水流入量;

$W_{2\mu}$——下游潜水流出量;

P_f——降雨渗入补给潜水量;

R_f——地表水渗入补给潜水量;

Q_t——下伏承压含水层通过相对隔水层顶托补给量(为正值),或潜水通过相对隔水层向下伏承压含水层越流排泄量(为负值);

Q_d——潜水的泉或泄流形式向地表排泄量;

E_c——水汽凝结补给潜水量;

E_μ——潜水面或其邻接毛细带的蒸发量(包括土面蒸发及植物蒸腾);

$\mu\Delta H$——符号意义同前。

不同条件下,此方程式可以相应地变化。例如,一般情况下凝结补给量很少,故 E_c 可忽略不计;当下伏承压含水层顶板隔水性能良好,且潜水与承压含水层水头差很小时,Q_t 可以忽略;地势平坦,水力坡度极小,且渗透系数不大时,可认为 $W_{1\mu}$、$W_{2\mu}$ 趋近于零;在无地下水向地表流泄时,Q_d 可从方程式中除去。如此,式(8-33)可简化为

$$\mu\Delta H = P_f + R_f - E_\mu \tag{8-37}$$

这是大多数干旱半干旱平原地区典型的潜水平衡方程式,属渗入一蒸发型动态。在多年中 $\mu\Delta H$ 趋近于零,则得

$$P_f + R_f = E_\mu \tag{8-38}$$

即渗入水量全部通过蒸发消耗。

复习题

1. 地下水有哪些可能的补给来源?

2. 裘布依公式的推导前提条件是什么?

3. 什么叫作地下水的径流?它和哪些因素有关?

4. 稳定流时用什么公式求流量?非稳定流流量一定时用什么公式求流量?第一类越流系统地下水流向承压完整井的非稳定流运动用什么公式求流量?

5. 什么叫作地下水平衡?地下水平衡的影响因素有哪些?

6. 在某潜水含水层有一口抽水井和一个观测孔。设抽水量 $Q=600\ \text{m}^3/\text{d}$,含水层厚度 $H_0=12.50\ \text{m}$,井内水位 $h_w=10\ \text{m}$,观测孔水位 $h=12.26\ \text{m}$,观测孔距抽水井 $r=60\ \text{m}$,抽水井半径 $r_w=0.076\ \text{m}$ 和引用影响半径 $R_0=130\ \text{m}$。试求:(1)含水层的渗透系数 K;(2)$s_w=4\ \text{m}$ 时的抽水井流量 Q;(3)$s_w=4\ \text{m}$ 时,距抽水井 10,20,30,50,60,100 m 处的水位 h。

7. 直径 0.4 m 的承压完整井一口,一恒定出水量 56 m^3/h 抽水。该井所在地层的水文地质参数为:导水系数 $T=275\ \text{m}^2/\text{d}$,释水系数 $u_s=0.0055$。试用泰斯公式计算该井连续抽水 24 h 和一年后在井壁和离井 100 m、1 000 m 处的各点水位降落值。

8. 某地区有一承压完整井,井半径为 0.21 m,过滤器长度 35.82 m;含水层为砂卵石,厚度 36.42;影响半径为 300 m,抽水实验结果为:

$S_1=1.00\ \text{m}$,$Q_1=4\ 500\ \text{m}^3/\text{d}$;

$S_2=1.75\ \text{m}$,$Q_2=7\ 850\ \text{m}^3/\text{d}$;

$S_3=2.50\ \text{m}$,$Q_3=11\ 250\ \text{m}^3/\text{d}$。

试求渗透系数 K。

9. 在某潜水含水层有一口抽水井和一个观测孔。设抽水量 $Q=600\ \text{m}^3/\text{d}$,含水层厚度 $H_0=12.50\ \text{m}$,井内水位 $h_w=10\ \text{m}$,观测孔水位 $h=12.26\ \text{m}$,观测孔距抽水井 $r=60\ \text{m}$,抽水井半径 $r_w=0.076\ \text{m}$ 和引用影响半径 $R_0=130\ \text{m}$。试求:(1)含水层的渗透系数 K;(2)$s_w=4\ \text{m}$ 时的抽水井流量 Q;(3)$s_w=4\ \text{m}$ 时,距抽水井 10,20,30,50,60 和 100 m 处的水位 h。

参 考 文 献

[1] 黄廷林,马学尼.水文学[M].4 版.北京：中国建筑工业出版社,2006.

[2] 刘兆昌,李广贺,朱琨.供水水文地质[M].4 版.北京：中国建筑工业出版社,2011.

[3] 王浩,严登华,杨大文,等.水文学方法研究[M].北京：科学出版社,2012.

[4] 吴明远,詹道江,叶守泽.工程水文学[M].北京：中国水利水电出版社,1985.

[5] 张永亮,陈惠源.水资源系统分析与规划[M].北京：水利电力出版社,1985.

[6] 詹道江,徐向阳,陈元芳.工程水文学[M].4 版.北京：中国水利水电出版社,2010.

[7] 叶守泽,夏军.水文系统识别原理与方法[M].北京：水利电力出版社,1989.

[8] 廖松,王燕生,王路.工程水文学[M].北京：清华大学出版社,1991.

[9] 朱元甡,金光炎.城市水文学[M].北京：中国科学技术出版社,1991.

[10] 黄锡铨.水文学[M].北京：高等教育出版社,1992.

[11] 陶涛,信昆仑.水文学[M].上海：同济大学出版社,2008.

[12] 殷兆熊,毛启平.水文水利计算[M].北京：水利电力出版社,1994.

[13] 雒文生.河流水文学[M].北京：水利电力出版社,1995.

[14] 曾庆生.水文统计学[M].北京：水利电力出版社,1995.

[15] 施嘉炀.水资源综合利用[M].北京：中国水利水电出版社,1996.

[16] 王民,周玉文,王纯娟.水文学与供水水文地质学[M].2 版.北京：中国建筑工业出版社,1996.

[17] 芮孝芳.径流形成原理[M].南京：河海大学出版社,1997.

[18] 赵宝璋.水资源管理[M].北京：中国水利水电出版社,1997.

[19] 杜时贵,叶俊林.水文学及供水水文地质学[M].武汉：中国地质大学出版社,1999.

[20] 叶守泽,詹道江.工程水文学[M].3 版.北京：中国水利水电出版社,2000.

[21] 陈浩.水资源学[M].北京：科学出版社,2002.

[22] DAVID R. 水文学手册[M].张建云,李纪生等,译.北京：科学出版社,2002.

[23] ANDREW J B,ROBERT L W. 生态水文学[M].赵文智,王根绪,译.北京：海洋出版社,2002.

[24] 芮孝芳.河流水文学[M].南京：河海大学出版社,2003.

[25] 芮孝芳.水文学原理[M].北京：中国水利水电出版社 ,2004.

[26] 崔振才.水资源与水文分析计算[M].北京：中国水利水电出版社,2004.

[27] 左其亭,王中根.现代水文学[M].2 版.郑州：黄河水利出版社,2006.

[28] EANLESON P S. Dynamic hydrology [M]. New York：McGraw Hill Book Company，1970.

[29] ROSSO R，PEANO A，BECCHI I，et al. Advances in distributed hydrology [M].

Colorado：Water Resources Publications，1994.

[30] WOOD E F. Scale dependence and scale invariance in hydrology [M]. Cambridge：Cambridge University Press，1998.